# 智能聊天机器人

## ——核心技术与算法

黄 申 著

清華大学出版社

北 京

# 内容简介

随着人工智能技术的发展，人类对智能化服务更加渴望，聊天机器人成为研发热门之一。本书从聊天机器人所涉及的多个方面出发，先理论后实践，让读者不仅能了解其中的原理，还能自己动手编程。全书共 9 章，第 1 章以该领域的背景知识作为开篇，重点介绍了聊天系统中的主要模块；第 2 章阐述了语音识别和隐马尔可夫模型；第 3 章侧重于通用的自然语言处理技术；第 4 章讲解如何使用信息检索技术，来实现问答型的聊天系统；第 5 章介绍一些主流的机器学习算法，以及如何使用这些算法来提升基于信息检索的问答系统；第 6 章介绍推荐系统相关的知识以及常见的推荐算法，并将其应用到问答系统中；第 7 章介绍如何使用深度学习来优化问答系统；第 8 章讲述了聊天系统的前沿领域——知识图谱；第 9 章讨论任务型和闲聊型聊天系统中更有挑战性的几个课题。

本书可为高等院校计算机科学、信息科学、电子工程和人工智能等领域的科研人员提供参考，也可作为相关专业本科生和研究生教学的参考书，对于从事深度学习及其应用的开发人员同样具有参考价值。

**图书在版编目（CIP）数据**

智能聊天机器人：核心技术与算法 / 黄申著. —北京：清华大学出版社，2021.6
ISBN 978-7-302-57078-3

Ⅰ．①智… Ⅱ．①黄… Ⅲ．①人—机对话—研究 Ⅳ．①TP11

中国版本图书馆 CIP 数据核字（2020）第 251247 号

责任编辑：贾小红
封面设计：秦　丽
版式设计：文森时代
责任校对：马军令
责任印制：丛怀宇

出版发行：清华大学出版社
　　　　　网　　　址：http://www.tup.com.cn，http://www.wqbook.com
　　　　　地　　　址：北京清华大学学研大厦 A 座　　　邮　　编：100084
　　　　　社 总 机：010-62770175　　　　　邮　　购：010-62786544
　　　　　投稿与读者服务：010-62776969，c-service@tup.tsinghua.edu.cn
　　　　　质量反馈：010-62772015，zhiliang@tup.tsinghua.edu.cn
印 装 者：三河市吉祥印务有限公司
经　　销：全国新华书店
开　　本：170mm×240mm　　印　　张：22.75　　字　　数：495 千字
版　　次：2021 年 6 月第 1 版　　　　　　印　　次：2021 年 6 月第 1 次印刷
定　　价：128.00 元

产品编号：083980-01

# 前　　言

毋庸置疑，聊天机器人是最近几年最火的人工智能领域之一，各种智能家居和语音助手层出不穷。可是，中国真正有实力构建此类系统的公司并不多。笔者阅读了不少业界的观察性文章，也走访了一些业内的专家，发现导致这一现状的原因主要在于以下几点：

- 涉及的技术范围广，技术人才数量有限。聊天系统需要"理解"人类的语音和语意，然后进行一定的"思考"，甚至帮助用户"完成"任务。这其中就涉及了语音识别、自然语言处理和理解、信息检索、推荐、知识图谱、机器学习、深度学习等多个领域的专业知识，而精通所有这些领域的人才少之又少。

- 发展速度快，技术含量高。如果说语音识别、自然语言处理和信息检索领域相对成熟，那么机器学习、深度学习、知识图谱领域仍处于高速发展中，这类技术相对于普通的应用开发而言，需要更多理论知识和实践经验的积累。而商业价值的挖掘程度，往往取决于使用的技术深度。越是钻研得深入，所产生的价值就会越大。

- 成熟方案少。很多智能的和大数据的技术是免费的，这对于盈利模式而言无疑是重大利好。不过代价就是其中存在稳定性和易用性问题。现在有一些大型技术公司提供更成熟的解决方案，但是价格高昂，对于经费并不宽裕的初创公司而言，选择余地太小。

以上这些因素，都会形成进入智能聊天领域的门槛，而高门槛势必导致相关技术在工业界应用的步伐放缓。为了解决这个问题，企业需要培养自己的复合型技术人才，才能让企业使用适合的工具、获得准确的数据、制定合理的实现方案。为此，笔者萌生了一个想法：通过本书帮助企业快速建立复合型团队，并搭建基础的智能聊天系统。笔者在写作过程中，力求做到以下几点：

- 覆盖面更全。聊天系统涉及的技术栈很多，本书尝试涵盖最为关键的领域，让读者在理解了这些知识之后，能够对整个系统有一个全局性的认识。

- 易读易懂。通过生动的案例和形象的比喻来解读难点，降低技术理解的门槛。这样能够让刚入门的技术人员更容易理解聊天系统其中的运行原理。
- 可实践性强。通过大量实践才能积累宝贵的经验，最大限度地根据理论知识弥补技术方案的空白。这有利于技术人员针对不同的业务需求，制定更为合理的技术方案。

本书通过多个案例，逐步介绍聊天机器人开发各个阶段可能遇到的技术难题、业务需求以及相对应的技术解决方案和实践解析，让读者身临其境，探寻智能聊天机器人的奥秘。

**勘误和支持**

正如前文所述，人工智能技术发展得实在是太快了。可能就在你阅读这些文字的同时，又有一项新的技术诞生了，N 项技术升级了，M 项技术被淘汰了。笔者的水平有限，书中难免会出现一些不够准确或者遗漏的地方，恳请读者积极建议和斧正，我们很期待能够听到你们的反馈。

**致谢**

首先要感谢上海交通大学的俞勇教授，给予我不断学习的机会，带领我进入了人工智能的世界。同时，感谢天镶智能的创始人薛贵荣，你的指导让我树立了良好的科研态度。

其次，要感谢 IBM 美国研究院的 Guangjie Ren，给我很多机会参与到 IBM Waston 聊天系统的设计和研发中，积累了不少实战的经验。

另外，还要感谢微软亚洲研究院、eBay 中国研发中心、沃尔玛 1 号店、大润发飞牛网和 IBM 中国研发中心，在这些公司十多年的实战经验让我收获颇丰，也为本书的完成打下了坚实基础。

感谢曾经的微软战友陈正、孙建涛、Ling Bao、周明、曾华军、张本宇、沈抖、刘宁、严峻、曹云波、王琼华、康亚滨、胡健、季蕾等，eBay 的战友逄伟、王强、王骁、沈丹、Yongzheng Zhang、Catherine Baudin、Alvaro Bolivar、Xiaodi Zhang、吴晓元、周洋、胡文彦、宋荣、刘文、Lily Yu 等，沃尔玛 1 号店的战友韩军、王欣磊、胡茂华、付艳超、张旭强、黄哲铿、沙燕霖、郭占星、聂巍、邵汉成、张珺、胡毅、邱仔松、孙灵飞、凌昱、王善良、廖川、杨平、余迁、周航、吴敏、李峰等，大润发飞牛网的战友王俊杰、陈俞安、蔡伯璟、陈慧文、夏吉吉、文燕军、杨立生、张飞、代伟、陈静、赵瑜、李航等，IBM 的战友李伟、谢欣、周健、马坚、刘钧、唐显莉等。要感谢的同仁太多，如有遗漏敬请谅解，很怀念和你们并肩作战的日子，让我学习到了很多。

　　感谢清华大学出版社的编辑王莉老师，在最近的大半年时间中始终支持我的写作，帮助引导我顺利完成全部书稿。

　　最后，感谢我的太太、儿子和双方父母，为了此书的写作，我周末陪伴你们的时间更少了，感谢你们对我的理解和支持。

　　谨以此书献给我最亲爱的家人以及众多热爱人工智能的朋友们。

黄申

于美国硅谷

2020 年 8 月

# 目　　录

# 第 1 章　聊天机器人概述

## 1.1　聊天机器人的发展历史

目前，在人工智能和自然语言处理领域，聊天机器人都是非常流行的。聊天机器人之所以变得这么受欢迎，主要原因是随着技术的发展，人类对智能化服务更加渴望，特别是在某些特定领域。研究表明，在客户关系方面，消费者中超过 40％的人倾向于使用聊天机器人而不是人类客服，超过 60％的被访者每月和聊天机器人对话一次。可是，即便聊天机器人在我们身边越来越常见，那也未必能对其有系统性的了解。因此，在学习如何构建聊天机器人系统之前，我们首先要弄清楚什么是聊天机器人，它有怎样的历史，有哪些应用，以及有何种系统架构等。

聊天机器人，通常也称为对话机器人或对话系统，其研究最早可以追溯到 20 世纪 50 年代，阿兰·图灵提出了"机器可以思考吗？"这个经典的问题，并采用图灵测试来衡量对话系统的智能程度。图灵测试让被测试者在不知情的情况下，分别与机器人和人进行对话，看看被测试者能否分辨谁是机器人。该测试衍生出了人工智能领域中一个十分有趣又具有挑战性的研究问题：如何设计和开发智能聊天机器人。

20 世纪 60 年代，ELIZA 诞生了。它是我们所知道的最早的聊天机器人。ELIZA 的第一个版本是麻省理工学院的约瑟夫·魏泽鲍姆教授于 1966 年完成的。ELIZA 模仿的是一个心理治疗师，约瑟夫的同事们向它提供一些个人信息，并接受 ELIZA 的"治疗"。约瑟夫惊讶地发现，尽管 ELIZA 并不复杂，但是该系统确实能在一定程度上帮助他的同事们减轻压力。ELIZA 的成功之处在于，它非常聪明地用问句重复了提问者的话，这一过程能模拟心理治疗师的行为。该策略也意味着，ELIZA 无须理解用户的问题，而只需要用一个相对简单的方法改写用户的输入，将其变成一个问句，并以此继续和用户对话。

20 世纪 80 年代，加州大学伯克利分校的罗伯特·威林斯基等人开发了名为 UC（UNIX Consultant）的聊天机器人系统。相比于 ELIZA，UC 更偏向功能性，它可以帮助用户学习如何使用 UNIX 操作系统，可根据用户对 UNIX 的熟悉程度进行建模。除此之外，它还具备多种其他功能，包括分析用户的问题、确定操作的目标、给出解决问题的规划、决定需要与用户沟通的内容、生成最终的对话内容等。

20 世纪 90 年代，人们发明了 ALICE，它的诞生甚至催生了一部电影。ALICE 被认为是第一个在线交流的聊天机器人，它是一个开源的机器人，任何人都可以下载并改进它。ALICE 最初由理查德·华莱士发明，随后有数百名志愿者为这个机器人做出了改进。导演斯派克·琼斯在 21 世纪初得知了这个系统之后，尝试与它聊天。该举动让这位导演产生了一个想法：拍摄一部描述人类和人工智能坠入爱河的故事，这也就是 2013 年电影《她》的原型。和 ELIZA 相似，ALICE 也是一个根据规则建构起来的计算机程序，接收输入并产出输出。不同的是，它用人工智能标记语言（Artificial Intelligence Markup Language，AIML）编写。这种语言类似于 XML，它会存储与用户对话的历史，并允许 ALICE 在更为抽象的层面上做出回应。据说，这个系统的贡献者们已经为 ALICE 创造出了超过 10 万条的代码。

得益于此，ALICE 有更多的回应方式来适应用户输入的文本，并更像一位普通人，而不是心理治疗师。不过，ALICE 的输出依然是人为书写的，算法只是来挑选什么样的输出更适合某一个输入。如果想让 ELIZA 或者 ALICE 变得更像人类，就必须要添加更多的规则，但语法是复杂的，而且可能存在自相矛盾的地方，很快就会发现以这样的方式无法实现大规模扩展。与此形成鲜明对比的是机器学习，机器学习的算法基于来自其他对话的数据，学习可能的模式，并尝试预测正确的回答，这也是近些年来的发展趋势。目前，很多改进聊天机器人的兴趣点都围绕在深度学习方面，深度学习是一种训练计算机学习数据中模型的方法，它使用的是深度神经网络。近 10 年来，随着 Alpha Go 等深度学习在计算机科学领域，特别是在人工智能方面取得显著突破，深度学习算法受到了极大的关注。如果说 ELIZA、UC 和 ALICE 的对话是在重新组织人类书写的文本，那么深度学习的机器人就是试图分析人类言语，并从无到有地创造属于它自己的内容，名为 Neuralconvo 的机器人就是一个典型的代表。

Neuralconvo 诞生于 2016 年，它通过深度学习的算法，从电影脚本中学习如何讲话。Neuralconvo 能自己生成文本是因为它通过读取上千部电影脚本来"学习"，并识别出文本中的模型。前述提到的 ELIZA 是被编程为用特定的回答，回复输入文本中特定关键词的，而 Neuralconvo 则是在它看过的电影脚本的基础上，进行可能性的猜测。所以，没有任何人规定让 Neuralconvo 对某一问题给出特定的回答。鉴于 Neuralconvo 是通过电影脚本接受训练的，它的回复也是相当戏剧性的。

上述这些系统，是这几十年中比较有代表性的。随着聊天机器人研究在近 10 年来的快速兴起，我们的身边涌现出了很多更加贴近日常生活的聊天系统，例如亚马逊的 Alexa、苹果公司的 Siri、微软的小冰和 Cortana、阿里小蜜和百度的小度等。面对这些纷繁复杂的系统，我们需要一些系统性的划分，以便更好地理解。

## 1.2　聊天机器人的类型和应用

聊天机器人，也称为聊天系统、对话系统等。发展到今天，聊天机器人的种类已经有很多了，我们可以按照不同的角度来划分。从对话类型来看，通常可以划分为问答型、任务型和闲聊型。其中问答型对话系统是基于用户的问题，给出相应的回答，通常不会包含多轮对话，也不需要完成复杂的任务。这种类型一般是针对某个特定领域，例如客户服务、智能搜索和智能家居等。从系统实现的角度来看，问答型对话系统的主要任务是对用户的输入进行相似度或相关性计算，然后在事先准备好的问答题库中，寻找和输入最为相关的答案。这也意味着一个高质量的问答语料集是必不可少的。

任务型对话系统，顾名思义，是面向某一种任务的。系统往往需要同用户进行多轮的交互，并协调业务资源，最终才能完成某一项任务。例如，提供订餐服务的聊天机器人，需要根据用户的口味和价格偏好，判断是否能够查询到附近满足条件的餐厅，如果未能收集到足够的信息或餐厅座位已满，那么系统还需要主动向用户提问，以获取更多的输入和确认，才能完成指定任务。和问答型对话系统相比，任务型系统对于技术的要求更高，除了基本的自然语言处理，它还要进行对话流程的管理。

闲聊型对话系统，旨在实现一种朋友之间聊天的感觉，所以主题和内容通常都不受限制。由于开放性更高，闲聊型对话系统比问答型和任务型对话系统更具挑战性，需要海量的数据集用于机器学习的训练，同时算法要兼顾准确度和覆盖面。尽管这个领域在最近几年获得了相当大的关注，但还有很长的研发之路要走。

从应用场景的角度来看，聊天机器人主要可以分为在线客服、智能问答、个人助理、娱乐、教育五个类型。在线客服聊天机器人与购买商品或服务的顾客进行沟通，自动回复用户的问题，从而降低企业客服运营成本，并提升用户体验。在碰到无法处理的问题时，更为智能的在线客服系统还会及时接入人工客服。这类聊天系统已经非常普及，在我们常用的电商平台、在线银行等系统上都能看到。

智能问答聊天机器人的主要功能包括回答用户以自然语言形式提出的事实型问题，从而满足用户的信息需求，或者协助用户进行决策。一些能力更强的智能问答系统，还能处理需要计算和逻辑推理的问题。比较经典的智能问答系统有 IBM 的 Watson，它曾经和人类在 Jeopardy 电视节目中同台竞技，并获得冠军。

个人助理聊天机器人，其主要目的是帮助人类实现个人事务的查询及代办，常见的包括天气查询、餐馆订位、日程安排等。代表性的商业产品有亚马逊的 Alexa、苹果公司的 Siri、微软的 Cortana 和 Google Now 等。需要注意的是，这种助理类的对话系统，通常都是搭载在移动端上，因此容易受到其他软硬件模块的影响。硬件模块包括语音收录设备、图像采集设备、移动设备的 CPU 等。而软件模块包括语音识别、自然语言理解等。

娱乐聊天机器人系统的主要功能是同用户进行开放主题的对话，通常都为闲聊型的对话系统，其应用场景通常为社交媒体、儿童玩具等。另外，娱乐聊天和个人助理并没有明显的界限，例如微软"小冰"和微信"小微"在和用户进行聊天的同时，还能提供特定主题的服务，包括天气预报和生活常识等。

随着早期教育和在线教育的兴起，聊天机器人在教育场景下也获得了广泛的应用。这类系统可以根据教育的具体内容和用户的年龄段，构建交互式的学习和使用环境，或者指导用户逐步深入地掌握某些具体的技能，常见的商品包括智能培训软件、智能玩具等。

## 1.3　聊天机器人的模块和框架

了解了聊天机器人的背景、分类和常见应用之后，我们深入细节，看看"神秘"的面纱之下，都有哪些技术手段支持聊天系统。图 1-1 展示了一种常见的框架及其主要模块。大部分聊天机器人都需要直接收录用户的语音，这时语音识别模块必不可少，它可以将用户的语音转换为计算机更容易处理的文本。之后，自然语言处理模块就会从这些文本中抽取对于聊天系统关键的信息，比如用户的意图、关键的实体属性、用户情感等。不同的聊天系统会有不同的侧重点。问答型系统侧重的是问题匹配，任务型和闲聊型系统侧重的是对话管理，而情感分析对于闲聊型系统尤为重要。最终，系统生成自然语言甚至是语音，提供更为真实的对话体验。除了这些功能性的模块，还有很多其他技术对这些模块提供了支撑，例如机器学习、深度学习、信息检索、推荐和知识图谱等。

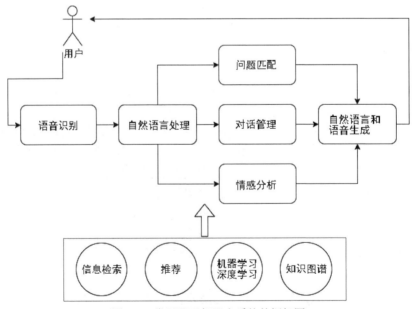

图 1-1　常见聊天机器人系统的框架图

在后面的章节中，我们会详细介绍除了自然语言和语音生成之外的其他模块。最早的语音识别系统可以追溯到 20 世纪的 50 年代，20 世纪 70 年代语音识别技术进入了快速发展时期，而 20 世纪 80 年代到 90 年代是语音识别技术的一个突破期。一些成熟的算法涌现，包括隐马尔可夫模型（Hidden Markov Model，HMM）和 $N$ 元语法（N-gram）语言模型等。从最简单的马尔可夫链到多阶的马尔可夫模型，都可以刻画基于马尔可夫假设的随机过程。可是，有时候情况会变得更为复杂，不仅每个状态之间的转移是按照一定概率进行的，就连每个状态本身也是按照一定概率分布出现的，语言识别就是最好的例子。而 HMM 就试图解决这类问题。第 2 章我们将阐述语言识别的历史、HMM 的原理和求解。

自然语言处理是计算机科学、人工智能和语言学共同关注的一个重要领域。其中的理论和方法，让人类和计算机系统能够通过自然语言进行有效的沟通。这个领域历史悠久，涉及面非常广。第 3 章侧重于较为通用的自然语言处理技术，包括停用词（Stopword）、取词干（Stemming）、同义词（Synonym）/近义词（Near-synonym）、tf-idf（Term Frequency-Inverse Document Frequency）机制和多元语法（N-gram）、词袋（Bag of Word）模型。当然也会涵盖一些较为复杂的技术，例如语义相关词、词性标注（Part Of Speech Tagging）、实体识别（Entity Recognition）、语法分析（Syntax Parsing）、语义分析（Semantic Parsing）和中文分词等。

第 4 章讲解如何使用信息检索技术，实现问答型的聊天系统。现代信息检索是指从大规模非结构化数据的集合中找出满足用户信息需求的资料的过程，这正好符合问答系统查找相关问题的要求。检索技术的倒排索引和相关性模型，可以保证系统的高效性和有效性。第 5 章会介绍一些主流的机器学习算法，包括分类、回归以及如何使用这些算法来提升基于检索的问答系统。当然，这些算法还可以运用在其他多个方面，包括之后介绍的用户意图理解、对话序列分类和情感分析等。

在互联网时代，除了信息检索和搜索引擎，另一个主流技术是推荐引擎。有时候问答系统还可以利用一些配对数据，例如社区论坛中不同用户的提问和回答。在这些社区论坛中，有人提问，有人回答，还有对别人的回答进行评论的。用户的回答本身对问答系统是非常有价值的。社区问答这种形式的数据以及对应的处理方式，很容易扩展到推荐引擎的核心思想。第 6 章，我们会介绍推荐系统相关的知识，以及常见的推荐算法，最终将它们应用到问答系统中。

第 7 章专门介绍如何使用深度学习来优化问答系统。深度学习的基础是神经网络，这类技术可以运用在多个方面。例如，我们可以通过神经网络来训练 Word2Vec、识别语音、抽取命名实体等。第 7 章将重点介绍如何使用端到端的深度学习训练来实现问题和答案的匹配。由于深度学习需要比较多的基础知识作为铺垫，我们会从最简单的神经网络开始，逐步深入，包括网络的结构、梯度学习算法、正向和反向传播算法等，还有 TensorFlow 和卷积神经网络在问答配对上的实践。

除了深度学习，另一个应用于聊天系统的前沿领域是知识图谱，这些内容将在第 8 章阐述。基于信息检索和社区推荐等技术的问答系统主要是依靠自然语言处理的技术以及一些相关性和相似度模型，为用户找到可能的答案。因此它们通常不会模仿人类的"思考"，也没有太多的"智能"。第 8 章我们将讨论近些年非常流行的一个人工智能研究领域——知识图谱，以及如何利用知识图谱，为问答系统注入更多的智慧。

第 9 章将讨论任务型和闲聊型聊天系统中具有挑战性的几个课题，包括用户意图的理解、关键属性的抽取、对话管理、情感分析等。在闲聊时，系统更需要理解用户的意图，例如用户是在询问天气、预订餐厅的座位，还是只想聊聊人生？另外，为了完成任务，计算机还要收集一些必要的信息。例如，在回答用户天气的情况如何之前，系统要知道用户关心的是哪个地方的天气。此外，任务型和闲聊型对话往往无法在一个回合中完成。对于比较复杂的任务，计算机和用户需要进行多轮的交互，系统从用户那里收集或确认足够的信息之后，才能完成整个流程。

通过本章的学习，相信对聊天机器人的领域有了大致的了解。当然，作为技术专家，一定不会满足于这些内容。接下来，让我们开始从理论到实战的技术之旅！

# 第 2 章 自动语音识别

## 2.1 自动语音识别的发展概述

有时候，我们需要通过语音和聊天机器人进行沟通，这种方式更加符合我们的行为习惯。可是，让机器理解我们的语音不是件容易的事情。自从 19 世纪电话机问世以来，人们就可以通过机器进行人类声音的处理。可是，无论是电话机对讲机，还是录音机，都只能存储和播放人类说话的声音，而无法理解这些话语。从 20 世纪至今，科学家们一直在探索如何利用计算机领域的知识，让机器"听懂"我们的语言，这也是本章的主题——自动语音识别（以下简称语音识别）。

最早的语音识别系统可以追溯到 20 世纪的 50 年代，专家们根据具体的业务需求，设计了简单的语音交互系统。客户只需要简单地说出"是""否"或者一些基于数字和单词的简单选项，就能和系统进行交互。时至今日，在一些银行等企事业单位的电话热线中，我们还能常常碰到并使用这种系统。这种系统已经具备了语音识别的基本形式，只需要区分固定集合内、数量有限的若干语音模式。

20 世纪 70 年代初期，语音识别技术进入快速发展时期，其中比较有代表性的方法包括模式识别、动态规划和线性预测编码。由于口语的发音数量是有限的，所以通过这些技术，机器能够比较准确地识别单个词的语音。美国国防部高级研究计划署（Defense Advanced Research Projects Agency，DARPA）也曾经投资语音识别项目，在其资助下，卡内基-梅隆大学创造出了一台能够识别 1000 多个单词的机器，识别成功率也是不错的。到了 20 世纪 70 年代后期，一些大公司包括 IBM、Bell 等开始研发基于海量词汇的连续语音识别系统，而此时基于专家系统的方法逐步被淘汰，而基于统计建模的方法逐步兴起。

我们可以认为 20 世纪 80、90 年代是语音识别技术的一个突破期。一些成熟的算法，如基于隐马尔可夫模型和 $N$ 元语法（N-gram）语言模型。特别是 HMM，它从基于简单的模板匹配方法转向基于概率统计建模的方法，时下主流的方法也有一部分采用了 HMM 框架。在各种 HMM 中，最为主流的方法是 GMM-HMM，它一方面通过高斯混合模型（Gaussian Mixture Model，GMM）对语音状态的观察概率进行建模；另一方面通过 HMM 对语音状态的时序进行建模。进入 20 世纪 90 年代之后，基于 HMM 的一系列语音识别技术趋于成熟，商业软件和应用也层出不穷，包括 DragonDecitate 的 Dragon 系统，微软的 Whisper 系统，IBM 的 Via-vioce 系统和英国剑桥大学的 HTK 系统等。

可是，这些方法和系统在进入 21 世纪之后，面临不少新的挑战。人们使用语音识别的场景越来越多，不再局限于专业性的文稿输入。比如，汽车、手机、会议室里的语音助手，它们需要处理的是随意性的对话，甚至是多人之间的交谈。随着深度学习的兴起，语音识别技术找到了新的发展方向。其实，早在 20 世纪 80 年代，已经有学者开始将神经网络运用到语音识别中，只是未能取得满意的效果。而在目前深度学习的研究领域中，人们已经可以构建并训练深层的神经网络（DNN）和循环神经网络（RNN）。某些实验数据表明，在理想情况下，基于 RNN 模型的语音识别准确度达到了 90%～95％，这一指标已经非常接近人类大脑识别的精度了。

正是由于语音识别技术的长足进步，时下各种语音识别的硬件、软件和应用层出不穷。这项技术让人类可以通过一种更自然的方式和机器进行交互，所以被广泛运用在各种聊天机器人中。其中比较主流的形式是语音助手，包括亚马逊在 2014 年推出的 Echo，谷歌在 2016 年推出的 Google Home 等。而国内的公司也正在迎头赶上，推出了智能音响、智能鼠标、智能遥控器等各种周边设备，作为语音识别的硬件载体。

在经历了几十年的发展后，语音识别技术日趋成熟，其主流的处理框架也相对稳定。图 2-1 列出了其中很常见的一种语音识别框架。

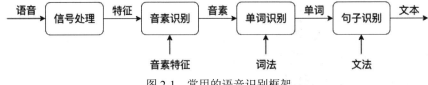

图 2-1    常用的语音识别框架

对于聊天机器人来说，最重要的是需要理解人们对它表达的意思，对应图 2-1 来说，就是单词（字）识别和句子识别的过程。在这里，我们通过最经典的隐马尔可夫模型，重点说说语音识别中从单词、字到句子的识别过程。

## 2.2    隐马尔可夫模型

隐马尔可夫模型是一种统计模型，它的名称中所包含的"隐"字，真实的含义是"隐藏""未知"。这样命名是因为 HMM 描述了一个含有未知参数的马尔可夫过程，重点是从可观察的参数中确定该过程的隐藏参数，然后利用这些参数做进一步的预测分析，例如模式识别。这个模型涉及了不少概率论的知识点，下面我们先从基础知识开始了解，逐步深入，最后再来解释 HMM 的工作原理和过程。

## 2.2.1　概率论基础知识

相信大家对变量（Variable）这个概念已经很熟悉了，在数学方程式和编程代码中经常会用到变量。而在概率论中，一个重要的概念是随机变量（Random Variable）。对于普通变量而言，在没有发生运算之前，它的值并不会发生变化。也就是说，变量可以取不同的值。但是一旦取值确定之后，它总会有一个固定的值，除非产生新的运算操作。而随机变量的值并不固定。随机变量取值的变化和普通变量取值的变化在本质上是不同的。随机变量取值对应了随机现象的一种结果。正是结果的不确定性，才导致了随机变量取值的不确定性，于是我们就引入了概率，而每个值是以一定的概率出现的。比如，某随机变量可能有 10% 的概率等于 10，20% 的概率等于 5，30% 的概率等于 28。

随机变量根据其取值是否连续，可分为离散型随机变量和连续型随机变量。举几个例子，抛硬币出现正反面的次数以及每周下雨的天数，都是离散的值，所以对应的随机变量为离散型。而汽车每小时行驶的速度和在银行排队的时间，都是连续的值，对应的随机变量为连续型。

如果将随机变量所有可能出现的值及其对应的概率都罗列出来，我们就能获得这个变量的概率分布。人们在实际运用中，已经总结出了一些概率分布，下面介绍几个最常见的。首先我们来看看离散分布模型，常用的离散分布有伯努利分布、分类分布、二项分布、泊松分布等。第一个是伯努利分布（Bernoulli Distribution），这是单个随机变量的分布，而且这个变量的取值只有两个：0 或 1。伯努利分布通过参数 $\lambda$ 来控制变量为 1 的概率，具体的公式如下：

$$P(x=0)=1-\lambda \tag{2-1}$$

$$P(x=1)=\lambda \tag{2-2}$$

或者写成

$$P(x)=\lambda^{x}(1-\lambda)^{1-x} \tag{2-3}$$

其中，$x$ 只能为 0 或 1。图 2-2 用图形化的方式表示了伯努利分布。

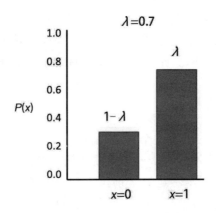

图 2-2　伯努利分布的图形化表示

另一个是分类分布（Categorical Distribution），也叫 Multinoulli 分布。它描述了一个具有 $k$ 个不同状态的单个随机变量。这里的 $k$ 是有限的数值。如果 $k$ 为 2，那么分类分布就变成了伯努利分布。分类分布的公式是：

$$P(x = k) = \lambda_k \qquad\qquad (2-4)$$

图 2-3 用图形化的方式表示了分类分布。

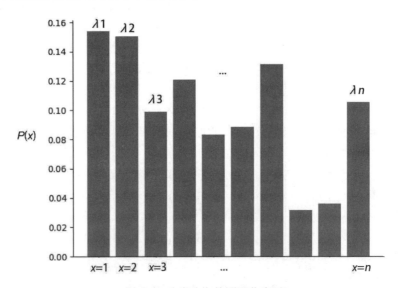

图 2-3　分类分布的图形化表示

离散型随机变量的状态数是有限的，可以通过伯努利和分类分布来描述，而表示这类概率分布的函数，也被称为概率质量函数(Probability Mass Function)。对于连续型随机变量来说，状态是无穷多的，这时我们就需要连续分布模型。比较经典的连续分布有正态分布、均匀分布、指数分布、拉普拉斯分布等。如果只需要掌握一个，那肯定是正态分布。正态分布（Normal Distribution）也叫高斯分布（Gaussian Distribution），它可以近似表示日常生活中很多数据的分布，我们经常使用这种分布来完成机器学习的特征工程，对原始数据实施标准化，使得不同范围的数据具有可比性。所以，如果想要学习机器学习，一定要掌握正态分布。这里列出概率分布的公式：

$$P(x) = \frac{1}{\sigma\sqrt{2\pi}}e^{-(x-\mu)^2/2\sigma^2} \tag{2-5}$$

式（2-5）中有两个参数，$\mu$ 表示均值，$\sigma$ 表示方差。这个公式不太直观，我们来看对应的分布图，如图 2-4 所示。

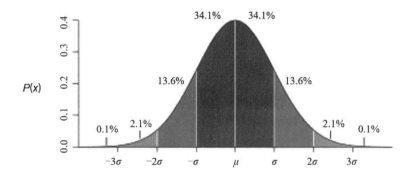

图 2-4　均值为 $\mu$，标准差为 $\sigma$ 的正态分布

从图 2-4 可以看出，越靠近中心点 $\mu$，出现的概率越高，而随着远离 $\mu$，出现的概率先是加速下降，然后减速下降，直到趋近于 0。灰色区域上的数字，表示了这个区域的面积，也就是数据取值在这个范围内的概率。例如，数据取值在$[-\sigma, \mu]$的概率为 34.1%。这里计算面积的过程，与通过密度和体积计算质量的过程类似，所以我们将这类连续型随机变量的概率分布函数，称为概率密度函数（Probability Density Function）。

现实中，很多数据分布都是近似于正态分布的，例如人类的身高体重。拿身高来说，大部分人都是接近平均值身高，偏离平均身高越远，相对应的人数越少。这也就是正态分布很常用的原因。正态分布可以扩展到多元正态分布或多维正态分布（Multivariate Normal Distribution）。

下面我们来谈谈多个随机变量之间的关系。实际生活中的现象并非都会像"投硬币"那样简单。很多影响因素都会影响我们去描述这些现象。比如，看似很简单的"投硬币"，我们其实只考虑了最主要的情况，粗暴地把硬币出现的情况一分为二。但是，不同类型的硬币是否会影响正反面的概率分布呢？硬币立起的情况如何考虑呢？又如，在汽车速度的例子中，不同的路线是否会影响速度的概率分布呢？一旦影响因素变多了，我们需要考虑的问题就多了。想要解决刚才那几个问题，更精确地描述这些现象，我们就需要理解另外几个概念，即联合概率、条件概率以及贝叶斯定理。

为了方便理解，这里使用一个生活化的例子来阐述什么是联合概率、条件概率和边缘概率。假设有一家公司 A，我们根据这家公司员工的性别和年龄两个维度进行分组，具体数据分布如表 2-1 所示。

表 2-1　员工性别和年龄的分布

| 性　　别 | 年　　龄 | | | | 总 人 数 |
|---|---|---|---|---|---|
| | [20-30) | [30-40) | [40-50) | [50-60) | |
| | 人　　数 | | | | |
| 男 | 20 | 20 | 20 | 20 | 80 |
| 女 | 20 | 20 | 20 | 20 | 80 |
| 总人数 | 40 | 40 | 40 | 40 | 160 |

表 2-1 中有两个随机变量，一个是员工的性别，一个是年龄的区间。我们很容易就可以得出，这个公司中男员工的概率是 $P(男)=80/160=50\%$，50 岁及 50 岁以上的男员工概率是 $P(50-60)=20/80=25\%$。那全公司 50 岁及 50 岁以上男员工的概率是多少呢？我们只要找到 50 岁及 50 岁以上的男员工人数，用这个人数除以全公司总人数就行了，也就是 $P(男, 50-60)=20/160=12.5\%$。

可以发现，"50 岁及 50 岁以上男员工"的概率和之前单独求男员工的概率不一样。之前只有一个决定因素，现在这个概率由性别和年龄这两个随机变量同时决定。这种由多个随机变量决定的概率叫联合概率，它的概率分布就是联合概率分布。随机变量 x 和 y 的联合概率用 $P(x, y)$ 表示。在表 2-2 中列出了这个例子里所有的联合概率分布。

表 2-2　性别和年龄的联合概率分布

| 性　　别 | 年　　龄 | | | |
|---|---|---|---|---|
| | [20-30) | [30-40) | [40-50) | [50-60) |
| | 概　　率 | | | |
| 男 | 12.5% | 12.5% | 12.5% | 12.5% |
| 女 | 12.5% | 12.5% | 12.5% | 12.5% |

这里的例子只有两个随机变量，我们可以很容易扩展到更多的随机变量，比如再增加一个在本公司任职时间的变量。我们就可以得出"为公司服务超过 5 年、年龄大于 30 岁的女员工的概率是多少？"，其中超过 5 年是关于"任职时间"的变量，女性是关于"性别"的变量，而 30 岁以上是关于"年龄"的变量。

那么联合概率和单个随机变量的概率之间有什么关联呢？对于离散型随机变量，我们可以通过联合概率 $P(x, y)$ 在 $y$ 上求和，就可以得到 $P(x)$。对于连续型随机变量，我们可以通过联合概率 $P(x, y)$ 在 $y$ 上的积分，推导出概率 $P(x)$。这时，我们称 $P(x)$ 为边缘概率。

除了边缘概率的推导，多个变量的联合概率和单个变量的概率之间还存在一个有趣的关系。在解释这个关系之前，先来介绍条件概率。

条件概率也是由多个随机变量决定的，但是和联合概率不同的是，它计算了给定某个（或多个）随机变量的情况下，另一个（或多个）随机变量出现的概率，其概率分布叫作条件概率分布。给定随机变量 $x$，随机变量 $y$ 的条件概率用 $P(y \mid x)$ 表示。

再来看一下员工分布的案例。这时可能会产生这样一个问题：在男员工中，50 岁及 50 岁以上的概率是多少？

仔细看，这个问题和前面几个问题有所不同，只关心男员工这个群体，要想解答应该是先得出 50 岁及 50 岁以上的男员工之人数，然后用这个人数除以男员工的总人数。根据表 2-1 中的数据计算，$P(50\text{-}60 \mid 男) = 20/80 = 25\%$。

理解了条件概率，我们就可以列出概率、条件概率和联合概率之间的"三角"关系了。简单说，联合概率是条件概率和概率的乘积，采用公式来表达就是：

$$P(x, y) = P(x|y) \times P(y) \tag{2-6}$$

同样的道理，我们也可以得到：

$$P(y, x) = P(y|x) \times P(x) \tag{2-7}$$

仍可以使用公司员工的案例，来验证式（2-6）。为了更清晰地表述这个问题，我们使用如下的符号：

- |男, 50-60|表示 50 岁及 50 岁以上的男员工人数；
- |男|表示男员工的人数；
- |全公司|表示全公司的总人数。

男员工中达到 50 岁及 50 岁以上的概率为 $P(50\text{-}60 \mid 男) = |男, 50\text{-}60| / |男|$，全公司中男员工的概率为 $P(男) = |男| / |全公司|$。如果我们将 $P(50\text{-}60 \mid 男)$ 乘以 $P(男)$ 会得到什么结果呢？

$$(|男, 50\text{-}60| / |男|) \times (|男| / |全公司|) = |男, 50\text{-}60| / |全公司|$$

这就是全公司中，50 岁及 50 岁以上为男员工的联合概率。其实，概率、条件概率和联合概率之间的这种"三角"关系，也就是著名的贝叶斯定理（Bayes Theorem）或者说贝叶斯法则（Bayes Rule）的核心。下面我来详细解释什么是贝叶斯定理，以及它可以运用在什么场景中。

假设我们想知道男员工年龄在 50 岁及 50 岁以上的概率有多少。可是出于对员工隐私的保护，并没有把全公司的数据分布告诉我们，但是我们通过某种途径知道了全公司年龄在 50 岁及 50 岁以上的概率、全公司男员工的概率以及 50 岁及 50 岁以上的员工中男性的概率。此时，贝叶斯定理就发挥作用啦。

刚刚我们提到：

$$P(x, y) = P(x|y) \times P(y)$$

$$P(y, x) = P(y|x) \times P(x)$$

所以就有

$$P(x|y) \times P(y) = P(x, y) = P(y, x) = P(y|x) \times P(x)$$

$$P(x|y) = \frac{P(y|x) \times P(x)}{P(y)} \tag{2-8}$$

这就是经典的贝叶斯定理。为什么说经典呢？因为它有很多应用的场景，比如后面我们介绍的隐马尔可夫模型。在式（2-8）中，还包含了先验概率（Prior Probability）、似然函数（Likelihood）、边缘概率（Marginal Probability）和后验概率（Posterior Probability）的概念。我们把 $P(x)$ 称为先验概率。之所以称为"先验"，是因为它是从数据资料统计得到的，不需要经过贝叶斯定理的推算。$P(y \mid x)$ 是给定 $x$ 之后 $y$ 出现的条件概率。在统计学中，我们也把 $P(y \mid x)$ 写作似然函数 $L(x \mid y)$。在数学里，似然函数和概率是有区别的。概率是指已经知道模型的参数来预测结果，而似然函数是根据观测到的结果数据，来预估模型的参数。不过，当 $y$ 值给定的时候，两者在数值上是相等的，在应用中我们可以不用细究。另外，我们没有必要事先知道 $P(y)$。$P(y)$ 可以通过联合概率 $P(x, y)$ 计算边缘概率得出，而联合概率 $P(x, y)$ 可以由 $P(y \mid x) \times P(x)$ 推出。离散型和连续型的边缘概率推导分别如下：

$$P(x) = \sum_y P(x, y) \tag{2-9}$$

$$P(x) = \int P(x, y) \mathrm{d}y \tag{2-10}$$

而 $P(x|y)$ 是根据贝叶斯定理，通过先验概率 $P(x)$、似然函数 $P(y \mid x)$ 和边缘概率 $P(y)$ 推算而来，因此我们把它称作后验概率。

回到刚刚的案例，我们可以通过这样的式子来计算男员工年龄在 50 岁及 50 岁以上的概率：

$$P(50\text{-}60 \mid 男) = [P(男 \mid 50\text{-}60) \times P(50\text{-}60)] / P(男) \qquad (2\text{-}11)$$

我们只需要知道，公司男员工有多少、总人数多少，就能算出 $P(男)$。也可以使用 $P(男 \mid 50\text{-}60)$ 和 $P(50\text{-}60)$ 算出边缘概率 $P(男)$。加上之前我们所获知的 $P(男 \mid 50\text{-}60)$ 和 $P(50\text{-}60)$，就能推算出 $P(50\text{-}60 \mid 男)$ 了。这个例子就是通过先验概率，推导出后验概率。这就是贝叶斯定理神奇的地方，也是它最主要的应用场景。

有了贝叶斯定理，我们就能推导出概率论中另一个常用的法则：链式法则。链式法则使用一系列条件概率和边缘概率，来推导联合概率，其具体表现形式为

$$P(x_1, x_2, \cdots, x_n) = P(x_1) \times P(x_2|x_1) \times P(x_3|x_1, x_2) \times \cdots \times P(x_n|x_1, x_2, \cdots, x_{n-1}) \qquad (2\text{-}12)$$

其中，$x_1 \sim x_n$ 表示 $n$ 个随机变量。式（2-12）是怎么来的呢？没错，就是利用联合概率、条件概率和边缘概率之间的"三角"关系。我们通过这三者的关系来推导一下，就可以很轻松地得到链式法则：

$$
\begin{aligned}
P(x_1, x_2, \cdots, x_n) &= P(x_1, x_2, \cdots, x_{n-1}) \times P(x_n|x_1, x_2, \cdots, x_{n-1}) \\
&= P(x_1, x_2, \cdots, x_{n-2}) \times P(x_{n-1}|x_1, x_2, \cdots, x_{n-2}) \times P(x_n|x_1, x_2, \cdots, x_{n-1}) \\
&= \cdots \\
&= P(x_1) \times P(x_2|x_1) \times P(x_3|x_1, x_2) \times \cdots \times P(x_n|x_1, x_2, \cdots, x_{n-1})
\end{aligned}
\qquad (2\text{-}13)
$$

通过链式法则，我们可以看出要准确地求解若干个随机变量的联合概率并非一件容易的事情，需要知道很多诸如 $P(x_2 \mid x_1)$、$P(x_3 \mid x_1, x_2)$、$P(x_n \mid x_1, x_2, \cdots, x_{n-1})$ 等的条件概率。那有没有简化的可能呢？在此引入变量相互独立的概念。独立性研究的是这样一个问题：随机变量是否会相互影响呢？比如，性别和年龄之间有怎样的关系？性别是否会影响年龄的概率分布？在之前的年龄分布表中，可以得到

$$P(50\text{-}60 \mid 男) = 25\%$$

$$P(50\text{-}60 \mid 女) = 25\%$$

$$P(50\text{-}60) = 25\%$$

所以，$P(50\text{-}60 \mid 男) = P(50\text{-}60 \mid 女) = P(50\text{-}60)$，也就是全公司 50 岁及 50 岁以上的概率、男员工中 50 岁及 50 岁以上的概率、女员工中 50 岁及 50 岁以上的概率，这三者都是一样的。以此类推到其他的年龄区间。那么，从这个数据上得出的结论是性别对年龄的分布没有影响。我们也可以看到 $P(男 \mid 50\text{-}60) = P(男 \mid 40\text{-}50) = P(男 \mid 30\text{-}40) = \cdots = P(男) = 50\%$，也就是说年龄对性别没有影响。在这种情况下，我们就说性别和年龄这两个随机变量是相互独立的。相互独立会产生一些有趣的现象，前文我们提到：

$$P(x \mid y) = P(x) \tag{2-14}$$

$$P(y \mid x) = P(y) \tag{2-15}$$

另外，将 $p(x \mid y) = p(x)$ 带入贝叶斯定理的公式，就可以得出：

$$P(x,y) = P(x \mid y) \times P(y) = P(x) \times P(y) \tag{2-16}$$

变量之间的独立性，可以帮我们简化计算。举个例子，假设有 6 个随机变量，每个变量有 10 种可能的取值，计算它们的联合概率 $P(x_1, x_2, x_3, x_4, x_5, x_6)$ 在实际中是非常困难的一件事情。

根据排列，可能的联合取值会达到 10 的 6 次方个。使用实际的数据进行统计时，我们也至少需要这个数量级的样本。不然的话很多联合概率分布的值就是 0，会产生数据稀疏的问题。但是，如果假设这些随机变量都是相互独立的，我们就可以将联合概率 $P(x_1, x_2, x_3, x_4, x_5, x_6)$ 转换为 $P(x_1) \times P(x_2) \times P(x_3) \times P(x_4) \times P(x_5) \times P(x_6)$。如此一来，只需要计算 $P(x_1) \sim P(x_6)$ 就行了，而无须计算链式法则中那么多的条件概率。

在实际项目中，我们会假设多个随机变量是相互独立的，并基于这个假设大幅简化计算，降低对数据统计量的要求。虽然这个假设通常是不成立的，但是它可以帮助我们得到近似的解。可行性和精确度相比较，可行性更为重要。在后面讲解HMM 时，我们也会利用到这一点。

说到这里，可能会有一个问题：在实际的项目中，概率值都是如何获得的呢？需要注意的是，刚刚介绍的概率及其关系都是从理论出发进行推导的，而在现实中，我们是无法直接得知这些变量真实的值的，只能通过大量的历史资料，统计各项数据，然后对这些概率值进行预估。此时，需要理解似然（Likelihood）和最大似然（Maxium Likelihood）的概念。似然，也称似然函数，表示在统计参数固定的情况下，一系列观测值的可能性有多大。用随机变量来理解，就是在随机变量的概率分布固定的情况下，让这个随机变量输出取值若干次，然后判断这组输出产生的可能性有多大。以最简单的抛硬币为例，假设这枚硬币被抛之后出现正反面的概率各为50%。将此枚硬币抛了 10 次之后，结果为正面 6 次，反面 4 次。出现这种局面的可能性，或者说似然就是 $0.5^6 \times 0.5^4 = 0.5^{10} = 0.0009765625$。现在假设这枚硬币被抛之后出现正反面的概率不一样，正面出现 60%，而反面出现 40%。又抛了 10 次，仍然观察到正面 6 次，反面 4 次，那么似然是 $0.6^6 \times 0.4^4 = 0.046656 \times 0.0256 = 0.0011943936$。可以看出，第二次的似然比第一次的似然更大。也就是说，如果抛 10 次硬币，观测到了 6 次正面、4 次反面，我们就认为此枚硬币正反面概率分别为 60% 和 40% 的可能性，比正反面概率各为 50% 的可能性更高。实际上，理论可以证明如果观测到 6

次正面、4 次反面，那么此枚硬币正反面概率分别为 60% 和 40% 会使似然最大化，也就是我们所说的"最大似然"。而求取最大似然的方法，称为最大似然估计（Maxium Likelihood Estimation）。下面我们就以抛硬币为例，对离散型随机变量的最大似然估计进行理论上的推导。

假设某枚硬币为一个随机变量 $x$，它抛出之后，出现正面的概率为 $x_1$，出现反面的概率为 $x_2$，且 $x_1 + x_2 = 1$。抛出硬币一共 $n$ 次，其中 $a_1$ 次出现正面，$a_2$ 次出现反面，且 $a_1 + a_2 = n$，那么似然是

$$\mathcal{L} = x_1^{a_1} \times x_2^{a_2} = x_1^{a_1} \times \left(1 - x_1\right)^{a_2} \tag{2-17}$$

而我们要求 $x_1$ 取值为多少时，似然会取得最大值。当 $x_1 \to 0$ 和 $x_1 \to \infty$ 的时候，似然都会趋近于 0，并且似然是大于 0 的，所以当 $x_1$ 取某个值的时候会得到最大似然。为了求这个最大值，我们首先对式（2-17）两边取对数，结果如下：

$$\ln \mathcal{L} = a_1 \ln x_1 + a_2 \ln\left(1 - x_1\right) \tag{2-18}$$

在求乘积的极值时，取对数是常见操作。一方面对数可以保证极值所对应的 $x_1$ 值不变；另一方面可以将乘积操作转为求和操作，降低对计算机系统的精度要求。然后，使用取对数后的似然对变量 $x_1$ 求偏导，得到

$$\frac{\partial \ln \mathcal{L}}{\partial x_1} = \frac{a_1}{x_1} + \frac{a_2}{1 - x_1} \times \left(-1\right) \tag{2-19}$$

当式（2-19）为 0 的时候，就能得到最大值。所以有

$$\begin{aligned} &\frac{a_1}{x_1} + \frac{a_2}{1 - x_1} \times \left(-1\right) = 0 \\ &\frac{a_1}{x_1} = \frac{a_2}{1 - x_1} \\ &a_1\left(1 - x_1\right) = a_2 x_1 \\ &x_1 = \frac{a_1}{a_1 + a_2} \end{aligned} \tag{2-20}$$

推导的结论是，要让似然取值最大，需要让 $x_1$ 的取值为 $\dfrac{a_1}{a_1 + a_2}$，而这个值正好是用正面次数除以抛硬币的总次数。也就是说，我们认为似然最大的时候，其对应的概率分布是最接近真实概率的，可以根据观测得到的频次概率来近似真实的概率值。通常统计的次数越多，这个值越接近真实的概率值。根据数学归纳法，这一证

明可以推广到多于 2 个变量的函数。而连续型随机变量也可以依此类推。

本节我们快速回顾了概率论的一些基础知识，并讲解了贝叶斯定理、链式法则、变量之间的独立性以及最大似然估计。2.2.2 节中我们将推导隐马尔可夫模型。

## 2.2.2　隐马尔可夫模型是怎么来的

为了更好地理解隐马尔可夫模型（HMM），首先我们来说说什么是马尔可夫假设和马尔可夫模型。

马尔可夫假设的内容是：任何一个状态 $s_i$ 出现的概率只和它前面的 1 个或若干个状态有关。这个假设有很多应用的场景。比如，我们可以通过马尔可夫假设，提出多元语法（N-gram）模型，或者说 $N$ 元语法模型。N-gram 中的 $N$ 很重要，它表示第 $N$ 个词出现的概率，只和它前面的 $N-1$ 个词有关。

这里以二元语法模型为例，二元语法表示某个单词出现的概率只和它前面的 1 个单词有关。也就是说，即使某个单词出现在一个很长的句子中，我们也只需要看它前面那 1 个单词。用公式来表示：

$$P\left(w_n|w_1,w_2,\cdots,w_{n-1}\right) \approx P\left(w_n|w_{n-1}\right) \tag{2-21}$$

注意这里使用的"约等于"，表示在多元语法假设之下的一种近似取值。如果是三元语法，就说明某个单词出现的概率只和它前面的 2 个单词有关。即使某个单词出现在很长的一个句子中，也只看它前面 2 个单词。用公式表达如下：

$$P\left(w_n|w_1,w_2,\cdots,w_{n-1}\right) \approx P\left(w_n|w_{n-1},w_{n-2}\right) \tag{2-22}$$

那么一元语法呢？按照字面的意思，就是每个单词出现的概率和前面 0 个单词有关。这说明，每个词的出现都是相互独立的。用公式来表达就是这样的：

$$P\left(w_n|w_1,w_2,\cdots,w_{n-1}\right) \approx P\left(w_n\right) \tag{2-23}$$

根据链式法则，就能得到

$$P\left(w_1,w_2,\cdots,w_n\right) = P\left(w_1\right) \times P\left(w_2|w_1\right) \times P\left(w_3|w_1,w_2\right) \times \cdots \times P\left(w_n|w_1,w_2,\cdots,w_{n-1}\right)$$
$$\approx P\left(w_1\right) \times P\left(w_2\right) \times \cdots \times P\left(w_n\right) \tag{2-24}$$

接下来我们说说马尔可夫模型的概念。假设有一个序列，包含了多个不同的状态，而每个状态之间存在转移的概率，那么我们就可以使用马尔可夫假设，将这个序列的随机过程建模为马尔可夫模型。换句话说，如果多个状态之间的随机转移满足马尔可夫假设，那么这类随机过程就是一个马尔可夫随机过程。而刻画这类随机过程的统计模型，就是马尔可夫模型（Markov Model，MM）。在马尔可夫模型中，如果一个状态出现的概率只和它的前一个状态有关，那么我们就称它为一阶马尔可夫模型或者马尔可夫链。如果一个状态出现的概率和它前面多个状态有关，则有二阶、三阶等马尔可夫模型。我们先从最简单的马尔可夫模型——马尔可夫链开始。图 2-5 为示意图，方便理解马尔可夫链中各个状态的转移过程。

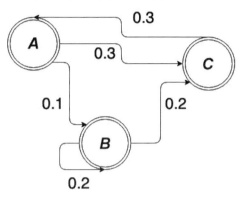

图 2-5　一个简单的马尔可夫链示例

在图 2-5 中，从状态 $A$ 到状态 $B$ 的概率是 0.1，从状态 $B$ 到状态 $C$ 的概率是 0.2。我们也可以使用状态转移表来表示图 2-5，如表 2-3 所示。

表 2-3　状态转移表示例

| 上个状态\下个状态 | $A$ | $B$ | $C$ |
| --- | --- | --- | --- |
| $A$ | 0 | 0.1 | 0.3 |
| $B$ | 0 | 0.2 | 0.2 |
| $C$ | 0.3 | 0 | 0 |

以上表达过于抽象，让我们使用 Google 公司最引以为傲的 PageRank 链接分析算法作为例子，分析一下马尔可夫链是如何运作的。这个算法假设了一个"随机冲浪者"模型，冲浪者从某张网页出发，根据 Web 图中的链接关系随机访问。在每个步骤中，冲浪者都会从当前网页的链出网页中随机选取一个作为下一步访问的目标。在整个 Web 图中，绝大部分网页结点都会有链入和链出。那么冲浪者就可以永不停歇地冲浪，持续在图中走下去。在随机访问的过程中，越是被频繁访问的链接，越是重要。可以看出，每个结点的 PageRank 值取决于 Web 图的链接结构。假如一个页面结点有很多的链入链接，或者链入的网页有较高的被访问率，那么它也将会有较高的被访问概率。那么，PageRank 的公式和马尔可夫链有什么关系呢？我们先来看看图 2-6，一个 Web 拓扑图的示例。

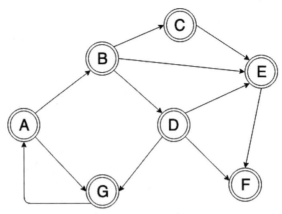

图 2-6　一个简单的 Web 拓扑图示例

图 2-6 中 A、B、C 等结点分别代表了页面，而结点之间的有向线代表了页面之间的超链接。看了这张图，是否感觉 Web 拓扑图和马尔可夫链的模型图基本上是一致的？我们可以假设每个网页都是一个状态，而网页之间的链接表明了状态转移的方向。这样，我们很自然地就可以使用马尔可夫链来刻画"随机冲浪者"。另外，在最基本的 PageRank 算法中，我们可以假设每个网页的出度是 $n$，那么从这个网页转移到下一个相连网页的概率都是 $1/n$，因此转移的概率只和当前页面有关，满足一阶马尔可夫模型的假设。我们在图 2-6 的拓扑结构中添加了转移的概率，如图 2-7 所示。

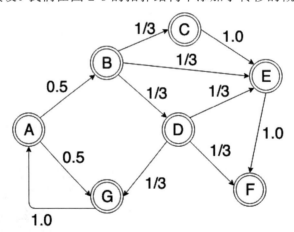

图 2-7　一个带有转移概率的 Web 拓扑图示例

PageRank 在标准的马尔可夫链上，引入了随机的跳转操作，即假设冲浪者不按照 Web 图的拓扑结构走下去，只是随机挑选了一个网页进行跳转。这样的处理是模拟人们打开一个新网页的行为，也是符合实际情况的，避免了信息孤岛的形成。最终，根据马尔可夫链的状态转移以及随机跳转。PageRank 的公式定义如下：

$$\mathrm{PR}\left(p_i\right) = \alpha \sum_{p_j \in M_i} \frac{\mathrm{PR}\left(p_j\right)}{L\left(p_j\right)} + \frac{(1-\alpha)}{N} \qquad （2\text{-}25）$$

其中，$p_i$ 表示第 $i$ 个网页；$M_i$ 是 $p_i$ 的入链接集合；$p_j$ 是 $M_i$ 集合中的第 $j$ 个网页。$\mathrm{PR}(p_j)$ 表示网页 $p_j$ 的 PageRank 得分；$L(p_j)$ 表示网页 $p_j$ 的出链接数量；$1/L(p_j)$ 就表示从网页 $p_j$ 跳转到 $p_i$ 的概率。$\alpha$ 是用户不进行随机跳转的概率；$N$ 表示所有网页的数量。

从最简单的马尔可夫链，到多阶的马尔可夫模型，都可以刻画基于马尔可夫假设的随机过程。但是，这些模型都是假设每个状态对我们是已知的，比如在 Web 冲浪模型中，某个状态对应了某个具体的网页，我们会假设这个网页是不会发生本质上的变化的。可是，有时候情况会变得更为复杂，不仅每个状态之间的转移是按照一定概率进行的，就连每个状态本身也是按照一定概率分布出现的，这个时候就需要用到隐马尔可夫模型（Hidden Markov Model，HMM）。

试想一个应用场景：语音识别。我们可以把每个等待识别的词对应为马尔可夫过程中的一个状态。不过，语音识别所面临的困难更大。这是因为计算机获取的只有人类的发音，并没有具体的文字。比如下面这个句子，全都是拼音，能看出它表示什么意思吗？

ni(三声) zhi(一声) dao(四声) wo(三声) zai(四声) deng(三声) ni(三声) ma(一声)

写在文档里的文字对于计算机是确定的，"嘛""吗""妈"不会弄错。可是，如果说"你知道我在等你吗"，听者可能会弄不明白为什么要等别人的妈妈，除非看到文字版的内容，证明这句话的最后一个字是口字旁的"吗"。另外，加之各种地方口音、唱歌的发音或不标准的拼读，情况就更糟糕了。计算机只知道某个词的发音，而不知道它具体怎么写。对于这种情况，我们就认为计算机只能观测到每个状态的部分信息，而另外一些信息被"隐藏"了起来。这时候，我们就需要用隐马尔可夫模型来解决问题。隐马尔可夫模型有两层，一层是我们可以观测到的数据，称为"输出层"；另一层则是我们无法直接观测到的状态，称为"隐藏状态层"。我们使用图 2-8 来展示这种结构，方便理解。

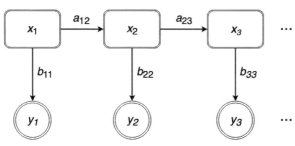

图 2-8　隐藏状态层和输出层的关系

图 2-8 中，$x_1$，$x_2$，$x_3$ 等属于隐藏状态层，$a_{12}$ 表示从状态 $x_1$ 到 $x_2$ 的转移概率，$a_{23}$ 表示从状态 $x_2$ 到 $x_3$ 的转移概率。这一层和普通的马尔可夫模型是一致的。在隐马尔可夫模型中，我们无法通过数据直接观测到这一层。我们所能看到的是以 $y_1$、$y_2$、$y_3$ 等为代表的"输出层"。另外，$b_{11}$ 表示从状态 $x_1$ 到 $y_1$ 的输出概率，$b_{22}$ 表示从状态 $x_2$ 到 $y_2$ 的输出概率，$b_{33}$ 表示从状态 $x_3$ 到 $y_3$ 的输出概率等。

那么在这个两层模型的示例中，"隐藏状态层"产生"输出层"的概率是多少呢？这是由一系列条件概率决定的，具体公式如下：

$$P(x_1) \times P(y_1|x_1) \times P(x_2|x_1) \times P(y_2|x_2) \times P(x_3|x_2) \times P(y_3|x_3)$$
$$= P(x_1) \times b_{11} \times a_{12} \times b_{22} \times a_{23} \times b_{33} \tag{2-26}$$

式（2-26）的推导可以通过贝叶斯定理和链式法则实现。首先，我们可以从概率论的角度，来解释语音识别的过程。在已知用户发音的情况下，某句话对应哪些文字的概率是最大的？也就是要让概率 $P(w_1, w_2, \cdots, w_n \mid p_1, p_2, \cdots, p_n)$ 最大化，其中 $p_1$，$p_2, \cdots, p_n$ 表示 $n$ 个发音，而 $w_1, w_2, \cdots, w_n$ 表示 $n$ 个发音所对应的 $n$ 个词。概率 $P(w_1, w_2, \cdots, w_n \mid p_1, p_2, \cdots, p_n)$ 又该如何求得呢？

（1）通过贝叶斯定理，我们将概率 $P(w_1, w_2, \cdots, w_n | p_1, p_2, \cdots, p_n)$ 换一种方式表达：

$$P(w_1, w_2, \cdots, w_n | p_1, p_2, \cdots, p_n) = \frac{P(p_1, p_2, \cdots, p_n | w_1, w_2, \cdots, w_n) \times P(w_1, w_2, \cdots, w_n)}{P(p_1, p_2, \cdots, p_n)} \tag{2-27}$$

在式（2-27）中，由于发音是固定的，所以分母 $P(p_1, p_2, \cdots, p_n)$ 保持不变，可以忽略。

（2）我们集中看分子。首先将分子拆分为两部分来分析，分别是：

$$P(p_1, p_2, \cdots, p_n | w_1, w_2, \cdots, w_n) \tag{2-28}$$

$$P(w_1, w_2, \cdots, w_n) \tag{2-29}$$

（3）对于步骤（2）所拆解出来的分子的第一部分，根据链式法则，我们将它改写为

$$P(p_1, p_2, \cdots, p_n | w_1, w_2, \cdots, w_n)$$
$$= P(p_1|w_1, w_2, \cdots, w_n) \times P(p_2|p_1, w_1, w_2, \cdots, w_n) \times \cdots P(p_n|p_{n-1}, \cdots, p_1, \cdots, w_1, \cdots, w_n) \tag{2-30}$$

假设对于某个发音 $p_x$，只有对应的单词 $w_x$，而其他单词不会对这个发音产生影响，也就是说发音 $p_x$ 是独立于除 $w_x$ 之外的变量，那么式（2-30）可以写为

$$P(p_1|w_1, w_2, \cdots, w_n) \times P(p_2|p_1, w_1, w_2, \cdots, w_n) \times \cdots \times P(p_n|p_{n-1}, \cdots, p_1, \cdots, w_1, \cdots, w_n)$$
$$\approx P(p_1|w_1) \times P(p_2|w_2) \times \cdots \times P(p_n|w_n) \tag{2-31}$$

（4）再来看分子的第二部分。同样使用链式法则，将它改写为

$$P(w_1, w_2, \cdots, w_n) = P(w_1) \times P(w_2|w_1) \times P(w_3|w_2, w_1) \times \cdots \times P(w_n|w_{n-1}, \cdots, w_1) \quad （2\text{-}32）$$

根据马尔可夫假设，每个状态只受到前面若干个状态影响，这里我们假设只受到前一个状态的影响，分子的第二部分可以改写为

$$\begin{aligned}P(w_1, w_2, \cdots, w_n) &= P(w_1) \times P(w_2|w_1) \times P(w_3|w_2, w_1) \times \cdots \times P(w_n|w_{n-1}, \cdots, w_1) \\ &\approx P(w_1) \times P(w_2|w_1) \times P(w_3|w_2) \times \cdots \times P(w_n|w_{n-1})\end{aligned} \quad （2\text{-}33）$$

综上，我们就完成了隐马尔可夫模型最基本的推导过程。当然，这一公式还是略显复杂，下面用图 2-9 对其进行直观化。

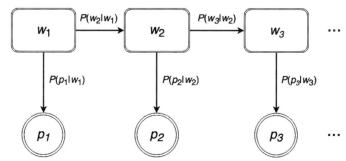

图 2-9　在语音识别中，隐藏状态层和输出层分别对应于单词和发音

图 2-9 和之前抽象的隐马尔可夫模型是一致的。不同的是，图中用 $w$（单词）表示隐藏状态，$p$（发音）表示被观测到的状态。

举个简单的例子，以帮助记忆这个两层的模型。假设系统正在进行普通话的语音识别，计算机接受了一个词组的发音。我在下面列出了它的拼音：

yu（三声）yin（一声）shi（二声）bie（二声）ji（四声）shu（四声）

根据我们手头上的语料数据，这个词组有多种可能，列出其中两种。

第一种情况为"语音识别技术"，如图 2-10 所示。

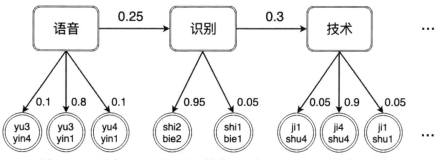

图 2-10　"语音""识别"和"技术"三个词以及分别对应的各种发音

　　在第一种情况下，三个确定的状态是"语音""识别"和"技术"这三个词。首先来看转移概率。通过语料数据的统计，我们发现出现"语音"这个词之后再出现"识别"这个词的概率是比较高的，也就是说从"语音"转移到"识别"的概率是比较高的。类似地，从"识别"转移到"技术"的概率是 0.3。

　　再来看输出概率。从"语音"输出"yu（三声）yin（四声）"的概率是 0.1（在图 2-10 中用 yu3 yin4 表示，以此类推），输出"yu（三声）yin（一声）"的概率是 0.8，输出"yu（四声）yin（一声）"的概率是 0.1。"识别"和"技术"也有对应的输出概率。这时候可能会奇怪，"语音"的普通话发音就是"yu（三声）yin（一声）"，为什么还会输出其他发音呢？这是因为，这些概率都是通过历史语料的数据统计而来。在进行语音识别的时候，我们会从不同地区、不同性别、不同年龄人群采集发音的样本。如此一来，影响发音的因素就有很多了，比如方言、口音、误读等。当然，大部分的发音还是标准的，所以"语音"这个词输出到"yu（三声）yin（一声）"的概率是最高的。

　　有了这些概率分布，我们来看看最后生成"语音识别技术"这个词组的概率是多少。在两层模型的条件概率公式中，代入具体的概率值并使用如下推导：

$$P(语音) \times P(yu3yin1|语音) \times P(识别|语音) \times P(shi2bie2|识别) \times P(技术|识别) \times$$

$$P(ji4shu4|技术) = P(语音) \times 0.8 \times 0.25 \times 0.95 \times 0.3 \times 0.9 = P(语音) \times 0.0513$$

　　第二种情况为"余音识别计数"，如图 2-11 所示。

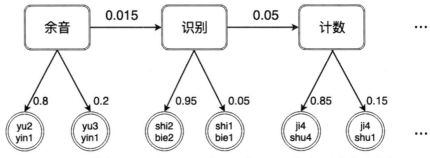

图 2-11　"余音""识别"和"计数"三个词以及分别对应的各种发音

　　在第二种可能性中，三个确定的状态是"余音""识别"和"计数"这三个词。通过语料数据，我们可以发现在常用的自然语句中，出现"余音"之后再出现"识别"这个词的概率非常低。比如，从"余音"转移到"识别"的概率是 0.015。类似地，从"识别"转移到"计数"的概率也不高，仅为 0.05。从"余音"输出"yu（三声）yin（一声）"的概率是 0.2，输出"yu（二声）yin（一声）"的概率是 0.8。"识别"和"计数"也有分别对应的输出概率。和第一种情况类似，我们可以计算"余音识别计数"这个词组最后生成的概率是多少，我们用下面这个公式来推导：

$P\left(余音\right)\times P\left(yu3yin1|余音\right)\times P\left(识别|余音\right)\times P\left(shi2bie2|识别\right)\times P\left(计数|识别\right)\times$

$P\left(ji4shu4|计数\right)=P\left(余音\right)\times 0.2\times 0.015\times 0.95\times 0.05\times 0.85=P\left(余音\right)\times 0.000121125$

最后,比较第一种和第二种情况产生的概率,两者分别是 $P$(语音)×0.0513 和 $P$(余音)×0.00012115。假设 $P$(语音)和 $P$(余音)相等,"语音识别技术"这个词组的生成概率更高。所以"yu(三声)yin(一声)shi(二声)bie(二声)ji(四声)shu(四声)"这组发音,计算机会识别为"语音识别技术",隐藏的状态层起到了关键的作用。

说到这里,可能会好奇,这些概率是如何得来的呢?前文中我们介绍了最大似然以及如何使用最大似然接近真实的概率分布。所以,如果人们手头上已经有了标注的语音资料,就可以进行频次统计和基于频次的概率计算,并将这些值作为转移概率和输出概率的近似。如果人们手头上的语音资料没有经过标注,我们就无从得知隐藏状态和被观测状态的对应关系。这时候可以采用期望最大 EM(Expectation Maximization)算法,获取概率分布参数的局部最优解。从某种意义上来说,EM 算法可以看作求极大似然的一种特殊算法,而 Baum-Welch 算法就是 EM 算法在 HMM 上的具体实现。

HMM 有一个很常见的扩展,就是结合了高斯混合分布的隐马尔可夫模型(Gaussian Mixture Model HMM,GMM-HMM)。在前文提到的 HMM 中,每个状态都是一个随机变量,而这个随机变量的概率分布可被认为是离散型的。GMM-HMM假设每个随机变量的概率分布是连续型的,而且是多个高斯分布的混合。在 20 世纪末到 21 世纪初,GMM-HMM 在语音识别领域获得了相当不错的效果,扮演了举足轻重的角色。

在理解 HMM 及其扩展的基本原理之后,我们来考虑在此模型框架下,如何进行高效的计算。

## 2.2.3　求解隐马尔可夫模型

通过 HMM 的特征,可以很清楚地看出这个模型的时间复杂度和两个主要因素相关:一个因素是每个隐藏状态可能的输出结果的数量 $m$;另一个因素是隐藏状态的数量 $n$。为了得出最可能的输出序列,最基本的求法是排列组合所有可能的序列,然后求概率的最大值。可是,这个计算的时间复杂度是 $O\left(m^{n}\right)$,随着 $m$ 和 $n$ 的增加,时间复杂度会呈现指数级增长,对于实时性的语音识别来说性能太差。

为此,人们提出使用维特比(Viterbi)算法对 HMM 进行高效的求解,或者称为解码。Andrew Viterbi 在 1967 年提出维特比算法,这是一种使用有噪声的数据链路卷积码进行解码的算法,被广泛地运用在 CDMA/GSM 数字蜂窝、卫星通信、IEEE802.11 无线局域网等通信领域,它同样适用于 HMM 的高效解码。为什么维特比算法更高效呢？我们先来观察一下 HMM 的特点是什么，然后定位基本方法的问题，就能理解维特比算法的精髓了。

首先，我们使用前文的"语音识别技术"示例，将 HMM 算法过程用一张图来表示，如图 2-12 所示。

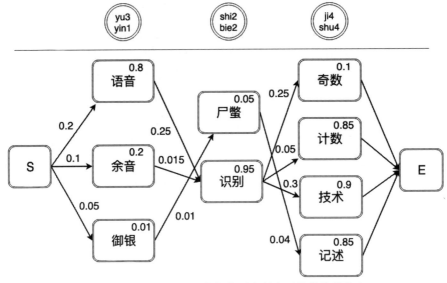

图 2-12    根据每个观测到的状态列出所有可能的隐藏状态、
隐藏状态的输出概率以及这些状态之间的转移概率

图 2-12 列举了两种重要的信息：其一是每个隐藏状态可能的取值及其对应观测值的输出概率；其二是隐藏状态之间的转移概率。每个状态方框内的数值表示其对应状态输出观测值（发音）的概率，例如"语音"方框内的 0.8 表示"语音"输出发音 yu（三声）yin（一声）的概率为 0.8。而状态之间的数值表示从前一个状态到后一个状态的转移概率，例如"语音"到"识别"之间的数值 0.25 表示从"语音"转移到"识别"的概率为 0.25。如果两个状态之间的转移概率为 0，意味着最终概率相乘的结果也为 0，表示不是一个合法的解，我们就省去这两个状态之间的边。另外需要注意的是，我们在开始和结束处分别加入了 S（Start，起始点）和 E（End，终止点）两个结点。S 的作用在于表示第一个状态取值出现的概率，例如 S 和"语音"之间的 0.2 表示 $P$(语音)=0.2。而 E 的作用在于求解最大的生成概率。

假设到第 2 个状态输出结束时最大概率的表示为 $P_2$，那么在求解 $P_2$ 的时候，我们只需要知道第 1 个状态和第 2 个状态的数据，包括第 1 个状态的输出概率、第 2 个状态的输出概率以及从第 1 个状态到第 2 个状态的转移概率。而之后的其他数据，比如第 3 个状态的输出概率、从第 2 个状态到第 3 个状态的转移概率等，对 $P_2$ 的计算都没有影响。所以排列组合相当大比例是没有意义的，浪费了大量的计算资源。为了改进这一点，维特比提出了一种动态规划算法，寻找所谓的维特比路径。

还使用图 2-12 中的网格图来解释求解过程。具体的内容更新如图 2-13 所示。

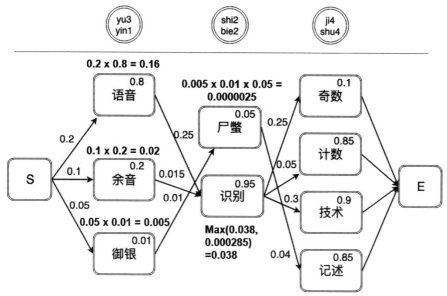

图 2-13　维特比算法的求解步骤示例

（1）计算从 S 起始状态到第一个状态的概率。第一个状态有 3 种取值，从 S 到"语音"的概率是 0.2 × 0.8 = 0.16，从 S 到"余音"的概率是 0.1 × 0.2 = 0.02。以此类推，我们将计算结果用粗体标注在每个状态取值的上方。

（2）计算从第一个状态到第二个状态的概率，方法和步骤（1）相同。需要注意的是，对于第二个状态中的某个值，到达这个值有可能存在多条路径。例如"识别"，既可能来自第一个状态中的"语音"，也可能来自"余音"，这时候我们就需要比较哪个值更大。经过步骤（1）的计算，我们知道在观测值为 yu（三声）yin（一声）的情况下，"语音"的概率是 0.16，所以在前两个观测值为 yu（三声）yin（一声）shi（二声）bie（二声）的情况下，"语音""识别"的概率是 0.16 × 0.25 × 0.95 = 0.038，而"余音""识别"的概率是 0.02 × 0.015 × 0.95 = 0.000285。两者取大值，即到"识别"这个结点为止，我们选取"语音识别"，而不是"余音识别"。

以此类推，我们为每一个结点都计算到该结点为止，最大的概率。我们将本次计算结果中最大的值用粗体标注在最终的结点 E 上，如图 2-14 所示。

通过维特比算法中每个步骤的详细推导，很容易算出它的时间复杂度。在每一步，我们要研究 $m$ 个状态的取值，而总步数就是状态的数量 $n$，所以时间复杂度是 $O(m \times n)$，大大低于排列组合的时间复杂度 $O(m^n)$。值得一提的是，维特比算法还可以运用在其他领域。如果下面三个假设成立，我们就可以使用维特比算法：

（1）可观测的输出和隐藏状态必须处于一个序列中，例如发音序列、文字序列、时间序列等。

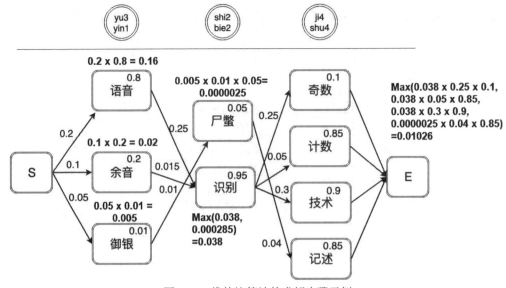

图 2-14　维特比算法的求解步骤示例

（2）可观测的序列与隐藏序列是一一对应的关系，并且对应关系可量化，例如 HMM 中的输出概率。

（3）计算在当前时间 $t$ 的最可能隐藏序列，只依赖于 $t$ 时刻的观测输出和 $t-1$ 处的最可能序列，也就是说可以通过动态规划算法来实现。

理解了 HMM 的优化求解后，我们使用 Python 代码进行实战演练。

## 2.3　Python 实战

在 Python 中有多种隐马尔可夫模型的实现，这里我们使用一个名为 hmmlearn 的库。这个库最初是在 sklearn 中出现，后来独立出来，目前可以使用 pip 来安装。

```
pip install hmmlearn
```

更多介绍可以参考官网（https://hmmlearn.readthedocs.io/en/latest/）。

需要注意的是，安装 hmmlearn 的时候系统可能提示获取最新的 setuptools，因为 hmmlearn 需要 36.2 版本以上的 setuptools。可以通过 pip 来安装。

```
pip install setuptools
```

或者升级。

```
pip install --upgrade setuptools
```

另外，我们也需要使用 numpy，它是 Python 中用于科学计算的库。使用下面的命令安装：

```
pip install numpy
```

在开始编码之前，我们需要列出全部的隐藏状态、状态间的转移概率、每个状态的输出概率和起始概率。扩展之前的示例，每个隐藏状态表示某个实际的单词，对应的可能性更多。这里一共有 11 个单词和 1 个句号，具体如下。

["语音", "余音", "御银", "玉音", "尸螫", "识别", "奇数", "基数", "计数", "技术", "记述", "。"]。

对应的起始概率分别为

[0.2, 0.1, 0.05, 0.1, 0.05, 0.2, 0.05, 0.05, 0.05, 0.1, 0.05, 0]。

我们使用表 2-4 来表示状态转移的概率，其中行表示出发状态，列表示结束状态。

表 2-4　状态转移的概率

|  | 语音 | 余音 | 御银 | 玉音 | 尸螫 | 识别 | 奇数 | 基数 | 计数 | 技术 | 记述 | 。 |
|---|---|---|---|---|---|---|---|---|---|---|---|---|
| 语音 | 0 | 0 | 0 | 0 | 0 | 0.25 | 0 | 0 | 0 | 0 | 0 | 0.75 |
| 余音 | 0 | 0 | 0 | 0 | 0 | 0.015 | 0 | 0 | 0 | 0 | 0 | 0.985 |
| 御银 | 0 | 0 | 0 | 0 | 0.01 | 0 | 0 | 0 | 0 | 0 | 0 | 0.99 |
| 玉音 | 0 | 0 | 0 | 0 | 0 | 0 | 0 | 0 | 0 | 0 | 0 | 1 |
| 尸螫 | 0 | 0 | 0 | 0 | 0 | 0 | 0 | 0 | 0 | 0 | 0.04 | 0.96 |
| 识别 | 0 | 0 | 0 | 0 | 0 | 0 | 0.25 | 0 | 0.05 | 0.3 | 0 | 0.4 |
| 奇数 | 0 | 0 | 0 | 0 | 0 | 0 | 0 | 0 | 0 | 0 | 0 | 1 |
| 基数 | 0 | 0 | 0 | 0 | 0 | 0 | 0 | 0 | 0 | 0 | 0 | 1 |
| 计数 | 0 | 0 | 0 | 0 | 0 | 0 | 0 | 0 | 0 | 0 | 0 | 1 |
| 技术 | 0 | 0 | 0 | 0 | 0 | 0 | 0 | 0 | 0 | 0 | 0 | 1 |
| 记述 | 0 | 0 | 0 | 0 | 0 | 0 | 0 | 0 | 0 | 0 | 0 | 1 |
| 。 | 0 | 0 | 0 | 0 | 0 | 0 | 0 | 0 | 0 | 0 | 0 | 1 |

每个隐藏状态的输出概率如表 2-5 所示。

表 2-5　隐藏状态的输出概率

|  | yu3 yin4 | yu3 yin1 | yu4 yin1 | yu2 yin1 | yu4 yin2 | shi4 bie2 | shi2 bie2 | shi1 bie1 | ji1 shu4 | ji4 shu4 | ji1 shu1 | ji4 shu1 | ju4 hao4 |
|---|---|---|---|---|---|---|---|---|---|---|---|---|---|
| 语音 | 0.1 | 0.8 | 0.1 | 0 | 0 | 0 | 0 | 0 | 0 | 0 | 0 | 0 | 0 |
| 余音 | 0 | 0.2 | 0 | 0.8 | 0 | 0 | 0 | 0 | 0 | 0 | 0 | 0 | 0 |
| 御银 | 0 | 0.01 | 0 | 0 | 0.99 | 0 | 0 | 0 | 0 | 0 | 0 | 0 | 0 |
| 玉音 | 0 | 0 | 0.9 | 0.1 | 0 | 0 | 0 | 0 | 0 | 0 | 0 | 0 | 0 |
| 尸螫 | 0 | 0 | 0 | 0 | 0 | 0.1 | 0.05 | 0.85 | 0 | 0 | 0 | 0 | 0 |
| 识别 | 0 | 0 | 0 | 0 | 0 | 0 | 0.95 | 0.05 | 0 | 0 | 0 | 0 | 0 |

续表

| | yu3<br>yin4 | yu3<br>yin1 | yu4<br>yin1 | yu2<br>yin1 | yu4<br>yin2 | shi4<br>bie2 | shi2<br>bie2 | shi1<br>bie1 | ji1<br>shu4 | ji4<br>shu4 | ji1<br>shu1 | ji4<br>shu1 | ju4<br>hao4 |
|---|---|---|---|---|---|---|---|---|---|---|---|---|---|
| 奇数 | 0 | 0 | 0 | 0 | 0 | 0 | 0 | 0 | 0.8 | 0.1 | 0.1 | 0 | 0 |
| 基数 | 0 | 0 | 0 | 0 | 0 | 0 | 0 | 0 | 0.7 | 0.1 | 0.2 | 0 | 0 |
| 计数 | 0 | 0 | 0 | 0 | 0 | 0 | 0 | 0 | 0 | 0.85 | 0 | 0.15 | 0 |
| 技术 | 0 | 0 | 0 | 0 | 0 | 0 | 0 | 0 | 0.05 | 0.9 | 0.05 | 0 | 0 |
| 记述 | 0 | 0 | 0 | 0 | 0 | 0 | 0 | 0 | 0 | 0.85 | 0.1 | 0 | 0.05 |
| 。 | 0 | 0 | 0 | 0 | 0 | 0 | 0 | 0 | 0 | 0 | 0 | 0 | 1 |

　　有了这些准备，我们就可以进入实际的编码环节了。首先引入必要的 Python 包，设置隐藏状态、输出状态、起始概率、隐藏状态之间的转移概率和隐藏状态输出概率。

```python
import numpy as np
from hmmlearn import hmm

# 设置隐藏状态
states = ['语音', '余音', '御银', '玉音', '尸蟞', '识别', '奇数', '基数', '计数', '技术', '记述', '。']
n_states = len(states)
# 设置输出状态
outputs = ['yu3yin4', 'yu3yin1', 'yu4yin1', 'yu2yin1', 'yu4yin2', 'shi4bie2', 'shi2bie2', 'shi1bie1',
'ji1shu4', 'ji4shu4', 'ji1shu1', 'ji4shu1', 'ju4hao4']
# 设置起始概率，也就是从 S 结点到第一个状态的转移概率
start_probability = np.array([0.2, 0.1, 0.05, 0.1, 0.05, 0.2, 0.05, 0.05, 0.05, 0.1, 0.05, 0])

# 设置隐藏状态之间的转移概率
transition_probability = np.array([
    [0, 0, 0, 0, 0, 0.25, 0, 0, 0, 0, 0, 0.75],
    [0, 0, 0, 0, 0, 0.015, 0, 0, 0, 0, 0, 0.985 ],
    [0, 0, 0, 0, 0.01, 0, 0, 0, 0, 0, 0, 0.99],
    [0, 0, 0, 0, 0, 0, 0, 0, 0, 0, 0, 1],
    [0, 0, 0, 0, 0, 0, 0, 0, 0, 0.04, 0.96],
    [0, 0, 0, 0, 0, 0, 0.25, 0, 0.05, 0.3, 0, 0.4],
    [0, 0, 0, 0, 0, 0, 0, 0, 0, 0, 0, 1],
    [0, 0, 0, 0, 0, 0, 0, 0, 0, 0, 0, 1],
    [0, 0, 0, 0, 0, 0, 0, 0, 0, 0, 0, 1],
    [0, 0, 0, 0, 0, 0, 0, 0, 0, 0, 0, 1],
    [0, 0, 0, 0, 0, 0, 0, 0, 0, 0, 0, 1],
    [0, 0, 0, 0, 0, 0, 0, 0, 0, 0, 0, 1]

])
```

```
# 设置每个隐藏状态的输出概率，这里使用离散的概率分布
emission_probability = np.array([
    [0.1, 0.8, 0.1, 0, 0, 0, 0, 0, 0, 0, 0, 0, 0],
    [0, 0.2, 0, 0.8, 0, 0, 0, 0, 0, 0, 0, 0, 0],
    [0, 0.01, 0, 0, 0.99, 0, 0, 0, 0, 0, 0, 0, 0],
    [0, 0, 0.9, 0.1, 0, 0, 0, 0, 0, 0, 0, 0, 0],
    [0, 0, 0, 0, 0, 0.1, 0.05, 0.85, 0, 0, 0, 0, 0],
    [0, 0, 0, 0, 0, 0.95, 0.05, 0, 0, 0, 0, 0, 0],
    [0, 0, 0, 0, 0, 0, 0, 0.8, 0.1, 0.1, 0, 0],
    [0, 0, 0, 0, 0, 0, 0, 0.7, 0.1, 0.2, 0, 0],
    [0, 0, 0, 0, 0, 0, 0, 0.85, 0.0, 0.15, 0],
    [0, 0, 0, 0, 0, 0, 0, 0.05, 0.9, 0.05, 0, 0],
    [0, 0, 0, 0, 0, 0, 0, 0.85, 0.1, 0, 0.05],
    [0, 0, 0, 0, 0, 0, 0, 0, 0, 0, 0, 1]
])
```

然后根据之前的几个概率设置，初始化 hmmlearn 包中的 HMM。

```
# 生成 MultinomialHMM，它使用了离散的概率分布
hmm_model = hmm.MultinomialHMM(n_components=n_states)
# 输入已经设置好的起始概率和转移概率
hmm_model.startprob_ = start_probability
hmm_model.transmat_ = transition_probability
# 由于 MultinomialHMM 使用了离散的概率分布，需要输入隐藏状态的输出概率
hmm_model.emissionprob_ = emission_probability
```

一切就绪之后，使用一个观测到的序列来识别隐藏状态。

```
# 设置观察到的拼音，这里 1、6、9 是 outputs 的索引，分别对应"yu3yin1"、"shi2bie2"和
"ji4shu4"
observed_list = [1, 6, 9]
# 根据观测到的序列，使用维特比算法预测最有可能的状态序列
logprob, word = hmm_model.decode(np.array([observed_list]).T, algorithm = 'viterbi')
print (' '.join(map(lambda x: outputs[x], observed_list)))
print (' '.join(map(lambda x: states[x], word)))
print ()
```

代码运行结果如下：

```
yu3yin1 shi2bie2 ji4shu4
语音 识别 技术
```

其中，第一行表示原有的观测序列，第二行表示识别出来的隐藏状态序列。两者对比，可以看出 HMM 已经正确地识别了这句话。再尝试另一个观测序列的例子：

```
# 设置观察到的拼音，这里 4、7、9 是 outputs 的索引，分别对应"yu4yin2"、"shi1bie1"和
"ji4shu4"
observed_list = [4, 7, 9]
logprob, word = hmm_model.decode(np.array([observed_list]).T, algorithm = 'viterbi')
print (' '.join(map(lambda x: outputs[x], observed_list)))
print (' '.join(map(lambda x: states[x], word)))
```

代码运行结果如下：

```
yu4yin2 shi1bie1 ji4shu4
御银 尸螫 记述
```

至此，隐马尔可夫模型（HMM）的原理、计算和实践部分就都介绍完了。实际上，HMM 有着广泛的应用场景，比如后文介绍的中文分词、实体识别等都可以利用 HMM 实现。

# 第 3 章　自然语言处理

## 3.1　自然语言处理的发展概述

前面章节阐述了计算机是如何将人类的语音转换为书面上的语言和文字的，接下来的问题就是如何将这些语言和文字转换成计算机所能理解的内容。因为只有让机器在一定程度上理解人类的语言，才能使它更好地回答用户的问题。这就涉及计算机技术里另一个重要的领域：自然语言处理和理解，简称 NLP（Natural Language Processing）或者 NLU（Natural Language Understanding）。

自然语言处理是计算机科学、人工智能和语言学共同关注的一个重要领域。它的理论和方法，试图让人类和计算机系统能够通过自然语言进行有效的沟通。这个领域历史悠久，从 20 世纪初，人们就开始研究和自然语言相关的规律和假设。其方向大体上分为两类，第一类是基于语言规则的形式化语言处理，这个方向拥有比较复杂的体系，包括范畴语法、语言集合论、有限状态语法、语言串分析、短语结构语法等；第二类是基于概率和统计的数字化语言处理，目前计算机技术更多地是在朝这个方向前进，其模型包括概率语法、Bayes 动态规划、隐马尔可夫模型（HMM）、条件随机场（CRF）等。这些模型和对应的算法将语言看作数字信号，使用概率论和统计的方法对其处理。

在展开本章内容之前，首先解答几个可能存在的疑问。第一个是自然语言处理（NLP）和自然语言理解（NLU）的区别。有些学者认为应该进一步细分 NLP 和 NLU，NLU 侧重的是让计算机在更深的层次"理解"人类的自然语言，在本书中我们并不做刻意的区分。因为无论是"处理"还是"理解"，这些技术最终都要服务于本书所探讨的话题，那就是人机对话。我们需要充分利用自然语言处理和理解的技术，让计算机懂得人们的聊天意图。这样计算机才能更好地进行应答，甚至主动提出一些合理的问题。

第二个是自然语言处理所涵盖的范畴。从广义上来说，前文所介绍的语音识别以及后文将会介绍的语音合成（Speech Synthesis）、信息检索（Information Retrieval）、自然语言生成（Natural Language Generation）等，都可以归入自然语言处理的范畴。不过，对于本书的主题"聊天机器人"来说，语言识别、信息检索、语音合成和自然语言的生成都是比较重要的模块。本章侧重介绍在处理文本形式的自然语言时所需的常用技术，可以认为是狭义的、完全基于文本的自然语言处理。

## 3.2 常见的自然语言处理技术

本节讲述对于绝大部分人类语言来说，一些通用的处理技术。按照由浅入深的原则，从最基本的开始，逐步过渡到比较复杂的概念和技术。基础的内容包括停用词（Stopword）、同义词（synonym）和近义词（Near-synonym）、TF-IDF（Term Frequency-Inverse Document Frequency）机制多元语法（N-gram）、词袋（Bag of Word）模型。而语义相关词、词性标注（Part of Speech Tagging）、实体识别（Entity Recognition）、语法分析（Syntax Parsing）和语义分析（Semantic Parsing）会更为复杂一些。

### 3.2.1 停用词

无论何种语言，都会存在对自然语言理解而言意义不大的词，例如英文中的 a、an、the、that、is、good、bad 等，中文中的"的、个、你、我、他、好、坏"等。这类词被称为停用词（Stopword）。系统在处理文本的时候，可以直接忽略停用词。如此一来，我们就可以在基本不损失语义的情况下，提升系统的处理效率。

那么哪些词是停用词呢？一般有两种方式来实现停用词的界定：第一种是根据停用词的字典，直接将字典内的词过滤，这类字典通常是按照每种语言的特点单独来制定，比如刚刚提到英文中的 a、an、the，中文中的"的、个、你"等；第二种是根据单词的文档频率（Document Frequency，DF），如果文档频率低于或高于一定的阈值，那么就将其作为停用词过滤掉。这里的文档频率是指在文档集合内，有多少篇文档出现过这个词。文档频率过低，证明这个词对于当前这个文档集合来说，影响不大。而文档频率过高，证明这个词可能没有什么特殊的含义，对于文本的理解也没有太大意义。

当然，我们也需要注意停用词的使用场景，根据具体情况具体分析。例如后文会介绍的用户观点分析，good 和 bad 这样的形容词反而成为关键，不仅不能被过滤，反而要加大它们的权重。

下面使用一个简单的程序展示停用词的过滤。本章出现的示例代码，都会使用到 Python 中的 NLTK（Natural Language ToolKit）。NLTK 主要帮助编程人员进行自然语言的处理，需要使用如下命令进行安装：

```
pip install nltk
```

这里的示例代码需要用到路透社语料库（reuters），它目前包含了 10788 篇新闻文档，共 90 个主题，总字数超过了 170 万字。使用下面的代码，就可以通过 NLTK 来下载。

```
# 处理 ssl 安全相关的问题
import ssl
try:
    _create_unverified_https_context = ssl._create_unverified_context
except AttributeError:
    pass
else:
    ssl._create_default_https_context = _create_unverified_https_context

# 下载"路透社"语料库
import nltk
nltk.download('reuters')
```

其中有关 ssl 的代码是为了解决可能存在的认证问题。下载路透社语料库后，就可以引入这个文档和停用词。使用下面的命令，查看 NLTK 自带的停用词。

```
from nltk.corpus import reuters, stopwords

# 有多少语言的停用词
print(stopwords.fileids())
```

命令运行结果如下，表示有多少种语言的停用词。

```
['danish', 'dutch', 'english', 'finnish', 'french', 'german', 'hungarian', 'italian', 'kazakh', 'norwegian',
'portuguese', 'romanian', 'russian', 'spanish', 'swedish', 'turkish']
```

可惜的是，NLTK 自带的停用词列表没有包含中文。先看看英文的停用词有哪些：

```
# 有哪些英文的停用词
print(stopwords.words('english'))
```

结果如下：

```
['i', 'me', 'my', 'myself', 'we', 'our',..., 'wasn', 'weren', 'won', 'wouldn']
```

最后，过滤路透社语料中的英语停用词。

```
# 全部词的数量，超过 170 万个
all_words = reuters.words()
print('"路透社"语料库总共有{0}个词'.format(len(all_words)))

# 根据停用词的字典，过滤停用词
def remove_stopword(words, stopwords):
    non_stopwords = [word for word in words if word.lower() not in set(stopwords)]
    return non_stopwords
```

```
# 过滤停用词之后，词的数量变为约 130 万个
print('过滤停用词之后，"路透社"语料库总共有{0}个词'.format(len(remove_stopword(all_words,
stopwords.words('english')))))
```

结果如下：

```
"路透社"语料库总共有 1720901 个词
过滤停用词之后，"路透社"语料库总共有 1265276 个词
```

接下来我们展示如何使用文档频率（DF）过滤单词。这里将使用 NLTK 中的 FreqDist 函数，它会统计单词列表中每个单词出现的次数。下面这段代码去除每篇文章中重复的单词，然后加入一个语料库级别的列表。针对最终语料库的单词列表进行词频统计，就能获取每个单词的文档频率。

```
from nltk import FreqDist

# 用于记录每篇文章不重复单词的语料库单词 list
words_for_df = []

for fileid in reuters.fileids():
    # 获取当前文章的不重复单词
    unique_words = set(reuters.words(fileid))
    # 加入语料库的单词 list
    words_for_df.extend(list(unique_words))

# 获取每个单词的词频，由于之前的去重，这里的词频也就是文档频率
fdist = FreqDist(words_for_df)

# 根据文档频率，由高到低，对单词进行排序
words_sorted_by_freq = sorted(fdist.items(), key = lambda kv: kv[1], reverse = True)

# 文档频率较高的 20 个词
print("DF 较高的 20 个词：", words_sorted_by_freq[0:20])
# 文档频率较低的 20 个词
print("DF 较低的 20 个词：", words_sorted_by_freq[-21:-1])
```

运行结果如下：

```
DF 较高的 20 个词：  [('.', 9750), (',', 9000), ('of', 7448), ('the', 6749), ('said', 6731), ('and',
6595), ('to', 6595), ('in', 6273), ('a', 6106), (';', 6087), ('&', 6070), ('lt', 6067), ('>', 5932), ('for',
5329), ('-', 5028), ('The', 4966), ('mln', 4715), ('it', 4359), ('1', 4286), ('"', 4286)]
DF 较低的 20 个词：  [('Metall', 1), ('Steinkuehler', 1), ('Blohm', 1), ('Gesamtmetall', 1),
```

('triennial', 1), ('Boelkow', 1), ('IG', 1), ('Messerschmitt', 1), ('squarely', 1), ('rejuvenation', 1), ('franchising', 1), ('CityBank', 1), ('nineth', 1), ('communciate', 1), ('multimillion', 1), ('Genecor', 1), ('Genencor', 1), ('additivies', 1), ('RIDDER', 1), ('KRN', 1)]

可以看出文档频率较高的单词里很多都是英文停用词，还有一些标点符号，而文档频率较低的单词基本上都是比较生僻的词。下面，我们使用 filter 函数过滤掉文档频率小于 5 或者大于 3000 的词。

```
# 根据文档频率过滤单词，这里我们过滤掉文档频率小于 5 或者大于 3000 的那些词
print("根据 DF 过滤前的单词数量：", len(fdist))
fdist_filtered = dict(filter(lambda kv: kv[1] >= 5 and kv[1] <= 3000, fdist.items()))
print("根据 DF 过滤后的单词数量：", len(fdist_filtered))

words_sorted_by_freq = sorted(fdist_filtered.items(), key = lambda kv: kv[1], reverse = True)

# 文档频率较高的 20 个词
print("DF 较高的 20 个词：", words_sorted_by_freq[0:20])
# 文档频率较低的 20 个词
print("DF 较低的 20 个词：", words_sorted_by_freq[-21:-1])
```

运行结果如下：

```
根据 DF 过滤前的单词数量： 41600
根据 DF 过滤后的单词数量： 12231
DF 较高的 20 个词： [('cts', 2952), ('be', 2915), ('year', 2894), ('was', 2887), ('vs', 2873), ('3', 2870), ('that', 2842), ('will', 2803), ('has', 2748), ('an', 2722), ('5', 2712), ('S', 2539), ('U', 2463), ('not', 2459), ('4', 2446), ('1986', 2437), ('which', 2406), ('company', 2360), ('as', 2249), ('7', 2144)]
DF 较低的 20 个词： [('rough', 5), ('supertanker', 5), ('Diagnostic', 5), ('CALENDAR', 5), ('ALUZ', 5), ('Alusuisse', 5), ('ECH', 5), ('ECHLIN', 5), ('KLM', 5), ('Geography', 5), ('VARITY', 5), ('shadow', 5), ('GEL', 5), ('ASSAYS', 5), ('AFFILIATED', 5), ('RAINBOW', 5), ('bankrupt', 5), ('PLACE', 5), ('Weizsaecker', 5), ('NESTLE', 5)]
```

有了这些过滤后的单词，就可以使用类似停用词字典的方式，对每篇文章只保留文档频率满足一定要求的单词。

## 3.2.2　同义词和近义词

通常计算机在处理自然语言的时候，采取的都是精准匹配。比如之前统计词频的时候，如果系统看到"西红柿"这个单词出现了 2 次，就将这个词的词频记为 2。如果看到

单词"番茄",它不会认为"西红柿"出现了 3 次。但实际上,中国北方人所说的西红柿和中国南方人所说的番茄是一回事,站在人的角度理解,就会认为西红柿这个词出现了 3 次。为了让计算机更合理地处理这种情况,我们就需要让它理解这种同义词(Synonym)的关系。和停用词类似,字典在这里发挥了关键的作用,但此时的字典需要包含词的含义和关系。在英文中,最流行的一个字典要属 WordNet 了,它是由普林斯顿大学的语言学家、心理学家和计算机工程师联合研发的基于认知语言学的字典。目前主要支持英文。WordNet 不仅包含了按照字母顺序排列的单词,还包含了词和词之间的层级关系、同义关系、整体部分关系等。

强大的 NLTK 也提供了访问 WordNet 的函数,使用起来非常方便。使用下面的代码,看看 language 有哪些同义词。

首先下载 NLTK 提供的 WordNet:

```
# 处理 ssl 安全相关的问题
import ssl
try:
    _create_unverified_https_context = ssl._create_unverified_context
except AttributeError:
    pass
else:
    ssl._create_default_https_context = _create_unverified_https_context


# 下载 WordNet
import nltk
nltk.download('wordnet')
```

然后查看 language 的同义词:

```
from nltk.corpus import wordnet
wordnet.synsets('language')
```

结果如下:

```
[Synset('language.n.01'),
 Synset('speech.n.02'),
 Synset('lyric.n.01'),
 Synset('linguistic_process.n.02'),
 Synset('language.n.05'),
 Synset('terminology.n.01')]
```

上述结果表示 language 在 WordNet 中有 3 个同义词。之所以有这么多同义词，是因为 language 这个词本身也有不同的含义。例如，作为"演讲"的意思，同义词为 speech；作为"歌词"的意思，同义词为 lyric 等。

近义词（Near-Syonoym）和同义词的应用场景类似，不过由于近义词允许词和词之间存在含义上的少许差别，所以没有同义词应用那么广泛。

## 3.2.3　多元语法

在阐述马尔可夫模型的时候，我们提到了多元语法（N-gram），也称 $N$ 元语法。这是自然语言处理的常见技术之一。N-gram 中的 $N$ 表示任何一个词出现的概率只和它前面的 $N-1$ 个词有关。以二元语法模型为例，二元语法表示某个单词出现的概率只和它前面的 1 个单词有关。也就是说，即使某个单词出现在一个很长的句子中，我们也只需要看它前面那 1 个单词。用公式来表示就是：

$$P\left(w_n|w_1, w_2, \cdots, w_{n-1}\right) \approx P\left(w_n|w_{n-1}\right) \tag{3-1}$$

注意，这里使用的"约等于"，表示它是在多元语法假设下的一种近似取值。如果是三元语法，就说明某个单词出现的概率只和它前面的 2 个单词有关。即使某个单词出现在很长的一个句子中，它也只看相邻的前 2 个单词。用公式来表达就是：

$$P\left(w_n|w_1, w_2, \cdots, w_{n-1}\right) \approx P\left(w_n|w_{n-1}, w_{n-2}\right) \tag{3-2}$$

在实际项目中，可以将临近的词组合起来，以实现 $P\left(w_n|w_{n-1}\right)$ 这种条件概率的计算。例如对于二元语法，将临近的两个词连起来形成双字母组合（Bigram），对于三元语法，将临近的三个词连起来形成三字母组合（Trigram）。那么为什么要使用多元语法呢？这主要是为了考虑上下文的含义，并弥补单个词表达力的不足。例如在"I do not like this phone""I do not want to leave, I really like this place"这两句话中，如果要明确说话者所表达的观点，那么 not 和 like 这两个词是否放在一起处理就成为了关键。如果系统将 not 和 like 两个词分别处理，那么这两句话所表达的情感在系统看来并无区别。但如果采用二元语法，那么第一句话就会产生 not like 的双字母组合，而第二句则不会，系统能识别出这两句话的区别。

当然，多元语法也有不足之处，最明显的一点就是增加了数据的存储量。多元语法方便计算机处理单词之间的上下文关系，但是并没有考虑组合后的词组是否有正确的语法和语义。例如 I really，从人类的角度看，这个词就很奇怪。但是它还会生成很多合理的词组，例如 really like。所以如果不进行深入的语法分析，我们其实没办法区分哪些多元组是有意义的，哪些是没有意义的。因此，最简单的做法就是保留所有多元组。这样，额外的二元组会增加一倍的存储量，三元组又会增加一倍的存储量，以此类推。

下面的 Python 示例代码展示了如何使用 NLTK 实现二元语法、三元语法和五元语法的生成。

```python
from nltk.tokenize import word_tokenize
from nltk.util import bigrams, trigrams, ngrams

# 测试的句子
sent = 'I do not want to leave, I really like this place'

# 简单的英文分词
words = word_tokenize(sent)

# 分别输出二元语法，三元语法和五元语法
sent_bigrams = list(bigrams(words))
print(sent_bigrams)
sent_trigrams = list(trigrams(words))
print(sent_trigrams)
sent_ngrams = list(ngrams(words, 5))
print(sent_ngrams)
```

## 3.2.4　词袋模型和 TF-IDF 机制

词袋（Bag of Words）模型是自然语言处理领域十分常用的文档表示方法。这种模型假设文本无论是一个句子还是一篇文档，都可以用一堆单词来表示，就像装在一个大的袋子里。这种表示方式不考虑单词出现的顺序、句法以及文法。另外，词袋模型通常还认为每个单词的出现都是独立的，这和一元语法是相同的。来看下面这两句话：

（1）I do not like this phone.

（2）Like not phone do this I.

在词袋模型看来，这两句话没有区别。那么针对多篇文档，词袋模型是如何运作的呢？我们以下面两句话为例：

（1）I do not like this phone.

（2）I do not want to leave, I really like this place.

基于这两句话构造一个字典，每个不同的单词出现一次且仅一次，结果如表 3-1 所示。

表 3-1　基于两句话构造的字典

| ID | 单词 |
| --- | --- |
| 1 | i |
| 2 | do |
| 3 | not |
| 4 | like |
| 5 | this |
| 6 | phone |
| 7 | want |
| 8 | to |
| 9 | leave |
| 10 | really |
| 11 | place |

注意，我们这里使用的是句子全部转化为小写之后的处理结果。这个字典总共包含了 11 个不同的单词，利用字典的索引号，上面两句话中每一句都可以用一个 11 维的向量表示，如下：

（1）$[1,1,1,1,1,1,0,0,0,0,0]$

（2）$[2,1,1,1,1,0,1,1,1,1,1]$

其中，向量的每一维都表示一个单词，而这一维的分量表示某个单词在这句话中出现的次数。实际上，除了文本，每个单词也可以用向量来表示。这种词向量的维度大小为整个词汇表的大小，而对于每个具体的词汇表中的词，我们将其对应的位置设置为 1。例如对于 ID 为 1 的单词 I，词向量就是 $[1,0,0,0,0,0,0,0,0,0,0]$，而 ID 为 11 的单词 place，词向量就是 $[0,0,0,0,0,0,0,0,0,0,1]$。这种词向量的编码方式叫作独热编码（One Hot），或称为独热表示。不仅是单个单词，多元语法同样可以使用这种编码方式，多元组向量的每一维对应于多元组。

这种编码方式没有考虑单词之间的位置关系，导致了词向量和文本向量非常稀疏。特别是考虑多元语法之后，向量的维度就会很快膨胀，变得更为稀疏。在词的语义部分，我们会介绍更好的表示方式。回到本节的主题，词袋通过单词的字典，很简洁地表示了文本。文本向量中的每一维分量，除了可以用单词的词频来表示，还可以使用 TF-IDF 的机制。其中 TF 是词频（Term Frequency）的英文缩写，而 IDF 是逆词频（Inverted Document Frequency）的英文缩写，下面具体解释一下这种机制是如何运作的。

假设有一个文档集合（Collection），$c$ 表示整个集合，$d$ 表示其中一篇文档，$t$ 表示一个单词。tf 表示词频，即某个词 $t$ 在文档 $d$ 中出现的次数。一般的假设是，某个词 $t$ 在文档中的 tf 越高，表示词 $t$ 对于文档 $d$ 而言越重要。当然，篇幅更长的文档可能拥有更高的 tf 值。另外，idf 表示了逆文档频率。首先，df 表示文档频率，即文档集合 $c$ 中出现某

个词 $t$ 的文档数量。一般的假设是，某个词 $t$ 在整个文档集合 $c$ 中，出现在越多的文档中，那么其重要性越低；反之则越高。刚开始可能感觉有点困惑，但是仔细想想并不难理解。比如"的、你、我、他、是"这种词经常会出现在文档中，但是它们不表示具体的含义。再举个例子，在体育新闻的文档集合中，"比赛"一词可能会出现在上万篇文章中，但它并不能使某篇文档变得特殊；相反，如果只有几篇文章讨论到"足球"，那么这几篇文章和足球运动的相关性就远远高于其他文章。"足球"这个词在文档集合中就应该拥有更高的权重。这里通常用 df 的反比例指标 idf 表示，基本公式如下：

$$idf = \log \frac{N}{df} \tag{3-3}$$

其中，$N$ 是整个文档集合中文章的数量；log 是为了确保 idf 分值不要远远高于 tf 而埋没了 tf 的贡献，默认取 10 为底。所以单词 $t$ 的 df 越低，其 idf 越高，$t$ 的重要性就越高。综合起来，tf-idf 的基本公式表示如下：

$$tf\text{-}idf = tf \times idf = tf \times \log \frac{N}{df} \tag{3-4}$$

也就是说，一个单词 $t$，如果它在文档 $d$ 中的词频 tf 越高，且在整个集合中的 idf 也很高，那么 $t$ 对于 $d$ 而言就越重要。因此，对于给定的文档集合，我们可以使用某个单词的 tf-idf 值来替代这个词的词频 tf，进行文档向量的构建，这就是 TF-IDF 机制的主要思想。在一般的应用场景下，采用 TF-IDF 机制进行处理都会有比较好的效果。我们还以上面的两句话为例，假设文档集只包含这两句话，使用 TF-IDF 之后，两者的向量变为

(1) $[0,0,0,0,0,0.301,0,0,0,0,0]$

(2) $[0,0,0,0,0,0,0,0.301,0.301,0.301,0.301,0.301]$

其中很多维度的值为 0，原因是那些单词在两篇文档中都出现了，所以 idf 为 0。在真实的文档集中，除非是很常见的停用词，否则这种情况基本不会发生。

在下面的代码中，我们将使用 sklearn 库所带的 TF-IDF 功能，计算上面两句话示例的向量。首先介绍如何通过文档集合构建字典：

```python
from sklearn.feature_extraction.text import CountVectorizer
# 包含两个例句的文档集合
corpus = ['I do not like this phone',
          'I do not want to leave, I really like this place']


# 把文本中的词语转换为字典和相应的向量
vectorizer = CountVectorizer()
vectors = vectorizer.fit_transform(corpus)
```

```
# 输出所有的词条（所有维度的特征）
print('所有的词条（所有维度的特征）')
print(vectorizer.get_feature_names())
print('\n')


# 输出(文章 ID, 词条 ID) 词频
print('(文章 ID, 词条 ID) 词频')
print(vectors)
print('\n')
```

上述代码会输出基于两个例句所构建的字典，以及每个字典词条的 ID 和内容，然后就可以构建基于 tf-idf 值的向量了。

```
from sklearn.feature_extraction.text import TfidfTransformer

# 构建 tf-idf 值，不采用规范化，不采用 idf 的平滑
transformer = TfidfTransformer(norm = None, smooth_idf = False)
tfidf = transformer.fit_transform(vectorizer.fit_transform(corpus))

# 输出每个文档的向量
tfidf_array = tfidf.toarray()
words = vectorizer.get_feature_names()

for i in range(len(tfidf_array)):
    print ("*********第", i + 1, "个文档中，所有词语的 tf-idf*********")
    # 输出向量中每个维度的取值
    for j in range(len(words)):
        print(words[j], ' ', tfidf_array[i][j])
    print('\n')
```

需要注意的是，sklearn 所提供的 tf-idf 构建有很多的参数作为选项，例如参数 norm 表示是否采用 $L1$ 或 $L2$ 范数做规范化。这里的代码没有采用规范化。而参数 smooth_idf 表示是否采用平滑技术，这里的代码也没有采用平滑处理。什么是平滑呢？有时候，我们需要引入原有文档中并不存在的词汇，此时 df 就会变为 0，为了避免分母为 0 的情况，需要将式（3-4）稍作改变，让分母变为 df 加上 1，具体如下：

$$\text{tf-idf} = \text{tf} \times \text{idf} = \text{tf} \times \log \frac{N}{\text{df} + 1} \qquad （3\text{-}5）$$

而 sklearn 中 tf-idf 的平滑公式稍有不同：

$$\text{tf-idf} = \text{tf} \times \text{idf} = \text{tf} \times \log \frac{N + 1}{\text{df} + 1} + 1 \qquad （3\text{-}6）$$

即使不使用平滑，sklearn 的实现和传统方式仍有不同：

$$tf\text{-}idf = tf \times idf = tf \times \log\frac{N}{df} + 1 \qquad （3\text{-}7）$$

可以设置不同的 smooth_idf 参数值，运行并比较结果。

## 3.2.5　语义相关的词

之前我们介绍了同义词和近义词的处理，有时我们也需要考虑在语义上有关联的词语。例如"学生""老师""大学""高校""选课"等词都表达了和学术有关的概念。有了这些，系统就可以基于概念进行处理，而不用仅依赖于精确匹配的关键词。有很多方法可以找到语义相通的词，这里我们介绍常见的三种：WordNet 上下位关系分析、潜在语义分析（Latent Semantic Analysis，LSA）和基于神经网络的 Word2Vec。

### 1．WordNet 上下位关系分析

WordNet 中的上下位关系也称为上下义关系。上位词或称上义词，表示更为抽象的概念。而下位词或称下义词表示更为具体的概念。下面的代码使用 hypernyms()和 hyponyms()函数，展示了单词 student 的上义词和下义词。

```
from nltk.corpus import wordnet

# 获取"student"的上义词
print("student 的上义词", wordnet.synsets('student')[0].hypernyms())
# 获取"student"的下义词
print("student 的下义词：", wordnet.synsets('student')[0].hyponyms())
```

结果如下：

```
student 的上义词  [Synset('enrollee.n.01')]
student 的下义词：   [Synset('art_student.n.01'), Synset('auditor.n.02'),
Synset('catechumen.n.01'), Synset('collegian.n.01'), Synset('crammer.n.01'),
Synset('etonian.n.01'), Synset('ivy_leaguer.n.01'), Synset('law_student.n.01'),
Synset('major.n.03'), Synset('medical_student.n.01'), Synset('nonreader.n.01'),
Synset('overachiever.n.01'), Synset('passer.n.03'), Synset('scholar.n.03'),
Synset('seminarian.n.01'), Synset('sixth-former.n.01'), Synset('skipper.n.01'),
Synset('underachiever.n.01'), Synset('withdrawer.n.05'), Synset('wykehamist.n.01')]
```

可以看出，student 的上义词只有一个，而下义词有很多，基本上都是各种学生或者学徒。那么这种上下位关系，如何帮助我们确定词之间的语义关联度有多强呢？由于上下位关系，WordNet 里的词与词之间是有层级关系的。如果两个词在这种层级结构中相

距越近，语义关系越强，否则语义关系越弱。首先，使用 hypernym_path()函数，获取从每个词自身到其根结点的路径，下面的代码对 student、teacher、nurse 和 airplane 这 4 个词使用了该函数。

```
# 获取 "student" 上义词的完整路径
print("student 的上义词路径", wordnet.synsets('student')[0].hypernym_paths(), '\n')
# 获取 "teacher" 上义词的完整路径
print("teacher 的上义词路径", wordnet.synsets('teacher')[0].hypernym_paths(), '\n')
# 获取 "nurse" 上义词的完整路径
print("nurse 的上义词路径", wordnet.synsets('nurse')[0].hypernym_paths(), '\n')
# 获取 "airplane" 上义词的完整路径
print("airplane 的上义词路径", wordnet.synsets('airplane')[0].hypernym_paths(), '\n')
```

需要注意的是，WordNet 中的每个词条有多层含义。这里我们使用[0]取默认的第一个，结果如下：

```
student 的上义词路径 [[Synset('entity.n.01'), Synset('physical_entity.n.01'),
Synset('causal_agent.n.01'), Synset('person.n.01'), Synset('enrollee.n.01'),
Synset('student.n.01')], [Synset('entity.n.01'), Synset('physical_entity.n.01'),
Synset('object.n.01'), Synset('whole.n.02'), Synset('living_thing.n.01'), Synset('organism.n.01'),
Synset('person.n.01'), Synset('enrollee.n.01'), Synset('student.n.01')]]

teacher 的上义词路径 [[Synset('entity.n.01'), Synset('physical_entity.n.01'),
Synset('causal_agent.n.01'), Synset('person.n.01'), Synset('adult.n.01'),
Synset('professional.n.01'), Synset('educator.n.01'), Synset('teacher.n.01')],
[Synset('entity.n.01'), Synset('physical_entity.n.01'), Synset('object.n.01'), Synset('whole.n.02'),
Synset('living_thing.n.01'), Synset('organism.n.01'), Synset('person.n.01'), Synset('adult.n.01'),
Synset('professional.n.01'), Synset('educator.n.01'), Synset('teacher.n.01')]]

nurse 的上义词路径 [[Synset('entity.n.01'), Synset('physical_entity.n.01'),
Synset('causal_agent.n.01'), Synset('person.n.01'), Synset('adult.n.01'),
Synset('professional.n.01'), Synset('health_professional.n.01'), Synset('nurse.n.01')],
[Synset('entity.n.01'), Synset('physical_entity.n.01'), Synset('object.n.01'), Synset('whole.n.02'),
Synset('living_thing.n.01'), Synset('organism.n.01'), Synset('person.n.01'), Synset('adult.n.01'),
Synset('professional.n.01'), Synset('health_professional.n.01'), Synset('nurse.n.01')]]

airplane 的上义词路径 [[Synset('entity.n.01'), Synset('physical_entity.n.01'),
Synset('object.n.01'), Synset('whole.n.02'), Synset('artifact.n.01'), Synset('instrumentality.n.03'),
Synset('conveyance.n.03'), Synset('vehicle.n.01'), Synset('craft.n.02'), Synset('aircraft.n.01'),
Synset('heavier-than-air_craft.n.01'), Synset('airplane.n.01')]]
```

根据这些路径，可以画出这几个词在 WordNet 中的层级关系，如图 3-1 所示。

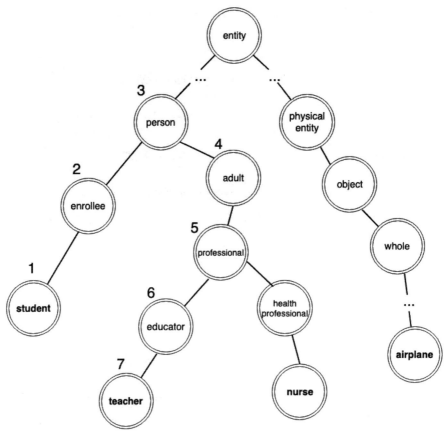

图 3-1   几个单词在 WordNet 中的层级关系

层级关系确定之后，我们就可以数一数两个单词之间相距几个结点。比如从 student 这个结点开始数，一直数到 teacher，一共经历了 7 个点（包括 student 和 teacher 这 2 个点），具体的结点次序也标注在图 3-1 中，那么距离就是 $1/7 \approx 0.143$。需要注意以下两点：第一，从点 student 出发，数到 student 和 teacher 最小的父节点 person 之后，我们就要开始往点 person 的下位关系前进，而不能再往它的上位关系前进；第二，某个词到根结点的路径可能有多条，例如 student、teacher 和 nurse 这三个词到根结点都分别有两条路径，这也意味着两个单词在层级结构中的通路有多条。因此，在计算层级结构的距离时，通常使用较短的那条。实际上，NLTK 的 WordNet 库已经提供了如何计算这种相似度的函数 path_similarity()，具体方式如下：

```
student = wordnet.synsets('student')[0]
teacher = wordnet.synsets('teacher')[0]
nurse = wordnet.synsets('nurse')[0]
airplane = wordnet.synsets('airplane')[0]
```

```
# 计算基于 WordNet 中路径的相似度
print("student vs. teacher", student.path_similarity(teacher))
print("teacher vs. student", teacher.path_similarity(student))
print("nurse vs. student", nurse.path_similarity(student))
print("nurse vs. teacher", nurse.path_similarity(teacher))
print("airplane vs. student", airplane.path_similarity(student))
```

结果如下：

```
student vs. teacher 0.14285714285714285
teacher vs. student 0.14285714285714285
nurse vs. student 0.14285714285714285
nurse vs. teacher 0.2
airplane vs. student 0.07142857142857142
```

从上述结果可以看出，基于 WordNet 层级路径的相似度是比较粗糙的。它可以体现 airplane、student、teacher、nurse 等词的差距，但是没法体现 student 和 teacher 共同属于学术的这种概念。由于 nurse 和 teacher 都属于某种职业，两者在 WordNet 中的相似度反而更高。另外，这种根据路径结点数量所定义的相似度，并没有考虑结点在层级中的位置。实际上离根结点越近的点所代表的语义范畴更广，因此在计算相似度时应该拥有更高的权重；相反，离叶子结点越近的点所代表的语义范畴更窄，因此应该拥有较低的权重。可以考虑根据这种假设，设计一个新的相似度计算函数。

由于基于 WordNet 计算的语义关系有一定的局限性，我们还可以考虑其他的方法，例如词嵌入（Word Embedding）。什么是词嵌入呢？之前我们讲了独热编码，即每个词条单独作为向量的一维。这种编码方式的问题在于向量的维度很高，也很稀疏。两个向量之间是否相似，完全取决于它们之间是否存在完全匹配的词条，而并不考虑词和词之间语义上的关联，词嵌入可以解决这个问题。嵌入（Embedding）这个词本身是数学领域的名词，指某个对象 $X$ 被嵌入另一个对象 $Y$ 中。而词嵌入是一组语言模型和特征学习技术的总称，它表示将词汇表中的单词或短语映射在由实数构成的向量上，这种向量的维度一般都远远低于独热编码时的维度。还是以表 3-1 中的数据为例，独热编码有 11 维，而且词条 leave 和 place 的向量分别是 $[0,0,0,0,0,0,0,0,1,0,0]$ 和 $[0,0,0,0,0,0,0,0,0,0,1]$，两者相似度为 0。而经过词嵌入处理后，两者的向量就是 $[0.2,0.3,0.1]$ 和 $[0.1,0.3,0.2]$，存在较高的相似度，体现了它们在语义上的关系。对于向量的相似度计算，通常使用向量的夹角余弦，我们会在后面具体介绍。

和 WordNet 相比，词嵌入最大的不同之处在于它可能不依赖人工构建的字典，而是完全从海量的文档中学习而来，例如潜在语义分析（LSA）和 Word2Vec。这两者都属于词嵌入的方法，需要比较多的数学知识作为基础。之后，我们会用两个小节分别介绍 LSA

和 Word2Vec，看看它们是怎样实现词嵌入的效果的。

### 2. 潜在语义分析

潜在语义分析（Latent Semantic Analysis，LSA）或者称潜在语义索引（Latent Semantic Index，LSI），是通过大量的文档数据找到词语之间的关联。而 Word2Vec 是利用单词相邻的位置关系和神经网络的深度学习，找到词语之间的关联。

在讲解潜在语义分析之前，我们需要先熟悉一下线性代数的知识。

首先是方阵、酉矩阵和方阵的特征分解。方阵（Square Matrix）是一种特殊的矩阵，它的行数和列数相等。如果一个矩阵的行数和列数都是 $n$，那么我们把它称作 $n$ 阶方阵。如果一个矩阵和其转置矩阵相乘得到的矩阵是单位矩阵，那么它就是一个酉矩阵（Unitary Matrix）。则

$$X^{\mathrm{T}}X = I \tag{3-8}$$

其中，$X^{\mathrm{T}}$ 表示矩阵 $X$ 的转置；$I$ 表示单位矩阵。换句话说，矩阵 $X$ 为酉矩阵的充分必要条件是 $X$ 的转置矩阵和 $X$ 的逆矩阵相等。

$$X^{\mathrm{T}} = X^{-1} \tag{3-9}$$

理解这些概念之后，让我们来观察矩阵的特征值和特征向量。对于 $n \times n$ 矩阵 $X$、$n$ 维向量 $v$、标量 $\lambda$，如果有

$$Xv = \lambda v \tag{3-10}$$

我们就说 $\lambda$ 是 $X$ 的特征值，$v$ 是 $X$ 的特征向量，并对应特征值 $\lambda$。通过特征值和特征矩阵，我们就可以对矩阵 $X$ 进行特征分解（Eigendecomposition）。这里矩阵的特征分解，是指把矩阵分解为由其特征值和特征向量表示的矩阵乘积的方法。如果我们求出了矩阵 $X$ 的 $k$ 个特征值 $\lambda_1$，$\lambda_2$，$\cdots$，$\lambda_n$，以及这 $n$ 个特征值所对应的特征向量 $v_1$，$v_2$，$\cdots$，$v_n$，那么就有

$$XV = V\Sigma \tag{3-11}$$

其中，$V$ 是这 $n$ 个特征向量所组成的 $n \times n$ 矩阵；而 $\Sigma$ 为这 $n$ 个特征值为主对角线的 $n \times n$ 矩阵。进一步推导式（3-11），我们可以得到

$$XVV^{-1} = V\Sigma V^{-1}$$

$$XI = V\Sigma V^{-1}$$

$$X = V\Sigma V^{-1} \tag{3-12}$$

如果我们对矩阵 $V$ 的 $n$ 个特征向量进行标准化处理，那么对于每个特征向量 $V_i$，都有 $\|V_i\|_2 = 1$，而这表示 $V_i^{\mathrm{T}}V_i = 1$。此时，$V$ 的 $n$ 个特征向量为标准正交基，满足 $V^{\mathrm{T}}V = I$，也就是说 $V$ 为酉矩阵，有 $V^{\mathrm{T}} = V^{-1}$。因此，我们就可以将特征分解表达式写成

$$X = V\Sigma V^{\mathrm{T}} \tag{3-13}$$

矩阵 $X$ 必须为对称方阵，才能进行有实数解的特征分解。如果 $X$ 不是方阵，应该如何进行矩阵的分解呢？这时就需要用到奇异值分解（Single Value Decomposition，SVD）。

SVD 和特征分解相比，在形式上是类似的。假设 $X$ 是一个 $m \times n$ 矩阵，那么 $X$ 的 SVD：

$$X = U\Sigma V^{\mathrm{T}} \tag{3-14}$$

不同的是，SVD 并不要求待分解的矩阵为方阵，所以这里的 $U$ 和 $V^{\mathrm{T}}$ 并不互为逆矩阵。其中，$U$ 是一个 $m \times m$ 矩阵，$V$ 是一个 $n \times n$ 矩阵，$\Sigma$ 是一个 $m \times n$ 矩阵。对于 $\Sigma$ 来说，只有主对角线上的元素可以为非 0，其他元素都是 0，主对角线上的每个元素就称为奇异值。$U$ 和 $V$ 都是酉矩阵，即满足 $U^{\mathrm{T}}U = I$ 和 $V^{\mathrm{T}}V = I$。

现在问题来了，我们应该如何求出用于 SVD 分解的 $U$、$\Sigma$ 和 $V$ 三个矩阵呢？之所以不能使用有实数解的特征分解，是因为此时矩阵 $X$ 不是对称的方阵。我们可以把 $X$ 的转置 $X^{\mathrm{T}}$ 与 $X$ 做矩阵乘法，得到一个 $n \times n$ 对称方阵 $X^{\mathrm{T}}X$。这时，我们就能对 $X^{\mathrm{T}}X$ 对称方阵进行特征分解了，得到的特征值和特征向量满足下面公式：

$$\left(X^{\mathrm{T}}X\right)v_i = \lambda_i v_i \tag{3-15}$$

这样一来，我们就得到了矩阵 $X^{\mathrm{T}}X$ 的 $n$ 个特征值及其对应的 $n$ 个特征向量。通过 $X^{\mathrm{T}}X$ 的所有特征向量构造一个 $n \times n$ 矩阵 $V$，这就是式（3-14）中的 $V$ 矩阵了。通常，我们把 $V$ 中的每个特征向量叫作 $X$ 的右奇异向量。

同样的道理，如果我们把 $X$ 和 $X^{\mathrm{T}}$ 做矩阵乘法，会得到一个 $m \times m$ 方阵 $XX^{\mathrm{T}}$。由于 $XX^{\mathrm{T}}$ 也是方阵，因此我们同样可以对它进行特征分解，得到的特征值和特征向量满足下面公式：

$$\left(XX^{\mathrm{T}}\right)u_i = \lambda_i u_i \tag{3-16}$$

类似地，我们得到了矩阵 $XX^{\mathrm{T}}$ 的 $m$ 个特征值和对应的 $m$ 个特征向量。通过 $XX^{\mathrm{T}}$ 的所有特征向量构造一个 $m \times m$ 矩阵 $U$。这就是式（3-14）中的 $U$ 矩阵了。通常，我们把 $U$ 中的每个特征向量叫作 $X$ 的左奇异向量。

现在，包含左右奇异向量的 $U$ 和 $V$ 都求解出来了，只剩下奇异值矩阵 $\Sigma$ 了。前文提到，$\Sigma$ 除了对角线上是奇异值之外，其他位置上的元素都是 0，所以我们只需要求出每个

奇异值 $\sigma_i$ 就可以了。此解可以通过下面的公式推导求得

$$X = U\Sigma V^{\mathrm{T}}$$
$$XV = U\Sigma V^{\mathrm{T}}V \tag{3-17}$$

由于 $V$ 是酉矩阵，所以 $V^{\mathrm{T}}V = I$，就有

$$XV = U\Sigma I$$
$$XV = U\Sigma$$
$$Xv_i = \sigma_i u_i$$
$$\sigma_i = Xv_i / u_i \tag{3-18}$$

其中，$v_i$ 和 $u_i$ 都是列向量。一旦我们求出了每个奇异值 $\sigma_i$，就能得到奇异值矩阵 $\Sigma$。通过上述几个步骤，我们就能将一个 $m \times n$ 实数矩阵分解成 $X = U\Sigma V^{\mathrm{T}}$ 的形式。总结一下，SVD 这种方法试图通过矩阵本身的分解找到一些"潜在的因素"，然后通过把原始的特征维度映射到较少的潜在因素上。在进行潜在语义分析的时候，我们需要 SVD 来发掘可能存在的语义关系，下面我们来具体看看 LSA 的工作原理。

简单来说，LSA 通过词条和文档组成的矩阵，发掘词和词之间的语义关系，这种方法主要包括以下步骤：

（1）分析文档集合，建立表示文档和词条关系的矩阵。

（2）对文档-词条矩阵进行奇异值分解。在 LSA 的应用场景下，分解之后所得到的奇异值 $\sigma_i$ 对应了语义上的"概念"，而 $\sigma_i$ 的大小表示这个概念在整个文档集合中的重要程度。$U$ 中的左奇异值向量表示了每个文档和这些语义"概念"的关系强弱，$V$ 中的右奇异值向量表示每个词条和这些语义"概念"的关系强弱。所以说，SVD 把原来的词条-文档关系转换成了词条-语义概念-文档关系。图 3-2 可帮助理解这个过程。

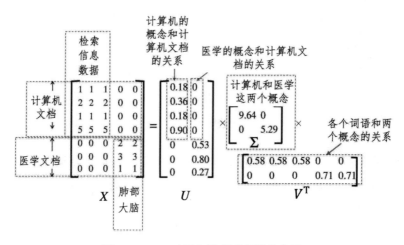

图 3-2　SVD 对于文档-词条矩阵的作用

在图 3-2 中，有一个 7×5 矩阵 $X$，表示 7 个文档和 5 个单词。经过 SVD 之后，我们得到了两个主要的语义概念，一个概念描述了计算机领域，另一个概念描述了医学领域。矩阵 $U$ 描述了文档和这两个概念之间的关系，而矩阵 $V^T$ 描述了各个词语和这两个概念之间的关系。如果要对文档进行检索，我们可以使用 $U$ 降维之后的矩阵，找到哪些文档和计算机领域相关。同样，对于聚类算法，我们也可以使用 $U$ 来判断哪些文档属于同一个类。

（3）对 SVD 后的矩阵进行降维。使用降维后的矩阵重新构建概念-文档矩阵，新矩阵中的元素不再表示词条是否出现在文档中，而是表示某个概念是否出现在文档中。

LSA 可以帮助我们找到单词或者词组之间的语义关系。其实，除了分析语义关系，LSA 还可以降低特征的维度，提升机器学习算法的效率。

下面我们使用一些 Python 的示例代码，展示 LSA 处理的常见步骤。首先进行文档的预处理：

```
from sklearn.feature_extraction.text import CountVectorizer
from nltk.corpus import reuters, stopwords

# 读取 100 个路透社语料文档
file_ids = reuters.fileids()
corpus = [reuters.raw(file_id).lower() for file_id in file_ids][0:100]

# 构建文档-词条矩阵
vectorizer = CountVectorizer(stop_words=stopwords.words('english'))
vectors = vectorizer.fit_transform(corpus)

# 输出构建的结果
print('(文章 ID, 词条 ID)  词频')
print(vectors)
```

这里使用了 Python 中一个常见的机器学习库 sklearn，如果你的计算机上尚未安装，可使用 pip 安装。该库的 CountVectorizer 从路透社语料读取 100 篇文档，然后建立一个矩阵。其中矩阵的行向量表示某篇文档中不同单词的分布，而矩阵的列向量表示某单词在不同文档中的分布。开发者还能为 CountVectorizer 指定停用词字典，这里使用了 NLTK 所带的英语停用词。此外，由于 SVD 非常耗时，我们只读取 100 篇文档以节省运行时间，最终可以输出 vectors 变量来查看 CountVectorizer 所构建的矩阵内容。

我们使用 numpy 库进行 SVD，先将 CounterVectorizer 的输出转为 numpy 库中的矩阵（mat 类型），代码如下：

```
from numpy import mat

# 将 CountVectorizer 所构建的文档-词条矩阵转换成 numpy.mat 所能处理的格式
```

```
x = mat(vectors.toarray())
# 输出矩阵的维度
print(x.shape)
# 查看矩阵的内容
print("文档词频矩阵：", x)
```

介绍 SVD 时，通常会对特征向量进行标准化，后面有关机器学习的章节会详细介绍进行标准化的原因和方法。这里我们直接调用 numpy 库的函数：

```
from sklearn.preprocessing import scale

# 对每一行的数据，进行标准化
x_s = scale(x, with_mean=True, with_std=True, axis=1)
# 查看标准化之后的矩阵
print("标准化后的矩阵：", x_s)
```

可以使用下面的代码进行 SVD：

```
from numpy import linalg as LA

# 进行 SVD 分解
u,sigma,vt = LA.svd(x_s, full_matrices=False, compute_uv=True)
print("U 矩阵：", u)
print("Sigma 奇异值：", sigma)
print("V 矩阵：", vt)
```

刚刚提到，分解之后得到的奇异值 $\sigma_i$ 对应了一个语义上的“概念”，$\sigma_i$ 的大小表示某个概念在整个文档集合中的重要程度，而 $V$ 中的右奇异向量表示某个单词和这些“概念”的关系强弱。所以，对分解后的每个奇异值，我们可以通过 $V$ 中的向量寻找和这个奇异值所对应的概念更相关的单词，然后看看 SVD 所求得的概念是否合理。比如，我们可以使用下面的代码来查看和向量 $vt_1$、$vt_2$ 相关的单词有哪些。

```
# 输出两个 V 矩阵所对应的单词
print(max(vt[1,:]))
for i in range(len(words)):
    if (vt[1][i] > 0.05):
        print(i, vt[1][i], words[i])

print(max(vt[2,:]))
for i in range(len(words)):
    if (vt[2][i] > 0.05):
        print(i, vt[2][i], words[i])
```

和 $vt_1$ 对应的结果如下，大部分的词表示时间和贸易相关的概念。

```
0.6576662791805293
73 0.05358968358551335 1985
74 0.11593890313406725 1986
371 0.0687092505847513 also
536 0.09454081028956551 billion
729 0.09867305256809326 company
...
2785 0.07684905685072307 tonnes
2796 0.1096246768977127 trade
2824 0.05378842004891543 two
2979 0.11191015309452891 would
2984 0.11712607118813953 year
```

和 $vt_2$ 对应的结果如下，大部分的词表示公司、市场和利润相关的概念。

```
0.5749071478467693
74 0.06934352557057247 1986
492 0.05159594248580626 band
493 0.09766859443985138 bank
...
2142 0.06623336077108759 profit
2502 0.08756130862368754 shares
2631 2364659221251348 stg
```

### 3. Word2Vec

介绍了 LSI 如何使用 SVD 进行向量维度的降低以及语义的挖掘。降维和挖掘语义是词嵌入的关键，本节我们来介绍另一种主流的方法 Word2Vec。

这个方法是要将单词（Word）转成向量（Vec）。从具体实现上细分，又可以分为 Skip-Gram 和 CBOW，两者既有相同也有不同。相同之处是 Skip-Gram 和 CBOW 都会指定某个中心词，然后考虑中心词前后的若干个词，即考虑中心词的上下文（Context）。这些方法的基本假设是 Harris 于 1954 年提出的分布假设（Distributed Hypothesis）：如果两个中心词拥有很相似的上下文，那么这两个词就有较强的语义关系。例如，有两句话"we do not want to buy this product"和"we want to purchase this product"，中心词"buy"和"purchase"的上下文非常相似，即认为两者有语义关联。如果在不同的语句中，两个词的上下文比较相似，那么两者的关联就更强。另一个相同之处在于，两者都是通过神经网络学习词向量。不同之处在于，Skip-Gram 所构建的神经网络的输入层是中心词的向量，而最终的输出层是上下文词的向量，Skip gram 形象地表示为从中心词出发，预测跳出若干步的词。而 CBOW（Continuous Bag-Of-Words）构建的神经网络则恰恰相反，输入层是上下文词的向量，而输出层是中心词的向量，Continuous Bag-Of-Words 形象地表示了通过临近若干词所组成的词包，预测中心词。

先来详细讲解一下 Skip-Gram。以"we want to purchase this product"这句话为例，图 3-3 展示了 Skip-Gram 的基本思想。

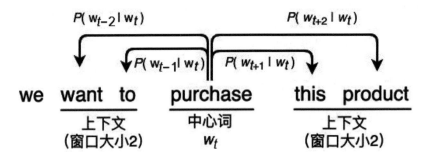

图 3-3  Skip-Gram 的基本思想

在这个例子中，我们设置中心词 $w_t$ 为 purchase，跳跃窗口的大小为 2，也就是考虑 purchase 前后各 2 个词，我们要让 $P(w_{t-2}|w_t)$、$P(w_{t-1}|w_t)$、$P(w_{t+1}|w_t)$ 和 $P(w_{t+2}|w_t)$ 这 4 个概率最大化。所以对应的训练样本为

(purchase, want)

(purchase, to)

(purchase, this)

(purchase, product)

假设采样独热编码之后，purchase 这个词的向量为 $[0,0,0,1,0,0]$，其他词也做相应编码，训练样本如下：

$([0,0,0,1,0,0],\ [0,1,0,0,0,0])$

$([0,0,0,1,0,0],\ [0,0,1,0,0,0])$

$([0,0,0,1,0,0],\ [0,0,0,0,1,0])$

$([0,0,0,1,0,0],\ [0,0,0,0,0,1])$

其中，训练样本的第一部分为输入，第二部分为输出。例如对 $([0,0,0,1,0,0],\ [0,1,0,0,0,0])$ 而言，输入是 $[0,0,0,1,0,0]$，输出是 $[0,1,0,0,0,0]$。我们需要一种词嵌入的方式，可以将输入 $[0,0,0,1,0,0]$ 转换为输出 $[0,1,0,0,0,0]$。Word2Vec 基本都是使用神经网络的方式进行训练，然后使用训练后的中间隐层作为词嵌入的权重矩阵。具体的神经网络构建方式有很多种，图 3-4 展示了 Skip-Gram 模型常采用的神经网络的基本结构。

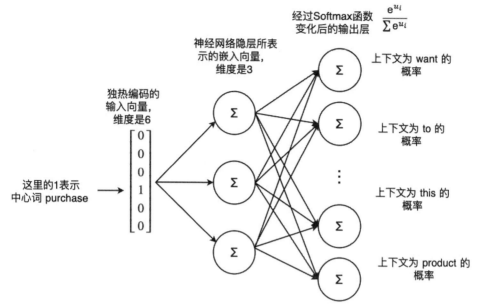

图 3-4  Skip-Gram 常采用的神经网络

图 3-4 从左往右的层次，依次是输入层、神经网络隐层以及基于 Softmax 函数的输出层。输入层是基于独热编码的 6 维输入向量，而隐层是词嵌入向量，其维度应该远远低于原始的独热编码向量的维度，这里为 3 维。最后的输出层使用了 Softmax 函数。

$$f\left(u_i\right)=\frac{\mathrm{e}^{u_i}}{\sum \mathrm{e}^{u_i}}=\frac{\exp\left(u_i\right)}{\sum \exp\left(u_i\right)} \tag{3-19}$$

这样可以保证各上下文单词出现的概率都为正数，而且它们的加和为 1。

当然，这里的例子非常简单，维度非常低，数据量非常少，无法训练出有意义的结果。试想一下，如果我们有一个很庞大的文档集合，效果就会不同了。对于大的数据集，原始的独热编码维度可能达到数万，而神经网络的中间隐层可能只有数百，那么就达到了降维并且挖掘词之间语义的效果。说到这里，可能会好奇，为什么要构建这样一个神经网络来学习呢？为什么隐层的学习结果就是嵌入后的词向量？下面从公式的角度出发，进行推导和验证。

对于给定的中心词，要预测前后上下文的词，目标函数可以设定如下：

$$J\left(\theta\right)=\prod_{t=1}^{V}\prod_{-m\leqslant j\leqslant m,\,j\neq 0}P\left(w_{t+j}\,|\,w_t;\theta\right) \tag{3-20}$$

其中，$V$ 表示整个词条集合；$t$ 表示某个中心词；$m$ 表示跳跃窗口的大小；$\theta$ 表示模型的超参数。所以 $\prod_{-m\leqslant j\leqslant m,\,j\neq 0}P\left(w_{t+j}\,|\,w_t;\theta\right)$ 表示对于某个词条 $w_t$ 来说，跳跃窗口内词条出现的概率。而式（3-20）表示对于所有词条，相应跳跃窗口内词条出现的概率。那么接下来就要最大化这个概率。对这种乘积的常规变换处理是取对数然后再取负，这样的变换将

一系列求积变成了求和，便于之后的求导等运算，这里以 $e$ 为底求对数。

$$-\ln J(\theta) = -\sum_{t=1}^{V} \sum_{-m \leqslant j \leqslant m, j \neq 0} \ln P\left(w_{t+j}|w_t\right) \tag{3-21}$$

随着词嵌入向量 $\boldsymbol{v}_c$ 的变换，这个值也会发生变化。为了求极值，我们要让式（3-21）的导数为 0，针对变量 $\boldsymbol{v}_c$ 求偏导：

$$\frac{\partial J(\theta)}{\partial v_c} = -\sum_{t=1}^{V} \sum_{-m \leqslant j \leqslant m, j \neq 0} \frac{\partial \ln P\left(w_{t+j}|w_t\right)}{\partial v_c} \tag{3-22}$$

要让式（3-22）偏导为 0，即

$$\frac{\partial \ln P\left(w_{t+j}|w_t\right)}{\partial v_t} = 0$$

接下来的问题是，如何确定 $P\left(w_{t+j}|w_t\right)$？我们将某个上下文单词 $c$ 的嵌入向量 $\boldsymbol{u}_c$（隐层中的向量）和中心词的原始向量 $\boldsymbol{v}_t$ 相乘，然后经过 Softmax 函数变换，得到

$$P\left(w_{t+j}|w_t\right) = \frac{\exp\left(u_{t+j}^{\mathrm{T}} v_t\right)}{\sum_{i=1}^{V} \exp\left(u_i^{\mathrm{T}} v_t\right)} \tag{3-23}$$

这里之所以使用两个向量点乘，是因为我们假设两个词条语义相近，那么它们的向量也应该有较高的相似度，点乘后的值较高。如果某个词与 $w_{t+1}$ 和 $w_t$ 的相似度远远高于其他词与 $w_t$ 的相似度，那么根据式（3-23）计算得出的 $P\left(w_{t+1}|w_t\right)$ 就会高于其他概率。比如 $P\left(w_{t+2}|w_t\right)$、$P\left(w_{t-1}|w_t\right)$。

确定了如何使用 Softmax 函数表示 $P\left(w_{t+j}|w_t\right)$ 之后，将其代入 $\dfrac{\partial \ln P\left(w_{t+j}|w_t\right)}{\partial v_t} = 0$，

得到

$$\frac{\partial \ln \dfrac{\exp\left(u_{t+j}^{\mathrm{T}} v_t\right)}{\sum_{i=1}^{V} \exp\left(u_i^{\mathrm{T}} v_t\right)}}{\partial v_t} = 0 \tag{3-24}$$

进一步推导：

$$\frac{\partial\left[\ln \exp\left(u_{t+j}^{\mathrm{T}} v_t\right) - \ln \sum_{i=1}^{V} \exp\left(u_i^{\mathrm{T}} v_t\right)\right]}{\partial v_t} = 0 \tag{3-25}$$

$$\frac{\partial \ln \exp\left(u_{t+j}^{\mathrm{T}} v_t\right)}{\partial v_t} - \frac{\partial \ln \sum\limits_{i=1}^{V} \exp\left(u_i^{\mathrm{T}} v_t\right)}{\partial v_t} = 0 \tag{3-26}$$

$$\frac{\partial u_{t+j}^{\mathrm{T}} v_t}{\partial v_t} - \frac{\partial \ln \sum\limits_{i=1}^{V} \exp\left(u_i^{\mathrm{T}} v_t\right)}{\partial v_t} = 0 \tag{3-27}$$

利用 $\dfrac{\partial A^{\mathrm{T}} X}{\partial X} = A$，得到

$$u_{t+j} - \frac{\partial \ln \sum\limits_{i=1}^{V} \exp\left(u_i^{\mathrm{T}} v_t\right)}{\partial v_t} = 0 \tag{3-28}$$

$\dfrac{\partial \ln \sum_{i=1}^{V} \exp\left(u_i^{\mathrm{T}} v_t\right)}{\partial v_t}$ 略微复杂一点，需要用到求导的链式法则，我们分步来看。首先

是利用 $\dfrac{\partial \ln x}{\partial x} = \dfrac{1}{x}$，得到

$$u_{t+j} - \frac{1}{\sum\limits_{i=1}^{V} \exp\left(u_i^{\mathrm{T}} v_t\right)} \frac{\partial \sum\limits_{k=1}^{V} \exp\left(u_k^{\mathrm{T}} v_t\right)}{\partial v_t} = 0$$

$$u_{t+j} - \frac{1}{\sum\limits_{i=1}^{V} \exp\left(u_i^{\mathrm{T}} v_t\right)} \sum\limits_{k=1}^{V} \frac{\partial \exp\left(u_k^{\mathrm{T}} v_t\right)}{\partial v_t} = 0 \tag{3-29}$$

再利用 $\dfrac{\partial e^x}{\partial x} = x$，得到

$$u_{t+j} - \frac{1}{\sum\limits_{i=1}^{V} \exp\left(u_i^{\mathrm{T}} v_t\right)} \sum\limits_{k=1}^{V} \exp\left(u_k^{\mathrm{T}} v_t\right) \frac{\partial u_k^{\mathrm{T}} v_t}{\partial v_t} = 0$$

$$u_{t+j} - \frac{1}{\sum\limits_{i=1}^{V} \exp\left(u_i^{\mathrm{T}} v_t\right)} \sum\limits_{k=1}^{V} \exp\left(u_k^{\mathrm{T}} v_t\right) = 0$$

$$u_{t+j} - \left[ \sum_{k=1}^{V} \frac{\exp\left(u_k^{\mathrm{T}} v_t\right)}{\sum_{i=1}^{V} \exp\left(u_i^{\mathrm{T}} v_t\right)} \right] u_k = 0 \qquad (3\text{-}30)$$

其中，$\dfrac{\exp\left(u_k^{\mathrm{T}} v_t\right)}{\sum\limits_{i=1}^{V} \exp\left(u_i^{\mathrm{T}} v_t\right)}$ 正好就是 $P\left(w_{t+k}|w_t\right)$，所以式（3-30）为

$$u_{t+j} - \sum_{k=1}^{V} P\left(w_{t+k}|w_t\right) u_k = 0$$

即

$$u_{t+j} = \sum_{k=1}^{V} P\left(w_{t+k}|w_t\right) u_k \qquad (3\text{-}31)$$

前文中介绍的神经网络中的反向传播训练过程正好和式（3-31）一致，这就是为什么可以用神经网络来实现 Skip-Gram 模型。如果读者对神经网络的算法还不熟悉，可以参考本书后文相关章节的详细介绍。

下面再来介绍一下 CBOW 模型，同样以"we want to purchase this product"这句话为例，图 3-5 展示了 CBOW 的基本思想。

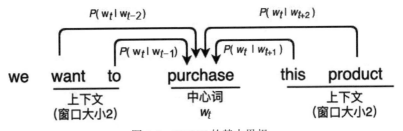

图 3-5　CBOW 的基本思想

如图 3-5 所示，CBOW 和 Skip-Gram 正好相反，它希望通过上下文来预测中心词。在这个例子中，我们设置中心词 $w_t$ 为 purchase，跳跃窗口的大小为 2，也就是考虑 purchase 前后各 2 个词。我们要让 $P\left(w_t|w_{t-2}\right)$、$P\left(w_t|w_{t-1}\right)$、$P\left(w_t|w_{t+1}\right)$ 和 $P\left(w_t|w_{t+2}\right)$ 这 4 个概率最大化。所以对应的训练样本为

(want, purchase)

(to, purchase)

(this, purchase)

(product, purchase)

采用独热编码之后，训练样本变为如下这个样子：

$([0,1,0,0,0,0],\ [0,0,0,1,0,0])$

$([0,0,1,0,0,0],\ [0,0,0,1,0,0])$

$([0,0,0,0,1,0],\ [0,0,0,1,0,0])$

$([0,0,0,0,0,1],\ [0,0,0,1,0,0])$

类似地，　CBOW 模型常采用如图 3-6 的神经网络基本结构。

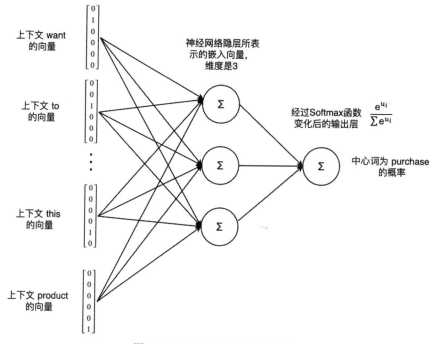

图 3-6　CBOW 采用的神经网络

如果读者有兴趣，可以模仿 Skip-Gram 模型的公式，自行推导 CBOW 的求解公式。

Word2Vect 和 LSA 都属于词嵌入的方式，都是非监督式学习。它们和 WordNet 不同，无须对字典进行过多人工干预和设计，只需要海量的文档集合。相比 LSA，Word2Vec 对数据规模的要求更高，但往往效果更好。

我们使用 Python 中的 gensim 库来体验 Word2Vec。首先，如果计算机中没有这个包，使用如下命令安装：

```
pip3 install gensim
```

安装之后，通过如下代码，使用 Reuters 数据集训练一个 Word2Vec 的模型。

```
from nltk.corpus import reuters
from gensim.models import Word2Vec

# 从 Reuters 数据集读取数据
file_ids = reuters.fileids()
sents_segmented = []
for file_id in file_ids:
    # 进行简单的句子切分
    sents = reuters.raw(file_id).lower().replace('\n', ' ').split('. ')
    sent_segmented = []
    for sent in sents:
        # 进行简单的单词切分
        words = sent.split(' ')
        sent_segmented.append(words)
    # 将完成单词切分后的句子记录下来
    sents_segmented.extend(sent_segmented)

# 创建 Word2Vec 模型，size 指定了词嵌入向量的维数（默认值为 100），window 指定了跳跃
# 窗口的大小（上下文的单词数量，默认值为 5），如果 sg=1，指定算法是 Skip-Gram。如果
# sg=0，则指定算法是 CBOW
model = Word2Vec(sents_segmented, min_count = 1, size = 50, workers = 3, window = 3, sg = 1)

print('和单词 china 最近似的 5 个单词')
print(model.wv.most_similar('china')[:5])
print()
print('单词 china 和单词 computer 之间的相似度')
print(model.similarity('china', 'computer'))
```

这段代码中，最为关键的部分是创建 Word2Vec 的模型，其中主要的参数包括 size、window 和 sg。参数 size 指定了词嵌入向量的维数。window 指定了跳跃窗口的大小，以单词数量计。而 sg 表示使用 Skip-Gram 还是 CBOW。示例代码使用了 Skip-Gram 模型，并且设置了比默认值更小的 size 和 window，目的是加速模型的训练。当然，也可以尝试不同的参数值，看看最终效果有何不同。

代码的输出主要是两部分，第一部分是和单词 china 最相似的若干个词，都是一些国家名，而且大多是亚洲国家名。第二部分是单词 china 和 computer 的相似度，可以看出这两个词的相似度小于 0.5，远远低于 china 和其他表示国家的单词之间的相似度。这体现了词嵌入向量的作用：如果两个词的语义相关度越高，两者向量之间的相似度就越高。下面以笔者的一次实验结果为例。注意，看到的结果可能和下面的内容有所不同，

这是因为神经网络在训练的时候，初始权重和迭代过程都有一定的随机性，但是并不影响结论。

和单词 china 最近似的 5 个单词
[('indonesia', 0.865297257900238), ('thailand', 0.8526462316513062), ('india', 0.8503623008728027), ('colombia', 0.8499025702476501), ('bangladesh', 0.8498883247375488)]

单词 china 和单词 computer 之间的相似度
0.48874706

## 3.2.6　词性标注

当处理成句的自然语言时，我们并不满足于简单的词包模型，这个时候就需要更深入地分析句子。和人类学习语言一样，在开始分析句子的时候，机器首先要处理的事情之一就是分析每个词的词性。例如，要搞清楚句子中哪些词是名词（Nouns）、哪些是动词（Verbs）、哪些是形容词（Adjectives）、哪些是副词（Adverbs）等。这就是词性标注（Part Of Speech Tagging）所要完成的事情，它会为句子中的每个单词指定一个词性。

词性可分为闭合类和开放类。闭合类表示这类词中只包含固定的一些词，不会随着新的语料或者词汇的出现而增加，比如：

- 介词（Preposition），包括 on、under、over、near、by 等。
- 限定词（Determiner），包括 a、an、the 等。
- 代词（Pronoun），包括 she、he、I 等。
- 连接词（Conjunction），包括 and、but、or、as 等。
- 助动词（Auxiliary），包括 can、may、should 等。

而开放类的词，是会随着新的语料或者词汇的出现而增加的，比如名词、动词、形容词、副词等。而这些类，又可以细分成其他的小类，例如可数和不可数名词。当然，对于计算机来说，最具挑战性的问题在于，一个单词可能有不止一种词性。例如下面几句话中的 on：

The pen is on that table（on 是介词）。

The light is on（on 是形容词）。

Let's move on（on 是副词）。

所以，计算机需要根据具体的上下文环境，尽量消除可能的歧义，并判断单词的词性。其中，大致可以分为基于人工规则的方法和基于统计的方法。基于人工规则的方法通常有两个步骤，一是通过字典为每个词指定潜在的词性列表；二是使用大量的人造规则进行歧义的消除，确定每个词最终的词性。例如隐马尔可夫模型（HMM）和条件随机向量场（CRF）。第 2 章详细介绍过 HMM，我们来看看如何将这个模型运用在词性标注上。在这个任务中，我们想要知道的，是隐藏状态的词性。而可观测的状态是单词，假设一句话有 3 个单词，就可以使用图 3-7 描述 HMM。

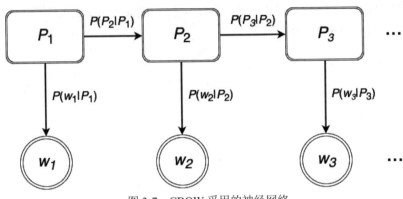

图 3-7　CBOW 采用的神经网络

需要注意的是，这里的大写 P 表示 POS（Part Of Speech），而不是发音。如果写成公式，图 3-7 模型就可以表述为

$$P(P_1) \times P(w_1|P_1) \times P(P_2|P_1) \times P(w_2|P_2) \times P(P_3|P_2) \times P(w_3|P_3) \qquad (3\text{-}32)$$

剩下的工作就是使用维特比算法，求得一组可能的 $P_1$、$P_2$ 和 $P_3$，使得上述乘积值最大。

除了 HMM，最近 10 来年另一种流行的序列标注模型是条件随机向量场（Conditional Random Field，CRF）。那么 CRF 是如何判断哪种词性的序列的可能性最大呢？以上文中包含 3 个单词的句子为例，第一种标注是（名词、动词、名词），第二种标注是（名词、名词、名词）。而三个名词通常无法组成一个完整的句子，至多只能算一个名词词组，所以第一种标注的可能性更大。而这是人所能理解的常识，机器是无法处理的，所以 CRF 会让我们预先定义一些特征，并通过大量的训练样本确定每个特征的权重，然后再对新的语料进行打分，得分最高的标注序列就是最终的标注结果。

用英文举例来说，当第 $i\text{-}1$ 个词是介词，而第 $i$ 个词是名词时，我们给出评分 1，而其他情况下给出评分 0，表示我们认为介词后面应该跟一个名词。又如当第 $i$ 个词是副词，并且它是以"ly"结尾时，我们给出评分 1，而其他情况下给出评分 0，表示我们认为以"ly"结尾的单词应该为副词。我们还可以设计很多类似这样的特征，而每一个特征函数都可以用来为一个标注序列评分，将所有特征函数对同一个标注序列的评分综合起来，就是这个标注序列最终的评分。当然，这些特征各自占多少权重，需要从训练数据中学习得到。下面我们以最基本的线性 CRF 为例，给出数学上的表示。首先是用于词性标注的特征函数：

$$f\left(s,i,l_i,l_{i-1}\right)$$

　　这种函数里有 4 个参数：$s$ 表示等待词性标注的句子；$i$ 表示句子 $s$ 中第 $i$ 个单词；$l_i$ 表示待评分的标注序列给第 $i$ 个单词标注的词性；$l_{i-1}$ 表示待评分的标注序列给第 $i-1$ 个单词标注的词性。函数的输出为 0 或者 1，0 表示待评分的标注序列不符合这个特征，而 1 表示待评分的标注序列符合这个特征。这里的特征函数仅根据当前单词的标注和它前面的单词的标注对序列进行评分，如此建立的 CRF 就是线性链 CRF（Linear Conditional Random Field），它是 CRF 中比较简单的形式。除了定义特征函数，还要考虑为每个特征函数 $f_j$ 赋予一个权重 $\lambda_j$。给定一个句子 $s$，以及一个标注序列 $l$，最终的评分为

$$\text{score}\left(l|s\right)=\sum_{j=1}^{m}\sum_{i=1}^{n}\lambda_j f_j\left(s,i,l_i,l_{i-1}\right) \tag{3-33}$$

　　式（3-33）中有两个加和，一个是将句子中每个位置的单词的特征函数值相加的和，而另一个是将不同的特征函数的值相加的和。我们同样可以使用 Softmax 函数进行归一化，得到 $P\left(l|s\right)$ 的概率。

$$p\left(l|s\right)=\frac{\exp\left[\text{score}\left(l|s\right)\right]}{\sum_{k=1}^{|L|}\exp\left[\text{score}\left(l_k|s\right)\right]} \tag{3-34}$$

其中，$L$ 表示所有可能的标注的集合；而 $|L|$ 表示标注的数量。理解 CRF 的核心思想之后，会发现和 HMM 相比，CRF 最大的不同在于它可以设计不同的函数，以融入人类的知识。接下来，我们用一段代码展示如何使用 CRF 模型进行词性标注。首先安装 CRF 模型的一种 Python 实现 crfsuite。

```
pip install python-crfsuite
```

然后，就可以使用 nltk 中的 CRFTagger 进行词性标注。

```
from nltk.tag import CRFTagger
ct = CRFTagger()

# 训练样本
train_data = [[('School','Noun'), ('is','Verb'), ('a','Det'), ('wonderful','Adj'), ('place','Noun')],
              [('Does', 'Verb'), ('Cat', 'Noun'), ('eat', 'Verb'), ('fish', 'Noun')],
              [('Dog','Noun'),('eat','Verb'),('meat','Noun')]]

# CRF 模型的训练
```

```
ct.train(train_data,'model.crf.tagger')

# 标注新的句子
print(ct.tag_sents([['Cat','is','wonderful'], ['Dog','eat','fish']]))
```

这里使用的训练样本非常小，只有 3 个。如果使用大规模的训练数据，词性标注的准确率可以达到 97%左右。此外，我们还可以使用 tagger 评估一个假设的标注序列是否合理。

```
# 评估新的词性标注
new_sent = [[('Cat','Noun'), ('is','Verb'), ('a','Det'), ('place', 'Noun')]]
print(ct.evaluate(new_sent))
```

输出结果为 0～1，得分越高，表示可能性越大。

## 3.2.7  实体识别

在不同语言通用的自然语言处理技术中，我们最后一个介绍的是实体识别（Entity Recoginition），也称为命名实体识别（Named Entity Recognition）。实体识别专门识别文本中具有特定意义的实体，主要包括时间、人名、国家名、地名、机构名等专有名词。这项技术对于人机对话和智能聊天机器人来说，都是非常关键的。这是因为用户对话是要获取信息或者完成任务，在这个时候理解自然语言中的命名实体是必不可少的。比如，用户要去北京出差，会问"今天北京的天气如何？"，那么"北京"这个地方就对系统获取天气数据至关重要。再举个例子，用户订餐的时候会说"请帮我到某某湘菜馆预定今晚的 10 人位"，那么"某某"湘菜馆也不能弄错，否则就会张冠李戴。

和词性标注类似，我们也可以将实体识别作为序列标注的任务来处理。只要定义好需要标注的实体种类，例如时间、人名、国家名、餐馆名、菜名等，就能运用 HMM 或者 CRF 模型。对于 HMM 来说，隐藏层就是实体类别的标签，而观测层就是单词。对于 CRF 来说，我们要针对各种实体类别的特点，定义一些特征函数。这些过程都是比较复杂的，需要大量的标注数据。好在斯坦福大学自然语言小组为我们提供了一个很好的科研工具，Stanford Named Entity Recognizer （NER https://nlp.stanford.edu/software/CRF-NER.html）。该工具是基于 Java 语言编写的命名实体识别器，它提供了一种线性 CRF 的实现以及一些训练好的模型，主要识别时间、人名、地名、机构等实体。我们在 Python 中也可以使用 NER，具体的方法是引入 nltk.tag 中的 StanfordNERTagger，并通过已经训练好的模型和 Jar 包来初始化 tagger。下面我们通过一些示例代码展示斯坦福大学 NER 的使用。

首先，下载必要的软件：https://nlp.stanford.edu/software/CRF-NER.html#Download，

然后将下载好的压缩包解压至指定的路径。使用下面的代码初始化 NER Tagger。

```
import nltk
from nltk.tag import StanfordNERTagger as snt
from pathlib import Path


# 初始化斯坦福大学提供的 StanfordNERTagger
# 第一个参数表示通过英语语料训练得到的模型数据
# 第二个参数表示该引擎使用的 Jar 包
stanford_ner_tagger = snt(
    str(Path.home()) + '/Coding/stanford-ner-2018-10-
16/classifiers/english.muc.7class.distsim.crf.ser.gz',
    str(Path.home()) + '/Coding/stanford-ner-2018-10-16/stanford-ner-3.9.2.jar')
```

初始化函数中，第一个参数是通过英语语料训练得到的某模型数据，在笔者的机器上整个路径为/<Home_Directory> /Coding/stanford-ner-2018-10-16，需要根据自己的安装路径替换这个参数。第二个参数是让 Python 可以使用 Java 模块的 Jar 包。设置完毕后，就可以使用下列代码进行命名实体的识别了。

```
# 从路透社文档集取出第一篇新闻作为测试
from nltk.corpus import reuters
doc = reuters.raw(reuters.fileids()[0])


# 进行命名实体识别
results = stanford_ner_tagger.tag(doc.split())


# 显示识别出的所有命名实体
for result in results:
    tag_value = result[0]
    tag_type = result[1]


    # 0 表示非命名实体，不显示
    if tag_type != 'O':
        print('NE: %s, Type: %s' % (tag_value, tag_type))
```

在上述代码中，我们首先从路透社文档摘取第一篇新闻，然后看看 NER Tagger 能发现哪些命名实体。结果如下：

```
NE: U.S., Type: LOCATION
NE: Japan, Type: LOCATION
```

```
NE: Reuter, Type: ORGANIZATION
......
NE: April, Type: DATE
NE: 10, Type: MONEY
NE: billion, Type: MONEY
NE: Matsushita, Type: ORGANIZATION
NE: Electric, Type: ORGANIZATION
NE: Industrial, Type: ORGANIZATION
NE: Co, Type: ORGANIZATION
NE: Ltd, Type: ORGANIZATION
NE: U.S.,", Type: ORGANIZATION
NE: Tom, Type: PERSON
......
```

从中可以看到地名、时间、钱、机构等，识别的效果还是相当理想的。

## 3.2.8　语法分析和语义分析

前文所描述的内容，注重的是单个词或者若干个词的组合。可自然语言并不局限于词，而是包含了大量的句子和段落。为了让计算机更加深入地"理解"它们，我们需要让机器学会分析句子的语法和语义。

对于语法的分析来说，研究的重点主要包括形式化语法、语法树和语法解析器。一种常见的形式化语法框架是"生成文法"（Generative Grammar）。在这种框架中，某种语言是所有合乎某种文法的大集合，而文法作为形式化的符号，可以生成这个集合中的所有元素。文法的基本形式是递归产生式，例如 $S \rightarrow S_1 S_2$。下面是一个简单的上下文文法（Context Free Grammar，CFG）示例：

S → NP VP
PP → P NP
NP → Det N | Det N PP | 'Bob'
VP → V NP | VP PP
Det → 'a' | 'his'
N → 'cake' | 'room'
V → 'eats'
P → 'in'

这种文法不考虑上下文，完全按照给定的文法进行句子的解析，其优势是易于理解，处理效率也较高。其中，S 表示句子（Sentence）；N 表示名词（Noun）；NP 表示名词词组（Noun Phrase）；V 表示动词（Verb）；VP 表示动词词组（Verb Phrase）；P 表示介词（Preposition）；PP 表示介词短语（Prepostional Phrase），Det 表示限定词（Determiner）。这些都属于非终止符号（non-terminal symbols）。而其他对应于具体单词的，包括'a'、'his'和'cake'等都属于终止符号（terminal symbols）。根据这个语法，我们就可以分析一些简单的句子，例如"Bob eats a cake in his room"。下面使用 Python 进行示例。

```python
from nltk import CFG

simple_grammar = CFG.fromstring("""
S -> NP VP
PP -> P NP
NP -> Det N | Det N PP | 'Bob'
VP -> V NP | VP PP
Det -> 'a' | 'his'
N -> 'cake' | 'room'
V -> 'eats'
P -> 'in'
""")

sent = 'Bob eats a cake in his room'
parser = nltk.RecursiveDescentParser(simple_grammar)
for tree in parser.parse(sent.split(' ')):
    print(tree)
```

输出结果如下：

```
(S
  (NP Bob)
  (VP
    (VP (V eats) (NP (Det a) (N cake)))
    (PP (P in) (NP (Det his) (N room)))))
(S
  (NP Bob)
  (VP
    (V eats)
    (NP (Det a) (N cake) (PP (P in) (NP (Det his) (N room))))))
```

上述结果中包含了两个语法树，说明根据我们这里定义的文法，被处理的句子可以有两种解析结果，它们都是合法的。图 3-8 和图 3-9 对它们进行了可视化。

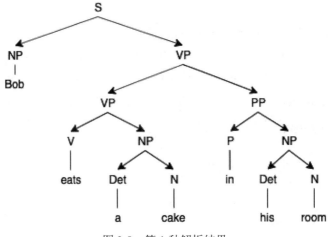

图 3-8 第 1 种解析结果

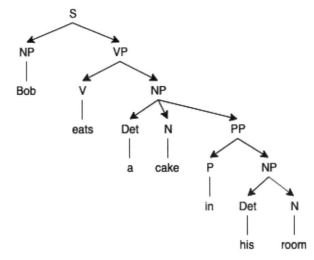

图 3-9 第 2 种解析结果

　　通过这两棵树的可视化，可以很容易看到计算机系统是如何根据我们制定的文法对自然语言的句子进行分析的。每棵树的非叶子结点对应了非终止符号，而叶子结点对应了终止符号。读者可能已经发现，这种树结构体现了递归的过程。语法解析里一种很常见的算法是递归下降法，而上述代码使用的函数 RecursiveDescentParser 就是这种方法的一种实现。递归下降将复杂的文法分解成若干个较为简单的文法，然后再针对较为简单的文法继续递归，直到发现具体的词汇。例如，根据文法配置中的 S → NP VP，算法将原始句子分解为 NP 和 VP，接着根据 NP → Det N | Det N PP | 'Bob'，将刚刚获得的 NP 进一步分解为 Det N、Det N PP 和'Bob'三种情况。由于句子的开头是单词 Bob，因此就可以匹配上第三种情况，如此反复。如果最终递归结束后，句子里的单词都完美匹配，那么我们就找到了一个合法的解析结果。

上下文无关文法最大的特点在于简单易懂，但也有比较大的局限性。为了让机器理解自然语言的语义，我们还需要进一步加强这个文法，常见的就是基于特征的扩展文法。为了理解特征文法的功效，让我们从上下文无关文法开始。假设我们需要考虑动词的单复数和时态，那么之前的上下文无关文法就要涵盖动词 eat 的各种形式，例如：

V → 'eat' | 'eats' | 'ate' | 'eaten' | 'eating'

这种设置会导致一些问题，例如句子"Bob eat a cake in his room"也会被该文法认为是合理的。实际上，这个句子并不符合英文文法，动词 eat 应该使用第三人称的单数形式。为了避免这类情况，人们增强了文法的功能，加入了"特征"，对不合理的情况进行限定。具体来说，特征包括属性和约束，属性可以对文法的项目做出进一步的细分，而约束可以在属性的基础上对文法的合理性做出限制。例如，针对动词的单复数和时态，我们能写出如下的文法：

V[NUM=sg] → 'eats'
V[NUM=pl] → 'eat'
V[TENSE=pres] → 'eat'
V[TENSE=past] → 'ate'
…
S → NP[NUM?=n] VP[NUM?=n]
…

其中，NUM 表示单复数的特征；sg 表示单数；pl 表示复数；TENSE 表示时态的特征；pres 表示现在时；past 表示过去时。而 NP[NUM?=n] VP[NUM?=n]的约束表示主语和谓语的单复数必须一致。更复杂的文法能表示更多的语义，下面我们展示如何通过语义的分析实现自然语言到计算机语言的转换。假设这里有一个基于特征的文法：

```
% start S
S[SEM=(?np + WHERE + ?vp)] -> NP[SEM=?np] VP[SEM=?vp]
VP[SEM=(?v + ?pp)] -> IV[SEM=?v] PP[SEM=?pp]
VP[SEM=(?v + ?ap)] -> IV[SEM=?v] AP[SEM=?ap]
NP[SEM=(?det + ?n)] -> Det[SEM=?det] N[SEM=?n]
PP[SEM=(?p + ?np)] -> P[SEM=?p] NP[SEM=?np]
AP[SEM=?pp] -> A[SEM=?a] PP[SEM=?pp]

NP[SEM='director="Ang Lee"'] -> 'Ang_Lee'
Det[SEM='SELECT'] -> 'Which' | 'What'
```

N[SEM='movie FROM movies'] -> 'movies'

IV[SEM=''] -> 'are'

A[SEM=''] -> 'directed'

P[SEM=''] -> 'by'

这个文法在上下文无关文法的基础上加入了语义解释属性 SEM 和多种相关的约束，将简单的问句转换为数据库的 SQL。将上述内容存储在名为 nlp2sql.cfg 的文档中。我们通过下列代码看看它是如何工作的。

```
import nltk
from nltk import load_parser
from pathlib import Path

feature_grammar_parser = load_parser(str(Path.home()) + '/Coding/data/nlp2sql.fcfg')
sent = 'Which movies are directed by Ang_Lee'
trees = feature_grammar_parser.parse(sent.split(' '))
for tree in trees:
#        print(tree)
    tokens = tree.label()['SEM']
    print(' '.join([x for x in tokens if x]))
```

需要注意的是，这段代码使用了李安导演的英文名 Ang Lee，由于这里没有使用命名实体识别，我们进行了简化处理，将李安导演的名字用下画线连接，表示无须分词。在实际运用中，我们应该先进行实体的抽取，再进行语义分析。输出结果如下：

```
SELECT movie FROM movies WHERE director="Ang Lee"
```

至此，就是语法分析和语义分析的基本内容。这类处理能够更加细致地剖析用户的意图，为计算机理解聊天系统中的问题提供更多的帮助。

## 3.3　针对中英文的特殊处理

前面的章节讲述了很多关于自然语言处理的技术和模型，它们通常可以运用在不同的语种之中。然而，有时候我们也需要根据语言的特殊性，进行专门的处理。例如，英文单词存在名词的单复数、动词的不同时态等，所以我们需要统一单词的形式，而这些问题对于中文是不存在的。另一方面，中文需要进行分词处理，而英文则不需要。这里我们会讲解针对英文的取词干、词形还原以及中文分词的处理方法。

## 3.3.1　取词干和词形还原

前文提到英文单词存在不同的形式,例如可数名词的复数形式和单数形式就不一样,动词的过去时、完成时、进行时等和原词也通常不一样。为了进行归一化,我们可以进行取词干(Stemming)或者词形还原(Lemmatization)的操作,也就是词形归并。这两者的目的就是为了减少词的变化形式,将派生词转化为基本形式。这样,字典中词条的数量就会降低,用于表示文档的向量也会有更低的维度,模型的数据量也会缩小。另外,通过词干和词形的关联,我们还能发掘不同形式的单词之间存在的语义上的关联。

取词干和词形还原也有不同之处,取词干是通过一定的语言学规则去除或者变换单词的后缀,让其变得更短,处理后的词干往往不是一个正确的英文单词。而词形还原则不然,它需要确保被还原的词必须是正确的英文单词。所以,相对于词形还原,取词干往往更高效、使用的计算资源更少,但是效果和解释性比较差。

下面的代码展示了如何使用 NLTK 库来取词干和还原词形。取词干的常用算法包括 Porter Stemming、Snowball Stemming 和 Lancaster Stemming,这里使用 Porter Stemming。具体代码如下:

```
from nltk import PorterStemmer as PS

ps = PS()

# 从路透社文档集取出第一篇新闻作为测试
from nltk.corpus import reuters
doc = reuters.raw(reuters.fileids()[0])

# 获取每个词的词干
words = doc.lower().split()
for word in words:
    # 仅输出词干和原词不一样的单词
    if word != ps.stem(word):
        print(word, ps.stem(word))
```

代码仍然以一篇路透社新闻为例,展示了对每个单词取词干后的效果。为了控制输出内容的篇幅,代码只输出词干与原词不同的单词。为了比较词干和词形的不同,我们在下列代码中加入了使用 WordNet 的词形还原。

```
from nltk import PorterStemmer as PS
from nltk import WordNetLemmatizer as WNL

ps = PS()
```

```
wnl = WNL()

# 从路透社文档集取出第一篇新闻作为测试
from nltk.corpus import reuters
doc = reuters.raw(reuters.fileids()[0])

# 获取每个词的词干
words = doc.lower().split()
for word in words:
    # 仅输出词干或者词形和原词不一样的单词
    if word != ps.stem(word) or word != wnl.lemmatize(word):
        print(word, ps.stem(word), wnl.lemmatize(word))
```

这里，WordNet 可用于确保所还原的词形是合法的英文单词。运行结果如下，从中可以看出词干和词形的区别。

```
exporters export exporter
damage damag damage
mounting mount mounting
has ha ha
raised rais raised
......
```

## 3.3.2　中文分词

在英文等拉丁语系中，单词和单词之间一般都存在空格或者标点符号，因此分词是一件很容易的任务，使用正则表达式就能获取非常好的效果。然而中文分词就要复杂得多，人们经常需要根据上下文理解每句话的含义，才能得知这句话中都包含哪些词，这使得中文分词这项任务变得非常具有挑战性。好在对中文分词算法的研究已有几十年的历史，人们已经发现了一些较好的方法。目前最常用的方法主要分为两大类：一类是基于字典的匹配算法；另一类是基于统计的算法。

基于字典的匹配算法，其核心主要有两点。第一点是人工建立的大规模字典，如果一个字符串和字典里的某个词条匹配成功，那么就认为这个字符串表示一个中文词。第二点是匹配的策略，包括正向最大、逆向最大和双向匹配。我们以"巴黎水晶挂件"为例句，解释这三种策略。首先是正向最大匹配，系统会从左往右扫描字符串"巴黎水晶挂件"，发现能够和字典词条匹配的最长字符串，作为一个中文词，剩下的部分再以此类推，过程如下。

（1）"巴黎水晶挂件"，字典中不存在这个词。

（2）"巴黎水晶挂"，字典中不存在这个词。

（3）"巴黎水晶"，字典中不存在这个词。

（4）"巴黎水"，字典中存在这个词，切分为"巴黎水/晶挂件"。

（5）剩下的字符串"晶挂件"，字典中不存在这个词。

（6）"晶挂"，字典中不存在这个词。

（7）"晶"，字典中存在这个单字，切分为"巴黎水/晶/挂件"。

（8）剩下的字符串"挂件"，字典中存在这个词，最终切分为"巴黎水/晶/挂件"。

逆向最大匹配的过程和正向类似，唯一的不同在于扫描字符串的方向是从右向左。"巴黎水晶挂件"的逆向最大匹配过程如下。

（1）"巴黎水晶挂件"，字典中不存在这个词。

（2）"黎水晶挂件"，字典中不存在这个词。

（3）"水晶挂件"，字典中不存在这个词。

（4）"晶挂件"，字典中不存在这个词。

（5）"挂件"，字典中存在这个词，切分为"巴黎水晶/挂件"。

（6）剩下的字符串"巴黎水晶"，字典中不存在这个词。

（7）"黎水晶"，字典中不存在这个词。

（8）"水晶"，字典中存在这个词，切分为"巴黎/水晶/挂件"。

（9）剩下的字符串"巴黎"，字典中存在这个词，最终切分为"巴黎/水晶/挂件"。

可以看出，正向最大匹配的策略是从左往右生成分词，而逆向最大匹配策略正好相反。从上面这个例子看出，逆向最大匹配通常优于正向最大匹配，不过也存在正向策略更优的情况。例如"上海上汽车厂"，逆向最大匹配会将其切分为"上/海上/汽车厂"，而正向最大匹配会正确地将其切分为"上海/上汽/车厂"。所以，人们又提出了双向最大匹配法，也就是正向和逆向最大匹配各切分一次，然后根据切分后的单词长度、非字典词和单字数量，择优选取其中一种分词结果。

无论采用何种匹配策略，关键点都是将字符串和字典中的单词进行匹配。最直接的方法是使用哈希结构，存储字典中所有的词条，并进行哈希查找。可是，哈希结构对内存的依赖很大，庞大的字典需要消耗相当可观的内存，这时我们可以考虑使用字典树（Trie）的数据结构。字典树也称前缀树（Prefix Tree），它是一种有向树，根结点是空字符串。而有向树的每一个非根结点都对应于某个单词中的某个字符（可以是中文汉字也可以是英文字母），并且单词中的前一个字符就是其后一个字符的父结点，后一个字符是其前一个字符的子结点。这也意味着，单词每增加一个字符，其实就是在当前字符结点下面增加一个子结点。

我们以中文词"水晶"为例，看看字典树是如何构建的。从根结点开始，第一次增加汉字"水"，在根结点下增加一个"水"的结点。第二次，在"水"结点下方增加一个"晶"结点。以此类推，最终我们可以得到图 3-10 所示的树。

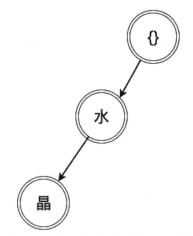

图 3-10    "水晶"在字典树中的存储

如果在这个时候，再增加一个中文词"水源"会怎样？我们继续重复上述过程，就能得到图 3-11 所示的树。

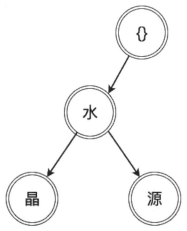

图 3-11    "水晶"和"水源"两个词在字典树中的存储

到这里为止，我们已经建立了包含两个中文词的字典树。如果需要，在这棵树的两个叶子结点"晶"和"源"上，我们还可以加上额外的信息，比如对词的解释。

假设我们已经使用一个庞大的字典构建完一棵完整的字典树，接下来就能查找任何一个词条了。字典树的构建和查询在本质上其实是一致的，都属于树的深度优先搜索（Depth First Search），从树的根开始，查找下一个结点，顺着这通路走下去，一直走到某个结点。如果这个结点及其前缀代表了一个存在的单词，而待查找的字符串和这个结点及其前缀正好完全匹配，就说明我们成功找到了一个单词，可以将这个词作为分词的中间结果返回。不过，还有几种特殊情况需要注意。

（1）还没到叶子结点的时候，待查的字符串就结束了。这时候要看最后匹配上的非叶子结点是否代表一个单词。如果不是，说明被查的字符串并不在字典中。

（2）搜索到字典树的叶子结点，但是被查字符串仍有未处理的字母。由于叶子结点没有子结点，这时，被查字符串不可能在字典中。

（3）搜索到一半，还没到达叶子结点，被查字符串也有尚未处理的字母，但是当前被处理的字母已经无法和结点上的字符匹配了。这时，被查字符串不可能在字典中。

和哈希结构相比，字典树结构消耗更少的内存，因为很多单词都共享了字典树中的字母结点。例如，单词"水晶""水源""水果"等以"水"为前缀开头的单词，就共享一个结点。而在哈希结构中，这三者都是独立存放的，需要额外的内存开销。当然，字典树的查找的时间复杂度是 $\mathcal{O}(m)$，$m$ 是单词中字母的平均数量，它要高于哈希结构的 $\mathcal{O}(1)$。综上所述，哈希的查询效率高，而字典树的存储效率高。如果内存资源相对于字典来说很充裕，建议使用哈希结构，否则建议使用字典树结构。

基于字典的中文分词算法，无论是正向最大、逆向最大还是双向最大匹配，都具有分词速度快、效果比较好的特点，但是处理歧义和新词的能力较弱。这时，我们仍然可以采用一些基于统计和机器学习的算法，例如之前讲述过的序列标注模型，包括隐马尔可夫模型（HMM）和条件随机向量场（CRF）。这里，我们讲解另一种用于分词的模型：基于概率的语言模型。

在第 2 章中，我们讲过链式法则和马尔可夫假设，如果对这些知识已经很熟悉了，那么理解基于概率的语言模型就很简单了。假设有一个统计样本文本 $d$，$s$ 表示某个有意义的句子，它由一连串按照特定顺序排列的词 $w_1, w_2, \cdots, w_n$ 组成，这里的 $n$ 是句子里单词的数量。现在，我们想知道根据文档 $d$ 的统计数据，$s$ 在文本中出现的可能性，即 $P(s|d)$。我们可以把它表示为 $P(s|d) = P(w_1, w_2, \cdots, w_n|d)$。假设我们这里考虑的都是在文档 $d$ 的情况下发生的概率，所以可以忽略 $d$，写为 $P(s) = P(w_1, w_2, \cdots, w_n)$。

到这里，我们碰到了第一个难题，就是如何计算 $P(w_1, w_2, \cdots, w_n)$？要在集合中找到一模一样的句子，基本是不可能的。这时，我们就需要使用链式法则，将式（2-13）改写为

$$P(w_1, w_2, \cdots, w_n)$$
$$= P(w_1) \times P(w_2|w_1) \times P(w_3|w_1, w_2) \times P(w_4|w_1, w_2, w_3) \times \cdots \times P(w_n|w_1, w_2, \cdots, w_{n-1}) \quad (3\text{-}35)$$

问题似乎是解决了，因为通过文档集 $C$，可以知道 $P(w_1)$ 和 $P(w_2|w_1)$ 的概率。不过，再往后看，好像 $P(w_3|w_1, w_2)$ 出现概率很低，$P(w_4|w_1, w_2, w_3)$ 出现的概率就更低了。一直到 $P(w_n|w_1, w_2, \cdots, w_{n-1})$，基本上趋近 0 了。除此之外，这种条件概率还会使得模型的存储空间急速增加。那么如何解决 0 概率和高复杂度的问题呢？马尔可夫假设和多元语法模型在这里能帮上大忙了。如果我们使用三元语法模型，式（3-35）可以改写为

$$P(w_1, w_2, \cdots, w_n)$$
$$\approx P(w_1) \times P(w_2|w_1) \times P(w_3|w_2, w_1) \times P(w_4|w_3, w_2) \times \cdots \times P(w_n|w_{n-1}, w_{n-2}) \quad (3\text{-}36)$$

这个公式表示基于多元语法（或者说马尔可夫假设）的概率语言模型，那这个模型该怎样应用在中文分词中呢？我们以前面带有歧义的句子为例，"巴黎水晶挂件"至少有以下4种切分方式：

第1种，巴黎水/晶/挂件；

第2种，巴黎/水晶/挂|件；

第3种，巴黎/水晶/挂件；

第4种，巴黎/水/晶/挂件。

语言模型是基于大量的语料来统计的，所以我们可以使用这个模型来估算上述哪种切分更合理。假设整个文档集合是 $D$，要分词的句子是 $s$，分词结果为 $w_1, w_2, \cdots, w_n$，那么求 $P(s)$ 的概率为

$$\begin{aligned} P(s|D) &= P(w_1, w_2, w_3, \cdots, w_n|D) \\ &= P(w_1|D) \times P(w_2|w_1, D) \times P(w_3|w_1, w_2, D) \times \cdots \times \\ &\quad P(w_n|w_1, w_2, \cdots, w_{n-1}, D) \end{aligned} \quad (3\text{-}37)$$

根据链式法则和三元语法模型，式（3-37）又可重写为

$$\begin{aligned} P(s|D) &= P(w_1, w_2, w_3, \cdots, w_n|D) \\ &= P(w_1|D) \times P(w_2|w_1, D) \times P(w_3|w_1, w_2, D) \times \cdots \times P(w_n|w_{n-2}, w_{n-1}, D) \end{aligned} \quad (3\text{-}38)$$

也就是说，语言模型可以帮我们估计某种分词结果在文档集合中出现的概率。但是由于不同的分词方法会导致 $w_1$ 到 $w_n$ 的不同，因此会产生不同的 $P(s)$。接下来，我们只要取最大的 $P(s)$ 并假设这种分词方式是最合理的，就可以在一定程度上解决歧义。我们可以使用式（3-39）来求解：

$$\arg\max P(W_i|D) \quad (3\text{-}39)$$

其中，$W_i$ 表示第 $i$ 种分词方法。回到"巴黎水晶挂件"这句话，如果文档集合都讲述的是有关装饰品的销售，而不是饮用水，那么"巴黎/水晶/挂件"这种分词的可能性就会更高。

了解了这么多中文分词的模型和算法，下面我们列出 Python 的样例代码。时至今日，已经有很多比较成熟的 Python 库可以处理中文分词了，这里我们以结巴中文分词为例。该工具基于字典树以实现高效的词图扫描，同时它的 HMM 实现，可以生成句子中汉字的所有可能成词情况，构成有向无环图。该工具采用了维特比这种动态规划，查找最大

概率路径，找出基于词频的最大切分组合。

首先，还是需要确保按照结巴分词。

```
pip install jieba
```

在下面的代码中，我们通过这个工具包，使用两种方式对同一句话进行分词。

```
import jieba

# 采用隐马尔可夫模型分词
segmented_list = jieba.cut("沙加缅度这座城市是美国加州的首府", HMM=True)
print("使用 HMM：" + "/".join(segmented_list))

# 不采用隐马尔可夫模型分词
segmented_list = jieba.cut("沙加缅度这座城市是美国加州的首府", HMM=False)
print("不使用 HMM：" + "/".join(segmented_list))
```

结果如下：

```
使用 HMM：沙加/缅度/这座/城市/是/美国/加州/的/首府
不使用 HMM：沙加/缅/度/这/座/城市/是/美国/加州/的/首府
```

可以看出，在结巴中使用隐马尔夫模型的分词方式，倾向于切分出词组，而不是单字。

本章讲述了自然语言处理相关的内容，除了介绍各种语言通用的技术，还有对专属于英文单词的归一化和中文的分词方法的介绍。当然，自然语言的处理还远不止这些，在后面的章节中，我们还会结合聊天系统的高级应用场景，阐述一些更为复杂的自然语言处理技术，比如信息检索、文档分类和摘要等。

# 第 4 章　基于信息检索的问答系统

## 4.1　问答系统的发展概述

前文我们提到了目前智能聊天机器人的种类，主要包括问答型、任务型和闲聊型。从本章开始，我们详细介绍每种类型机器人，从它们的发展简史到设计框架，直至最终的具体实现。这其中既会涉及之前所说的自然语言处理基础，又会阐述一些更为高级的技术课题，设法打造多个完善的聊天系统。

本章的主题是问答系统，系统的功能是让机器回答人类所提出的问题，形式如下。

用户提问：中国的首都是哪里？

系统回答：北京。

其中的实现方式也有很多，从最简单的基于信息检索的方案到基于社区问答的方案，再到基于知识图谱推理的方案。这里我们从最基础的内容出发，介绍一下什么是信息检索系统，以及如何用信息检索来打造一个可以回答问题的机器人。

## 4.2　信息检索

现代信息检索是指从大规模非结构化数据的集合中找出满足用户信息需求资料的过程，互联网时代的搜索引擎就是典型的信息检索系统。这里"非结构化"其实是针对经典的数据库而言的。数据库里的记录都有严格的字段定义，是"结构化"数据的典型代表。每条数据记录都有唯一的 ID，查询的时候凭借这个 ID 就可以了，非常高效。而"非结构化"没有这种严格的定义，计算机世界存储的大量文本就是其中的典型代表。一篇文章如果没有特殊处理，对于其描述的主题、发生时间和地点等信息，我们是一无所知的。自然我们也就无法将其中的内容和已经定义好的数据库字段进行匹配，这也是数据库在处理非结构化数据时非常乏力的原因。这时，就需要信息检索技术来帮助我们。

如前所述，非结构化数据的特性是没有严格的数据格式定义，表达含义相当丰富，这些决定了信息检索的关键因素主要是两个，即"找到"和"排序"。

对于"找到"，我们需要思考的是，如何找到符合用户查询需求的信息？此外，我们还需要考虑如何高效率地实现这种查找的机制，因为用户不希望在输入查询之后等待太久。

对于"排序"，我们需要思考的是，通过上一步找到的结果，哪些和用户的查询更为相关？我们需要将更符合用户预期的结果排在前面。

下面，我们会针对这两个关键因素，介绍信息检索的核心模块。

## 4.2.1　如何高效地找到信息

首先，我们来看信息检索系统如何高效率地找到用户想要的信息。在数据库的领域中，查询绝大部分是精确匹配，很少使用模糊匹配。即使某些数据库支持模糊匹配，效率也比较低下。而信息检索中的查询，基本上都是模糊匹配，而且效率非常高。这里以文本数据为例，展示信息检索技术是如何通过文本预处理，以及倒排索引来实现的。

### 1．文本预处理

这里的文本预处理，会使用到很多在第 3 章中介绍的相关技术。例如，去除停用词可以去除一些没有意义、用户不会查询的词。词形归并可以减少不同词形式导致的噪音。分词，特别是中文分词可以让我们根据单词而不是整句来进行查询，达到模糊查询的效果。由于之前的章节对这些内容都有详细介绍，这里不再赘述。需要注意的是，无论是被检索的文本，还是用户输入的查询，通常都要经过同样的预处理步骤以保持两者的一致性。

### 2．倒排索引（Inverted Index）

经过自然语言的处理之后，无论是被检索的文本还是用户的查询，都被转换成重要词汇的集合，而最基本的检索模型就是要发现这两者的共同点。求两个词汇集合的交集不是难事，有不少可实现的方式。但是，被查找的文档可能有成千上万篇，这就意味着这种求交集的操作要执行成千上万次，而我们必须要确保这种查找是快速且有效的。这是因为在互联网时代，上网冲浪的"爽快"体验至关重要。因此，搜索引擎的结果处理必须是秒级，通常不能超过 3s。坐在计算机前等待几分钟只为了得知明天北京的天气情况，这是令人无法接受的。

这里必须要提到信息检索引擎最经典的数据结构设计——倒排索引（逆向索引）。先让我们试想一下，你是一个热爱读书的人，当你进入图书馆或书店的时候，会怎样快速发现自己喜爱的书籍？没错，就是看书架上的标签。如果看到一个架子上标着"体育→足球"，那么你离介绍足球的书就不远了。倒排索引相当于是在做贴标签的事情。如表 4-1 中的例子，这是没有经过倒排索引处理的原始数据，当然这里只使用了文章的标题，实际中的文本一般不会如此之短。

表 4-1　五个文章标题的样例

| 标题 ID | 内　　　容 |
|---------|-----------|
| 1 | 马晓旭意外受伤让国奥队警惕 |
| 2 | 国奥队在奥体中心备战 |
| 3 | 奥运会男足开赛在即 |
| 4 | 热身赛在即，大雨格外青睐殷家军 |
| 5 | 冯萧霆因病缺席热身赛 |

对于每个标题的内容，我们先进行中文分词，然后将分好的词作为该标题的标签。例如对 ID 为 1 的标题"马晓旭意外受伤让国奥队警惕"，通过某种算法进行分词，最终结果如下：

马晓旭，意外，受伤，让，国奥队，警惕

那么标题 1 就会有 6 个关键词标签，见表 4-2。

表 4-2　标题 1 分词之后的结果

| 关键词 ID | 关　键　词 | 标题 ID |
|-----------|-----------|---------|
| 1 | 马晓旭 | 1 |
| 2 | 意外 | 1 |
| 3 | 受伤 | 1 |
| 4 | 让 | 1 |
| 5 | 国奥队 | 1 |
| 6 | 警惕 | 1 |

再来分析 ID 为 2 的标题"国奥队在奥体中心备战"，它可以分为如下几个词：

国奥队，在，奥体，中心，备战

如果和第 1 次的结果合并起来，我们可以得到表 4-3。

表 4-3　标题 1 和标题 2 分词之后的结果

| 关键词 ID | 关　键　词 | 标题 ID |
|-----------|-----------|---------|
| 1 | 马晓旭 | 1 |
| 2 | 意外 | 1 |
| 3 | 受伤 | 1 |
| 4 | 让 | 1 |
| 5 | 国奥队 | 1, 2 |
| 6 | 警惕 | 1 |

续表

| 关键词 ID | 关 键 词 | 标题 ID |
| --- | --- | --- |
| 7 | 在 | 2 |
| 8 | 奥体 | 2 |
| 9 | 中心 | 2 |
| 10 | 备战 | 2 |

注意，ID 为 5 的关键词"国奥队"，它在标题 1 和 2 中都出现过，所以我们会将其对应的标题 ID 写为"1，2"。

如此逐个分析所有 5 个标题后，我们会得到表 4-4，这就是倒排索引的原型。

表 4-4　五个标题分词之后所建立的倒排索引

| 关键词 ID | 关 键 词 | 标题 ID |
| --- | --- | --- |
| 1 | 马晓旭 | 1 |
| 2 | 意外 | 1 |
| 3 | 受伤 | 1 |
| 4 | 让 | 1 |
| 5 | 国奥队 | 1, 2 |
| 6 | 警惕 | 1 |
| 7 | 在 | 2 |
| 8 | 奥体 | 2 |
| 9 | 中心 | 2 |
| 10 | 备战 | 2 |
| 11 | 奥运会 | 3 |
| 12 | 男足 | 3 |
| 13 | 开赛 | 3 |
| 14 | 在即 | 3, 4 |
| 15 | 热身赛 | 4, 5 |
| 16 | 大雨 | 4 |
| 17 | 格外 | 4 |
| 18 | 青睐 | 4 |
| 19 | 殷家军 | 4 |
| 20 | 冯潇霆 | 5 |
| 21 | 因病 | 5 |
| 22 | 缺席 | 5 |

这里一共出现了 22 个不重复的词，我们将这个集合称为文档集合的词典或者词汇

（Vocabulary）。从这个结构可以看出，建立倒排索引的时候，是将文档－关键词的关系转变为关键词－文档集合的关系，同时逐步建立词典。通过关键词查询就像在图书馆里根据书架上的标签找书一样方便快捷，效率大大提升。即使是针对多个词的布尔表达式查询，倒排索引也完全可以满足需求。例如，我们要查找"热身赛 AND 在即"。

通过查找"热身赛"系统会返回标题 4 和 5，而通过查找"在即"系统会返回标题 3 和 4。通过取交集，我们就能找到标题 4 并返回。取交集的归并操作在计算机领域已经非常成熟，速度快得惊人。

考虑到邻近（Proximity）查询，我们还可以在数据结构中加上词的位置信息，以确保查询词汇之间足够接近。假设词在文章的位置信息标识为表 4-5 所示的形式。

表 4-5　分词的位置信息

| 马　晓　旭 | 意　　外 | 受　　伤 | 让 | 国奥队 | 警　　惕 |
|---|---|---|---|---|---|
| 1 | 2 | 3 | 4 | 5 | 6 |

标题 1 的 6 个关键词标签可以加上位置信息，如表 4-6 所示。

表 4-6　标题 1 分词之后加上位置信息

| 关键词 ID | 关　键　词 | 标题 ID:位置 |
|---|---|---|
| 1 | 马晓旭 | 1:1 |
| 2 | 意外 | 1:2 |
| 3 | 受伤 | 1:3 |
| 4 | 让 | 1:4 |
| 5 | 国奥队 | 1:5 |
| 6 | 警惕 | 1:6 |

而最终的倒排索引如表 4-7 所示。

表 4-7　5 个标题分词之后所建立的倒排索引（包含位置信息）

| 关键词 ID | 关　键　词 | 标题 ID:位置 |
|---|---|---|
| 1 | 马晓旭 | 1:1 |
| 2 | 意外 | 1:2 |
| 3 | 受伤 | 1:3 |
| 4 | 让 | 1:4 |
| 5 | 国奥队 | 1:5, 2:1 |

续表

| 关键词 ID | 关　键　词 | 标题 ID:位置 |
|:---:|:---:|:---:|
| 6 | 警惕 | 1:6 |
| 7 | 在 | 2:2 |
| 8 | 奥体 | 2:3 |
| 9 | 中心 | 2:4 |
| 10 | 备战 | 2:5 |
| 11 | 奥运会 | 3:1 |
| 12 | 男足 | 3:2 |
| 13 | 开赛 | 3:3 |
| 14 | 在即 | 3:4，4:2 |
| 15 | 热身赛 | 4:1，5:4 |
| 16 | 大雨 | 4:3 |
| 17 | 格外 | 4:4 |
| 18 | 青睐 | 4:5 |
| 19 | 殷家军 | 4:6 |
| 20 | 冯潇霆 | 5:1 |
| 21 | 因病 | 5:2 |
| 22 | 缺席 | 5:3 |

若发现这些信息量仍然不够，例如，当考虑到不同词的权重时，还需要 tf-idf 信息。这时，可以像表 4-8 那样来定义。

表 4-8　5 个标题分词之后所建立的倒排索引（包含 tf-idf 信息）

| 关键词 ID | 关　键　词 | 关键词 idf | 标题 ID:tf　（由于文章太短，tf 全是 1） |
|:---:|:---:|:---:|:---:|
| 1 | 马晓旭 | 0.916 | 1:1 |
| 2 | 意外 | 0.916 | 1:1 |
| 3 | 受伤 | 0.916 | 1:1 |
| 4 | 让 | 0.916 | 1:1 |
| 5 | 国奥队 | 0.511 | 1:1, 2:1 |
| 6 | 警惕 | 0.916 | 1:1 |
| 7 | 在 | 0.916 | 2:1 |
| 8 | 奥体 | 0.916 | 2:1 |

| 关键词 ID | 关　键　词 | 关键词 idf | 标题 ID:tf （由于文章太短，tf 全是 1） |
|:---:|:---:|:---:|:---:|
| 9 | 中心 | 0.916 | 2:1 |
| 10 | 备战 | 0.916 | 2:1 |
| 11 | 奥运会 | 0.916 | 3:1 |
| 12 | 男足 | 0.916 | 3:1 |
| 13 | 开赛 | 0.916 | 3:1 |
| 14 | 在即 | 0.511 | 3:1，4:1 |
| 15 | 热身赛 | 0.511 | 4:1，5:1 |
| 16 | 大雨 | 0.916 | 4:1 |
| 17 | 格外 | 0.916 | 4:1 |
| 18 | 青睐 | 0.916 | 4:1 |
| 19 | 殷家军 | 0.916 | 4:1 |
| 20 | 冯潇霆 | 0.916 | 5:1 |
| 21 | 因病 | 0.916 | 5:1 |
| 22 | 缺席 | 0.916 | 5:1 |

其中，tf-idf 的计算如下：

$$\text{tf-idf} = \text{tf} \times \text{idf} = \text{tf} \times \log \frac{N}{\text{df} + 1} \tag{4-1}$$

其中，文档集合总数 $N$ 为 5；log 以 e 为底。

这也意味着，你可以设计一个更复杂的结构，存储所有单词出现的位置、tf、idf、用于语言模型的概率，甚至是其他附加信息。不过，这里需记住最重要的结论：我们可以通过倒排索引保持高效率。

## 4.2.2　相关性模型

接下来我们要讨论的是，对于所有找到的内容，应该将哪些排在前面，才能更好地满足用户的需求？换句话说，哪些内容和用户的查询更为相关？至今为止，计算机尚无法真正懂得人类的语言，它们该如何判定呢？好在科学家们设计了很多模型，帮助计算机处理基于文本的相关性。这里我们由浅入深，讲解几个最为常见的模型。

### 1. 布尔模型（Boolean Model）

我非常喜欢观看足球比赛。那么，如果我想看一篇介绍足球赛事的文章，最简单的方法莫过于看看其中是否提到关键词"足球"。如果有（返回值为真），就认为是相关的，如果没有（返回值为假），就认为不相关。这就是最基本的布尔模型。本次查询如果转为布尔表达式也很简单，就一个条件：

足球。

你可能还会喜欢篮球和乒乓球，那我们怎么返回所有文章呢？将条件修改一下：

足球 OR 篮球 OR 乒乓球。

这时候有人会说，我现在只关心中国体育健儿备战奥运的情况，也没问题，再修改一下：

（足球 OR 篮球 OR 乒乓球）AND 中国队 AND 奥运。

这里，"中国队"和"奥运"成为必要条件。只要理解布尔表达式，就能理解信息检索中的布尔模型。近些年，除了基本的 AND、OR 和 NOT 操作，布尔模型还有所扩展。其中，最常见的是邻近操作符（Proximity），用于确保关键词出现在一定的范围内。不同的搜索关键词，如果它们出现的位置越近，那么命中结果的相关性越高。这里，为了提升相关性，再次添加"健儿"这个关键词。不过"健儿"和"中国队"不一定是连续在文章中出现的，我们可以设置邻近操作如下：

（足球 OR 篮球 OR 乒乓球） AND （中国队 proximity 健儿）。

如果邻近的范围参数设置为 3，那么这条信息就是符合要求的：

……来自乒乓球、篮球、排球和足球项目的中国队运动健儿们，正在抓紧时间备战……

因为关键词"中国"和"健儿"出现的位置间距没有超过 3 个词。但下面这条就不符合要求了：

……来自乒乓球、篮球、排球和足球项目的运动健儿们，正在抓紧时间备战奥运，中国队一定会再创辉煌……

总体上看，布尔模型的优点是简单易懂，系统实现的成本也较低。不过，它的弱点在于对相关性刻画不足。相关与否是个模糊的概念，有的文章和查询条件关系密切，非常符合用户的信息需求，而有些则不然。仅仅通过"真"和"假"两个值表示，过于绝对，也没有办法体现其中的区别。那么，有没有更好的解决方案呢？

### 2. 基于排序的布尔模型

为了增强布尔模型（Ranked Boolean Model），需要考虑如何为匹配上的文档来打分。相关性越高的文档获得的分数越高。最直观的想法就是每个词在不同文档里的权重是不一样的，通过这个来计算得分。这里可以使用最为普遍的 tf-idf 机制，下面我们简短地回顾一下。其中，tf 表示词频，就是一个词在文章中（或是文章某个字段中）出现的次数。一般的假设是，某个词在文章中的 tf 越高，表示该词对于该文档而言越重要。另外一个是 idf，它表示逆文档频率，即某个词在文档集合中，出现在越多的文档中，idf 越低，那么其重要性越低；反之则越高。经过平滑之后的 tf-idf 公式一般可以写为：

$$\text{tf-idf} = \text{tf} \times \text{idf} = \text{tf} \times \log \frac{N}{\text{df}+1} \tag{4-2}$$

其中，$N$ 是整个文档集合中文章的数量；log 是为了确保 idf 分值不要远远高于 tf 而埋没
tf 的贡献，默认取 e 为底。总之，如果一个单词 $t$ 在文档 $d$ 中的词频 tf 越高，且在整个
集合中的 idf 越高，那么词 $t$ 对于文档 $d$ 而言就越重要。

在引入 tf-idf 机制之后，每个单词和文档的关系不再是简单的 0 或 1，而是一个实
数。还是以体育新闻标题为例：

"热身赛在即，大雨格外青睐殷家军"。

如果是布尔模型，无论搜索"大雨"，还是"热身赛"，标题的相关度得分都是 1，但
是如果考虑它们的 tf-idf 得分，可能搜索"大雨"时这个标题的相关度是 0.5，而搜索"热
身赛"时这个标题的相关度就是 0.8。由于不再局限于 0 和 1，如果命中的关键词多于 1
个，我们可以将它们的词频或者 tf-idf 值相加，这就是基于排序的布尔模型的核心思想。

除了考虑词的权重，还可以考虑不同字段的权重。例如，一篇文章既有标题，也有
正文。一般情况下，我们会认为标题里出现的关键词更为重要，其查询匹配也应该赋予
更多的权重。因此可以将标题和正文区分为 2 个不同的字段。最基本的得分 $S$ 采用如下
的线性加和计算：

$$S = w_1 \times f_1 + w_2 \times f_2 + \cdots + w_n \times f_n \tag{4-3}$$

其中，$w_1 \sim w_n$ 分别为第 1 个字段到第 $n$ 个字段的权重。而 $f_1 \sim f_n$ 分别为第 1 个字段到
第 $n$ 个字段中和查询关键词匹配的词频或者说是 tf-idf 值。

### 3. OKAPI BM25 模型

OKAPI BM25 算法是常见的一种相关性打分机制，它也利用了词袋模型和 tf-idf 机
制，还考虑了其他一些因素。假设查询为 $Q$，它包含了关键词 $t_1$、$t_2$、$\cdots$、$t_n$，那么文
档 $D$ 的 BM25 得分的计算方法为：

$$\text{score}(D,Q) = \sum_{i=1}^{n} \text{IDF}(t_i) \times \frac{\text{tf}(t_i,D) \times (k_1+1)}{\text{tf}(t_i,D) + k_1 \times \left(1 - b + b \times \dfrac{|D|}{\text{avgdl}}\right)} \tag{4-4}$$

其中，$\text{IDF}(t_i)$ 是关键词 $t_i$ 的逆文档频率；$\text{tf}(t_i,D)$ 是关键词 $t_i$ 在文档 $D$ 中的词频；$|D|$是
文档 D 的长度；通常以单词数量为准；avgdl 是语料库全部文档的平均长度。而 $k_1$ 和 $b$ 是
两个重要的参数，默认情况下，$k_1 \in [1.2, 2.0]$，而 $b$ 取 0.75。为什么 BM25 算法要引入这
两个参数呢？

我们可以认为 $k_1$ 控制了词频饱和度（Term Frequency Saturation）。假设两篇差不多长度的文章讨论了足球，其中 A 篇比 B 篇使用了更多的"足球"字样。那么在这种情况下，是否 A 篇文章比 B 篇文章获得更高的分数呢？既然两篇文档都是大篇幅讨论足球的，那么"足球"这个词出现 50 次还是 80 次可能都是差不多的效果，也就是说关键词的出现次数达到了边际效应区域，已经处于"饱和"状态。假设这个时候，我们并不希望 A 篇比 B 篇获得更多的相关性得分，那么就可以使用 BM25，并将 $k_1$ 值设置得低一些，让词频更容易出现饱和的状态。

另一方面，$b$ 控制了字段长度归一化（Field-length Normalization），这个归一化将文档的长度归一化到全部文档的平均长度上。假设我们认为一篇文章过长，会影响相关性得分，那么就可以使用 BM25 中的归一化。使用归一化之后，过长的文章得分就会降低，而比较短小的文章得分就会升高。参数 $b$ 的取值范围为 0～1，1 意味着全部归一化， 0 则表示不进行归一化。

### 4．向量空间模型

无论是排序布尔模型、还是 OKAPI BM25，都属于打分的机制，下面介绍一个比它们更复杂一点的向量空间模型（Vector Space Model，VSM）。此模型的重点，就是将某个文档转换为一个向量。

如果了解了我们之前介绍的词袋（Bag of Word）模型和独热（One Hot）编码，理解向量空间模型就不难了。假设我们分析某篇文档，一共获得 50 个不同的词，然后采用独热编码来表示该文档，文档向量的维度就是 50。其中每个维度的值可以是其对应单词的 tf-idf 值，看上去就像这样：

[中国队 = 1.84，国奥队 = 6.30，足球 = 6.80，……]。

在系统实现的时候，不会直接用单词来代表维度，而是用单词的 ID，就像之前倒排索引中所提及的那样。如此一来，一个文档集合就会转换为一组向量，每个向量代表一篇文档。这种表示就是词袋模型，它忽略了单词在文章中出现的顺序，大大简化了很多模型中的计算复杂度，同时保证了相当大的准确性。同理，用户输入的查询也能转换为一组向量，只是和文档向量比较，查询向量会非常短。最后，相关性问题就转化为计算查询向量和文档向量之间的相似度了。在实际处理中，最常用的相似性度量方式是余弦距离。因为它正好是一个介于 0 和 1 之间的数，如果向量一致就是 1，如果正交就是 0，符合相似度百分比的特性，具体的计算公式如下：

$$\begin{aligned}
\text{CosineSim}(d,q) &= \frac{\sum_i (a_i \times b_i)}{\sqrt{\sum_i a_i^2 \times \sum_i b_i^2}} \\
&= \frac{(a_1 \times b_1 + a_2 \times b_2 + \cdots + a_n \times b_n)}{\sqrt{(a_1 \times a_1 + \cdots + a_n \times a_n) \times (b_1 \times b_1 + \cdots + b_n \times b_n)}}
\end{aligned} \tag{4-5}$$

其图形化解释如图 4-1 所示。

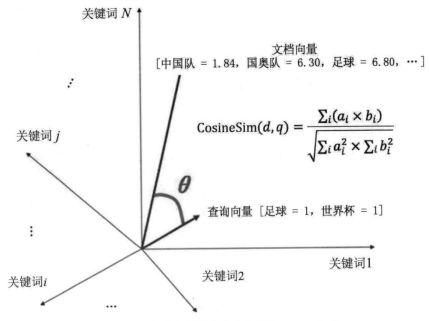

图 4-1　向量空间模型的夹角余弦 Cosine 计算

相对于标准的布尔数学模型，向量空间模型具有如下优点：

● 基于线性代数的简单模型，非常容易理解。

● 词组的权重可以不是二元的，例如采用 tf-idf 机制。

● 允许计算文档和索引之间的连续相似程度和基于此的排序，不限于布尔模型的"真""假"两种值。

● 允许关键词的部分匹配。

当然，向量空间模型也有很多不足。例如，对于很长的文档，相似度得分不会理想；没有考虑到单词所代表的语义，仅限于精准匹配；没有考虑词在文档中出现的顺序等。

### 5．基于概率的语言模型

近年来，另一个流行的检索模型是基于概率的语言模型（Language Model）。这种语言模型本身不是新兴的技术，它之前就已经在中文分词、机器翻译和语音识别等技术中得到了成功应用，我们在第 3 章里也对这个模型做了介绍，那么它是如何运用在信息检索领域的呢？

从基本思路来说，布尔模型、OKAPI BM25 和向量空间检索模型都是从查询的角度出发，观察查询和文档之间的匹配程度，并以此来决定如何找出相关的文档。然而，应用在信息检索里的语言模型是一种逆向思维，它为每个文档建立了不同的语言模型，用于判断由文档生成查询的概率是多少，并将这个概率作为最终排序的依据。

假定 $P(d|q)$ 表示给定查询 $q$ 之后、文档 $d$ 相关的概率。通过贝叶斯定理，我们可以将 $P(d|q)$ 重写如下：

$$P(d|q) = \frac{P(q|d) \times P(d)}{P(q)}$$

（4-6）

对于同一个查询，出现概率 $P(q)$ 都是相同的，同一个文档 $d$ 的出现概率 $P(d)$ 也是固定的。我们只需关注如何计算 $P(q|d)$。以 $t_1, t_2, \cdots, t_n$ 表示查询 $q$ 里包含的 $n$ 个关键词，那么根据链式法则就有

$$P(q|d) = P(t_1, t_2, \cdots, t_n|d) = P(t_1|d) \times P(t_2|t_1, d) \times \cdots \times P(t_n|t_1, t_2, \cdots, t_{n-1}, d)$$

（4-7）

考虑到稀疏性和实现的复杂度，我们同样可以利用马尔可夫假设将其简化为一元、二元或者三元语言模型。例如，一元语言模型如下：

$$P(q|d) = P(t_1|d) \times P(t_2|d) \times \cdots \times P(t_n|d)$$

（4-8）

二元语言模型如下：

$$P(q|d) = P(t_1|d) \times P(t_2|t_1, d) \times \cdots \times P(t_n|t_{n-1}, d)$$

（4-9）

考虑到概率乘积通常都非常小，在实际运用中还会通过一些数学手段进行转换，例如取 log，但是原理保持不变。

### 6. 相关性的评测

如果将信息检索系统作为问答型聊天机器人的核心，那么对于用户的输入，系统如何返回高度相关的答案便是关键。这里我们讲讲如何从相关性的角度出发，评估检索系统的质量。

从评估的整体流程细分，主要有两种方式。

- 离线评估：在系统没有上线之前，使用现有的标注数据集合来评估。其优势在于，上线之前的测试便于设计者发现问题。如果发现可以改进之处，技术调整后也可以再次评估，反复测试的效率非常高。其问题在于需要运营人员付出大量精力来标注数据。例如，指明对于某个查询，哪些文档是更为相关的，以此作为标准答案。

- 在线评估：通过已经在线部署的系统，大量记录用户行为，然后根据反馈数据直接做评估。在线方法的最大优势莫过于节省人力，如果在线流量足够，甚至可以同时评估多个技术方案，效率极高。现实环境中，AB 测试（AB Testing）

是在线评估最常见的实现形式。

我们先从离线评估开始介绍。检索质量最基本的 2 个评测指标是精度（Precision）和召回率（Recall）。假设一个数据集 $D$ 中，和一个信息需求 $i_k$ 相关的数据集合是 $m$，在用户输入需求后，某个检索系统返回了结果集合 $n$，而 $o$ 是集合 $m$ 和 $n$ 的交集，具体如图 4-2 所示。

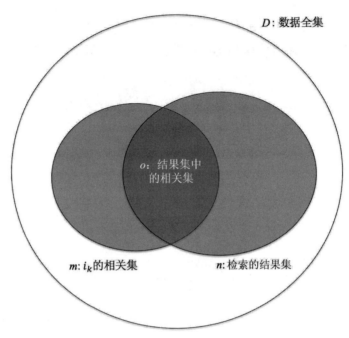

图 4-2    用于定义精度和召回率的三个集合

那么，精度 $p$ 的定义为

$$p = \frac{|o|}{|n|} \quad p \in [0,1] \tag{4-10}$$

召回率 $r$ 的定义为

$$r = \frac{|o|}{|m|} \quad r \in [0,1] \tag{4-11}$$

精度和召回率的概念简单，计算方便，因此广泛运用于信息检索的评估中。在此基础之上，人们又延伸和定义了其他几个常见的衡量指标，即 $F$ 值、前 $n$ 精度、$R$ 精度、平均精度均值、归一化折损累积增益、斯皮尔曼系数等。下面分别介绍。

## 7. F值（F-Measure）

F值又称调和平均，它提供了一种将精度和召回率综合的数值方法，可按照式（4-12）计算：

$$F(j,\beta) = \frac{(\beta^2 + 1) \times p_j \times r_j}{\beta^2 \times p_j + r_j} \qquad (4\text{-}12)$$

其中，$F(j,\beta)$ 是用户阅读到第 $j$ 个排位时的 F 值；$p_j$ 和 $r_j$ 分别是用户阅读到第 $j$ 个排位时的精度和召回率；$\beta$ 是控制两者相对权重的参数。当 $\beta$ 为 1 时，F 值就成为 F1 值。相对于将精度和召回率简单地加和，F1 值偏向于要求两者都要比较高。例如，无论是精度 0.1+召回率 0.9，还是精度 0.5+召回率 0.5，这两种情况下加和都是 1.0。但是用户不希望过低的精度，而是希望相对均衡，这时候 F1 值就能体现差异了，精度 0.1、召回率 0.9 的 F1 值是 0.18，而精度和召回率都是 0.5 的 F1 值却能达到 0.5。如果参数 $\beta$ 大于 1，更看重召回率，如果 $\beta$ 小于 1 且大于 0，更看重精度。

## 8. 前 n 精度（P@n）

该指标考察前 $n$ 个返回结果的精度。对于许多重要应用特别是搜索而言，通常用户在意的是在第 1 页排名前几的结果，这时需要评测排名靠前的若干结果。例如，最典型的 P@5 和 P@10 就是分别计算前 5 个和前 10 个返回结果的精度。该指标的优点是不需要统计全部相关数据集合的数目。但是，相关数据的总数仍然会对 P@n 产生很大的影响，甚至导致其不太稳定。

## 9. R 精度（R-precision）

这个指标的主要思想是在第 $R$ 个位置计算精度，它在一定程度上弥补了 P@n 的不稳定性，不过需要事先知道相关数据集 Rel，以及该集合的大小 $R$。其中 Rel 不一定是最完整的相关集合，可以先将不同系统在一系列实验中返回的前 $k$ 个结果组成缓冲池，然后基于缓冲池进行相关性判定，从而得到 Rel 集合的一个预估。

## 10. 平均精度均值（Mean Average Precision）

该指标对 P@n 和 R 精度进行扩充，可以在每个召回率水平上提供单指标结果。在众多评价指标中，MAP 被证明具有非常好的区别性和稳定性。对于单个信息需求 $j$ 而言，其 $\text{MAP}_j$ 计算如下：

$$\text{MAP}_j = \frac{1}{|R_j|} \sum_{k=1}^{|R_j|} p(R_{j,k}) \qquad (4\text{-}13)$$

其中，$R_j$ 是和信息需求 $j$ 相关的数据集；$|R_j|$ 表示该集合的大小；$R_{j,k}$ 表示该集合中第 $K$ 个相关数据；而 $p\left(R_{j,k}\right)$ 表示用户检阅到第 $K$ 个相关数据时的精度。如果有一组需求，那么整体的 MAP 计算为

$$\text{MAP} = \frac{1}{N}\sum_{j=1}^{N}\text{MAP}_j \qquad (4\text{-}14)$$

其中，$N$ 为信息需求集合的大小。

**11. 折损累积增益（Discounted Cumulated Gain）和归一化折损累积增益（Normalized Discounted Cumulated Gain）**

前面的指标都是用于对给定集合进行精度评测的，没有考虑到相关数据的具体排位。例如，在一个大小为 10 的集合中有 3 个相关，无论这 3 个对象排在 10 个的什么位置，精度都是 30%。但是从用户的角度，肯定是希望相关的 3 个排在最前面。基于这种假设，检阅到第 $k$ 个结果时，DCG 的计算如下：

$$\text{DCG}_k = \sum_{l=1}^{k}\frac{2^{r_{j,1}}-1}{\log_2\left(1+l\right)} \qquad (4\text{-}15)$$

其中，$r_{j,l}$ 表示第 $j$ 个信息需求和第 $l$ 个返回结果的相关性得分，相关为 1，不相关为 0。这里 $\dfrac{1}{\log_2\left(1+l\right)}$ 可以看作权重，排名越靠前的对象其值越小，权重越大，那么这个对象的相关性对 DCG 得分的影响越大。DCG 的问题在于，不同的检索系统给出的返回结果可能有多有少，导致相互之间的 DCG 值没有可比性。人们就引入了 NDCG 的概念，计算如下：

$$\text{NDCG}_k = \frac{\text{DCG}_k}{\text{IDCG}} \qquad (4\text{-}16)$$

分母 IDCG（Ideal DCG）表示最理想情况下的 DCG 分值，就是检索结果完全按照黄金标准排序后，最大的 DCG 得分。可以看出，不同排序系统的优化空间，也可以对它们的表现进行对比。

此外，从式（4-15）和式（4-16）可以看出，相关性不一定只有相关和不相关 2 个极端的打分，还可以取 0~1 的任意值，用于表示相关的程度。

下面看一下在线评估，这种方式可能是互联网时代最有价值的一种。在很多实际应用中，信息检索系统的设计者们希望能影响用户行为，并对业务产生积极的作用，他们对评测用户和系统之间的交互更为关注。因而真实用户在真实系统上执行真实的搜索任

务产生的转化率，将会提供更强有力的证据。

在线评估最大的挑战是如何排除非测试因素的干扰。为了便于理解，我们先看一个日常生活中的例子：股票市场。很多人都有炒股的经历，但是想要赚钱并非易事，影响股价的因素太多，包括国家政策、国际局势、行业变化、公司业绩等。结果就是，对股价进行精准预测非常难，尤其是短期内的波动。我们这里不会教大家如何炒股，而是告诉大家：在线测试面临着同样的问题。以搜索转化率为例，如图 4-3 所示。

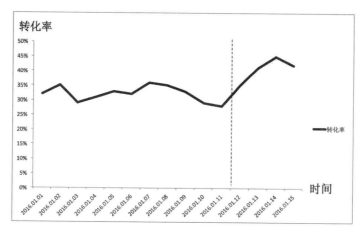

图 4-3  某搜索转化率趋势变化图

从图 4-3 中可以看出，从 2016 年 1 月 12 日开始，搜索转化率曲线的趋势发生了明显变化，而这天恰好上线了一个新版的相关性排序模型 A，那么转化率的上涨一定是新方案导致的吗？其实不然，也有可能是 1 月 12 日开始有个大型的市场活动，或者是有企业引入了很多优质顾客。如果将时光倒流，取消 12 日上线的方案 A，然后用虚线表示在这种情况下的转化率曲线，就可以得到图 4-4。

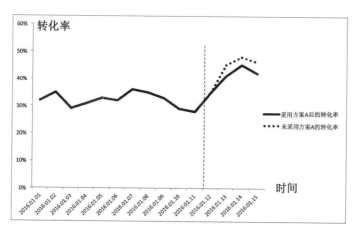

图 4-4  搜索转化率趋势对比图

从图 4-4 可以发现，不用方案 A，反而能获得更好的转化率。所以简单地使用在线测试的结果可能会导致错误的结论，我们需要一个更健壮的测试方法。这里必须要介绍一下 AB 在线测试。

AB 在线测试，简单来说，就是为同一个目标制定两个或多个方案，比如两种页面、两种流程、两个算法等。方案同时上线，让一部分用户使用 A 方案，另一部分用户使用 B 方案，记录用户的使用情况，看哪个方案更符合预期。其目的在于通过科学的实验设计、代表性的采样样本、分割的小流量测试等方式来获得具有统计意义的实验结论，并确信该结论在推广到全部流量时是可信的。图 4-5 展示了整个流程，在进行 AB 测试的时候，用户请求在服务器端做区分，一部分流量得到结果 A，另一部分得到结果 B。与此同时，相应的用户反馈数据也会被记录到日志里。

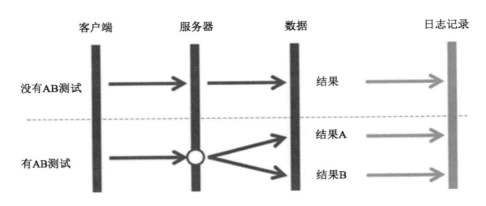

图 4-5    AB 测试流量切分示意

从图 4-5 中，我们很容易看出 AB 测试相对于普通在线测试的好处：

- 在流量足够的前提下，可以同时测试多个方案，大幅提升测试的效率。
- 可在很大程度上排除外来因素的干扰，提高结论的可靠程度。
- 可以控制受影响的流量规模，降低不良方案可能产生的负面影响。

非常重要的一点是，需要足够的数据支持，结果才能具有统计意义。首先，统计意义实际上指的是统计学中的 $P$ 值，即显著性判断。比如我们设立一个假设方案，A 方案的表现比方案 B 好，在这个假设检验中 $P = 0.05$，也就是说有 5% 的可能性广告语 B 其实比广告语 A 好，有 95% 的可能性 A 确实比 B 好。在现实应用中，为了让测试具有统计意义，至少要确保两件事情：

第一，需要有较大规模的受测对象。这是因为分流带有一定的随机性，如果受测人数太少，分到每一个版本的人数就更少，结果很有可能被一些偶然因素影响。而受测人数较多时，根据大数定理，得到的结果会更接近于真实数据。对于互联网而言就是足够多的流量，有较高的 UV（Unique Visitor）和 PV（Page View）。

第二，确保足够的测试时间和频率。虽然我们在设计测试方案的时候已经注意尽量保持公平，但是完全排除现实中的干扰因素是不可能的。幸好在线测试的强项就是规模，要实现这点并不困难。

## 4.2.3　其他扩展

现今，我们不仅仅是希望机器能返回一些与关键词相匹配的内容。对于聊天机器人，我们需要它更智能，哪怕只是基于信息检索的机器人。我们还可以利用一些其他技术，让搜索更加智能，相应的聊天机器人也会变得更智能。

下面我们说说如何对用户查询进行一些基本的分析，以让系统完成更精确的关键词匹配。主要的方向包括：

- 基于同义词、语义相关词的查询扩展。
- 拼写纠错。
- 相关查询提示。

在第 3 章，我们已经介绍了如何发现给定词的同义词和语义相关词，那么在进行信息检索的时候，我们只需要根据查询中原有的关键词，查找到它的同义词和语义相关词，并将这些词加入到查询中就可以了。所以本章的重点放在拼写纠错和相关搜索提示上。

### 1．拼写纠错

拼写纠错是信息检索系统中常用的功能之一，我们同样可以将这个功能用于问答系统。图 4-6 展示了谷歌搜索系统对于 mouse 这个单词错拼的相关提示。

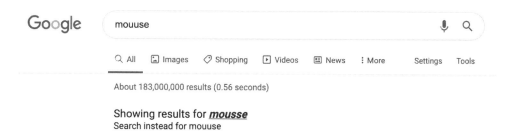

图 4-6　谷歌搜索引擎对错拼的提示

对于拉丁语系来说，最常见的拼写错误是单词中字母的错用或者缺失，而这种差异可以使用编辑距离（Edit Distance）衡量。这一概念是俄罗斯科学家莱文斯坦提出的，所以也将编辑距离称作莱文斯坦距离（Levenshtein distance），它是指由一个字符串转成另一个字符串所需的最少编辑操作次数。显然，编辑距离越小，说明这两个字符串越相似，可能其中一个是另一个的错拼。编辑操作有如下三种：

- 将一个字符替换成另一个字符。
- 插入一个字符。
- 删除一个字符。

比如，我们想把 mouuse 转换成 mouse，有很多方法可以实现。但是很显然，直接删除一个 u 是最简单的，所以两者的编辑距离就是 1。但是在现实场景中，问题常常不会这么简单。给定任意两个非常复杂的字符串，如何高效地计算出它们之间的编辑距离呢？

最简单的方法是排列。将一个字符替换成另一个字符的问题，可以想成将字符串 A 中的一个字符替换成 B 中的一个字符。假设 B 中有 $m$ 个不同的字符，那么替换的时候就有 $m$ 种可能性。对于插入一个字符，我们可以想成在 A 中插入来自 B 的一个字符，同样假设 B 中有 $m$ 个不同的字符，那么也有 $m$ 种可能性。至于删除一个字符，我们可以想成在 A 中删除任何一个字符，假设 A 有 $n$ 个不同的字符，那么有 $n$ 种可能性。等到实现的时候，会发现实际情况比想象复杂得多。首先，计算量非常大。我们假设字符串 A 的长度是 $n$，而字符串 B 中不同的字符数量是 $m$，那么 A 所有可能的排列大致在 $m^n$ 数量级，这会导致非常久的处理时间。对于实时性的纠错来说，服务器的响应时间太长，用户肯定无法接受。如果需要在字符串 A 中增加字符，那么加几个，加在哪里呢？删除字符也是如此。因此，可能的排列其实远不止 $m^n$ 个。看来，排列的方法并不可行。

我们并不需要排列的所有可能性，只关心最优解，也就是最短距离。那么，我们能不能每次都选择出一个到目前为止的最优解，并且只保留这种最优解？按这种思路，我们虽然还是使用迭代或者递归编程来实现，但效率上就可以提升很多。我们先来考虑最简单的情况。假设字符串 A 和 B 都是空字符串，那么编辑距离就是 0。如果 A 增加一个字符 $a_1$，B 保持不动，编辑距离就增加 1。同样，如果 B 增加一个字符 $b_1$，A 保持不动，编辑距离也增加 1。但是，如果 A 和 B 各有一个字符，那么问题就有点复杂了，我们可以细分为以下几种情况。

我们先来看插入字符的情况。A 字符串是 $a_1$ 的时候，B 空串，增加一个字符变为 $b_1$；或者 B 字符串是 $b_1$ 的时候，A 空串，增加一个字符变为 $a_1$。很明显，这种情况下，编辑距离都要增加 1。

我们再来看替换字符的情况。当 A 和 B 都是空串的时候，同时增加一个字符。如果要加入的字符 $a_1$ 和 $b_1$ 不相等，表示 A 和 B 之间转化的时候需要替换字符，那么编辑距离就是加 1；如果 $a_1$ 和 $b_1$ 相等，无须替换，那么编辑距离不变。

最后，我们取上述三种情况中编辑距离的最小值作为当前的编辑距离。注意，这里我们只需要保留这个最小的值，而舍弃其他更大的值。这是为什么呢？因为编辑距离随着字符串的增长，是单调递增的。所以，要求最小值，必须要保证对于每个子串，都取最小值。之后我们就可以使用迭代的方式，一步步推导下去，直到两个字符串结束比较。

以上情况中没有删除，这是因为删除就是插入的逆操作。如果我们从完整的字符串 A 或者 B 开始，而不是从空串开始，就是删除操作了。

从上述过程可以看出，我们确实可以把求编辑距离这个复杂的问题，划分为多个的子问题。更为重要的一点是，我们在每一个子问题中，都只需保留一个最优解。之后的问题求解，只依赖这个最优值。这种求编辑距离的方法就是动态规划，而这些子问题在动态规划中被称为不同的状态。这里我们画一张图，把各个状态之间的转移都标示清楚，就能一目了然了。还以 mouuse 和 mouse 为例。把 mouuse 的字符数组作为图表的行，每一行表示其中一个字母，而 mouse 的字符数组作为列，每一列表示其中一个字母，如图 4-7 所示。

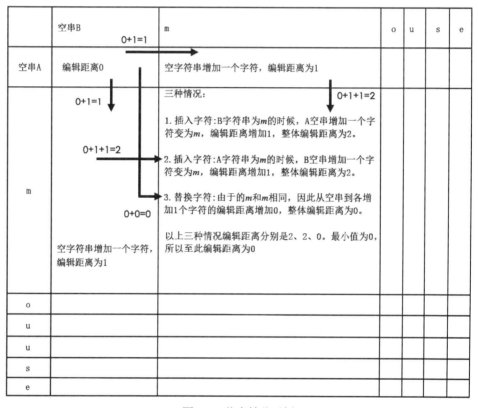

图 4-7　状态转移示例

图 4-7 中不同状态之间的转移，就是状态转移。其中黑色加粗部分表示字符串演变（状态转移）的方式以及相应的编辑距离计算。对于图 4-7 中空白部分，也进行了推导，最终的内容如图 4-8 所示。

| | 空B | m | o | u | s | e |
|---|---|---|---|---|---|---|
| 空A | 0 | 1 | 2 | 3 | 4 | 5 |
| m | 1 | min(2, 2, 0)=0 | min(3, 1, 2)=1 | min(4,2,3)=2 | min(5,3,4)=3 | min(6,4,5)=4 |
| o | 2 | min(1, 3, 2)=1 | min(2, 3, 0)=0 | min(3,1,2)=1 | min(4,2,3)=2 | min(5,3,4)=3 |
| u | 3 | min(2, 4, 3)=2 | min(1, 3, 2)=1 | min(2,2,0)=0 | min(3,1,2)=1 | min(4,2,3)=2 |
| u | 4 | min(3, 5, 4)=3 | min(2, 4, 3)=2 | min(1,3,1)=1 | min(2,2,1)=1 | min(3,2,2)=2 |
| s | 5 | min(4, 6, 5)=4 | min(3, 5, 4)=3 | min(2,4,3)=2 | min(2,3,1)=1 | min(3,2,2)=2 |
| e | 6 | min(5, 7, 6)=5 | min(4,6,5)=4 | min(3,5,4)=3 | min(2,4,3)=2 | min(3,3,1)=1 |

图 4-8　完整的状态转移

这里面求最小值的 min 函数里有 3 个参数，分别对应我们之前讲的三种情况的编辑距离，分别是替换、插入和删除字符。在图 4-8 的右下角我们可以得到，两个字符串最终的编辑距离为 1。

在理解了编辑距离之后，我们就不难进行基于这种距离的拼写纠错了。通常的做法是，找出用户输入的且并不存在于字典中的词作为候选词。这种候选词错拼的概率比较高，将某个候选词和字典中存在的词进行对比，找出与这个候选词编辑距离最小的几个词，作为可能的纠正。当然，让候选词与字典中的词条进行一一对比，计算开销仍然很大。好在很多算法或软件已经实现了比较高效的近似解法，我们在后面的 Elasticsearch 实战中会具体介绍。需要注意的是，对于汉字的拼写纠错，我们不能直接使用汉字字符串间的编辑距离，因为与拉丁语系不同，一个汉字不同可能会导致含义上的巨大差别。例如，"马卡龙"和"马应龙"是完全不同的两种产品。不过，我们仍然可以考虑在汉字的拼音上进行编辑距离的计算，因为大部分中文用户输入的时候会使用拼音，并在这个阶段产生错拼。

### 2. 相关查询

除找出可能的错拼之外，搜索引擎通常还会根据用户的原始查询，提示一些其他的相关查询，帮助用户扩展思路，这也适用于问答系统。图 4-9 展示了百度搜索系统对"鼠标"查询的扩展提示。

图 4-9　百度搜索引擎中相关查询的提示

这里的"相关"，其实并没有很严格的定义，只要用户觉得对自己有价值就可以了。例如图 4-9 中的例子，有的相关查询是关于鼠标价格的，有的是关于鼠标排名的。所以，在实际运用相关查询的时候，我们需要结合应用的场景来设计算法。常见的算法主要包括以下几种：

- 根据编辑距离这类相似度指标来推荐。这个思路和拼写纠错类似，也是关注字面的相似程度。不过，这里的编辑距离主要是以关键词为单位，例如，我们考虑 mouse price，mouse review，laptop mouse 等查询之间的相似度。不过这种算法并没有考虑用户的查询意图和行为，有比较大的局限性。

- 使用语义相关词来推荐。前面的章节介绍了如何使用 WordNet 和词嵌入的方式，查找语义相近的词。这一方法同样可以用于扩展相关查询。举个例子，我们为 pc mouse 找到近义词组 pc keyboard，那么查询 pc mouse price 就可以扩展到 pc keyboard price。

- 通过用户行为数据构造马尔可夫模型来推荐。这类方法充分利用了搜索记录等历史数据，可以很好地考虑到用户的意图。可以假设在同一个用户会话（Session）中，使用者输入的查询都是相关的，因为他们可能会反复修改关键词以找到最符合自己需求的内容。基于这个假设，我们就能对同一个会话中先后出现的查询，通过马尔可夫模型（包括最基本的马尔科夫链和更为复杂的隐马尔可夫模型）来建模。也就是说，将相关搜索的问题转化成时序问题。可是，这类算法的前提假设并不一定成立，最终效果可能会受到影响。

- 模仿词嵌入的方式分析时序问题。前述我们介绍过词嵌入的方法 Word2Vec，包括 Skip-Gram 和 CBOW。类似地，我们可以将用户先后输入的查询看成一句话，每个查询（注意不是单独的关键词）类比为 Word2Vec 中的一个单词。找到每个查询的嵌入向量，有了嵌入向量自然就能找到语义上相关的查询了。这种方法也需要使用用户的行为数据，不同之处在于它并不要求同一会话中的关键词是相关的，而是注重给定关键词的上下文。

## 4.2.4　基于信息检索的问答系统架构

接下来我们来说说基于这种理论，如何实现问答型聊天机器人的系统框架。信息检索中的倒排索引使快速查询成为可能，但需要额外的预处理工作，例如去除停用词、中文分词、建立并存储索引表等。考虑到所有特性，通常检索系统的框架被划分为两个重要步骤：离线处理和在线处理。

### 1．离线处理

该步骤在检索系统中也称索引，通常包括数据获取、文本处理、词典（特征空间）和倒排索引的构建、基本信息统计等。聊天机器人可以通过离线处理来准备给用户返回的答案。

数据获取的方式取决于聊天应用的类型。如果应用依赖外部的数据或者服务，例如天气预报小助手，我们就需要抓取互联网上的数据，或者是调用第三方提供的 Web 服务接口。如果应用只需要内部数据，例如电商平台的客服助手，那么就只访问内部的数据库即可。

常规的文本预处理我们在前文已经介绍了很多，这里不再赘述。这一步骤完成之后，就可以进行特征空间和倒排索引的构建了。前文介绍了将文集转换为关键词-文档的同时，可以构建该文集的词典（Vocabulary）。而在向量空间模型（VSM）中，更是将词典中每个单词作为向量的一个维度。实际上，我们大可不必限定每个维度必须为单词。例如在电子商务领域中，某商品的用户购买数据，就不代表某个单词，而是代表某个用户购买该商品的行为。其数值也不是 tf-idf 对词的权重评估，而是在一定周期内用户购买的次数。因此，可以将单词扩展为特征（Feature），字典扩展为特征空间（Feature Space）。然后，我们就能利用哈希表（Hash Table）的结构建造倒排索引。哈希的键值是特征 ID，其后的链表存储了相应的数据。举个例子，对于手机这一商品，用户购买特征的 ID 为 1000，对应的链表有 30 个用户节点，每个节点的 ID 是用户 ID，而数值是一年内该用户购买此款手机的次数。如果我们再进一步扩展，搜索检索的也不再限于文档，而是可以用特征表示的数据对象。例如某名顾客，可以用上网购物站点、次数、金额等来表示。如此一来，我们就可以大大地扩展聊天机器人的应用范围。

### 2．在线处理

在线处理，通常也称为在线查询。其实，在数据的离线处理后，也就是索引后，在线查询是相对简单而直观的。在线查询一般都会使用和离线模块一样的预处理，特征空间也是沿用离线处理的结果。当然，也可能会出现离线处理中未出现过的新特征，一般会被忽略或给予非常小的权重。在此基础上，系统会根据用户输入的查询条件，在索引库中快速检出数据对象，并进行相关度评价。例如，最简单的布尔模型只需要计算若干匹配条件的交集；向量空间的模型只需要计算查询向量和待查向量的余弦夹角；语言模型只需要计算匹配条件的贝叶斯概率。

综上所述，可以得到如图 4-10 所示的概览图。

通过这种框架，聊天机器人就可以根据用户的问题，快速地检索相关的答案。

### 3．分布式架构

从整个应用的角度来看，上述系统架构是比较完善的。可是，这一架构没有涉及系统性能的细节。对于大规模的数据系统，系统性能是必须要考虑的内容。下面我们以常见的分布式系统架构为模板，展示分布式检索系统中的设计。

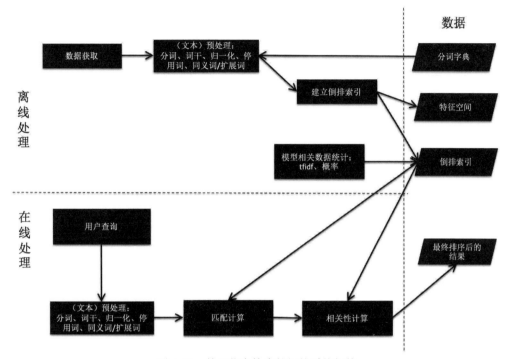

图 4-10　基于信息检索的问答系统架构

这种分布式系统有两个最基本的概念，即分片和副本。

分片（Shard）：当有大量的文档时，由于内存和硬盘处理能力的限制，单台机器可能无法快速地响应客户端的请求。在这种情况下，数据可以切分为较小的部分，称为分片。每个分片可以放在不同的服务器上，并在集群中传播。当需要查询的索引分布在多个不同分片上时，分布式系统会将查询分发给每个相关的分片，并将结果合并在一起。这些对上层应用方而言是透明的，它们并不知道底层发生了什么。

副本（Replica）：为了提高吞吐量或实现高可用性，可以使用副本。副本是数据集的精确复制，通常和分片结合使用。因此，每个分片都可以有多个副本，万一有机器出现故障，上面的若干分片无法提供服务时，集群会主动查找其他机器上该分片的副本。

在利用分片和副本概念搭建的分布式环境下，索引和查询的过程会有所变化。索引阶段增加了一个更新传播的过程。当发送一个新的文档给集群时，接收到的机器 A 就会知道该文档应该放入哪个分片，并且该分片分散在哪些其他机器上。这样更新的文档就可以分发到合适的机器上（也可能包括 A 本身），从而对分片进行更新。图 4-11 是该过程的示意图。

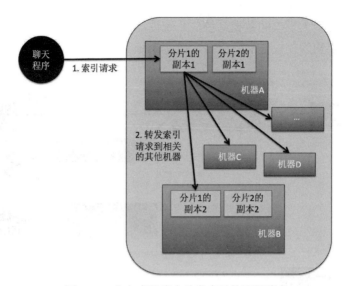

图 4-11　分布式环境中分发索引的更新请求

在查询阶段，增加了一个结果合并的过程。收到查询请求的机器 A，会将查询转发给保存了指定索引分片的所有其他机器，要求它们（也可能包括 A 本身）进行查询并返回相应的结果。收到所有返回后，机器 A 对它们进行合并，包括去重、排序等，然后将最终结果返回给客户。图 4-12 是该过程的示意图。

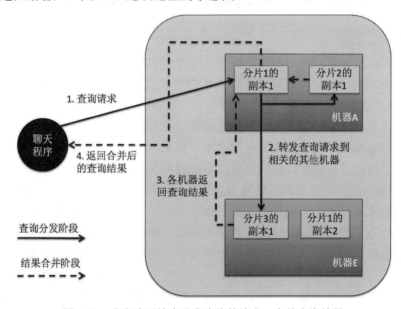

图 4-12　分布式环境中分发查询的请求，合并查询结果

可能有读者会说，分布式环境导致索引和查询都更复杂了。确实如此，不过好在很多开源的搜索引擎，比如 Elasticsearch 和 Solr，都可以轻松实现。对应用开发者而言，这

些都是不可见的，通常不用关心其中的细节。

# 4.3　基于 Elasticsearch 搜索引擎的问答系统

介绍完有关信息检索的理论知识，我们接下来要进入实战部分。从头打造一个信息检索系统是非常困难和耗时的，好在我们可以依靠一些开源的搜索引擎系统，例如 Elasticsearch 和 Solr 等。搜索引擎是目前信息检索领域中最成功、最广泛的应用之一，包含了信息检索中几乎全部的要素：预处理文本信息、构建倒排索引、匹配查询关键词、计算相关性等。其中，Elasticsearch 是一个基于 Lucene 的搜索服务器，采用 Java 开发，它的源码作为 Apache 许可条款下的开放源码发布，也是流行的企业搜索引擎之一。其设计目标是达到实时搜索，优点是稳定、可靠、快速、安装使用方便。目前最新版已经更新到 7.x。相对于 Lucene 而言，Elasticsearch 增加了更多 RESTFUL 风格的接口，用 JSON 格式传输数据，支持动态映射。它是一个分布式的、用租户模式的搜索引擎。下面我们会逐步深入 Elasticsearch 的概念、使用和扩展。介绍如何通过它来打造一个基于检索的问答聊天系统。

## 4.3.1　软件和数据的准备

在本节，我们先讲解原型系统的开放需要准备哪些软件和数据。软件包括 JVM、Python 和 Elasticsearch。这里假设机器上已经安装了 JVM 和 Python，下面重点介绍 Elasticsearch 的安装。

首先部署单机版的 Elasticsearch。可以在以下网址下载最新版本的 Elasticsearch 压缩包：

https://www.elastic.co/downloads/elasticsearch

在撰写此书时，我们下载的是 7.4.1 版。这里说明一下 Elasticsearch 的版本问题。2016 年 10 月，Elasticsearch 的 5.0 版正式发布。在此之前，其版本一直是 2.x。为什么会有如此大的版本跨度？ Elasticsearch 一直以来和 LogStash、Kibana 组成了 ELK Stack，为大型日志系统提供一站式的解决方案。前几年，Elasticsearch 的开发者们正在努力整合 ELK 以及 Beats，需要统一版本号。到了 2016 年，Kibana 的版本已经达到了 4.x，于是最终所有子项目的版本号都直接上升到了 5.0。

将下载后的安装包解压到/<Home_Directory>/Coding 目录中，设置系统的环境变量：

```
export ES_HOME=/<Home_Directory>/Coding/elasticsearch-7.4.1
export PATH=$PATH:$ES_HOME/bin
```

　　注意，这里的路径都是根据笔者的用户目录设置的，可以根据自身情况进行修改。环境变量生效后，Elasticsearch 的服务启动也是非常简单的。

```
[shenhuang@iMac2015:/<Home_Directory>/Coding/]elasticsearch
[2019-10-26T09:58:46,158][INFO ][o.e.e.NodeEnvironment] [iMac2015] using [1] data paths,
mounts [[/ (/dev/disk1s1)]], net usable_space [102.5gb], net total_space [465.5gb], types [apfs]
[2019-10-26T09:58:46,159][INFO ][o.e.e.NodeEnvironment] [iMac2015] heap size [989.8mb],
compressed ordinary object pointers [true]
......
```

　　以上系统提示表明 Elasticsearch 服务已经启动成功，运行在默认端口 9200 上，访问 http://localhost:9200 链接将得到如图 4-13 的所示截屏。

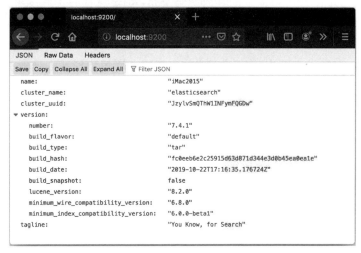

图 4-13　Elasticsearch 启动后的基本信息

　　从图 4-13 中可以看到版本信息，包括集群名称、ID、版本等。由于 Elasticsearch 都是使用 JSON 作为输出和输入格式，可以在浏览器中安装浏览 JSON 的插件，便于对结果进行分析。

　　软件安装完毕之后，我们来看数据。这里使用清华大学自然语言处理实验室推出的中文数据集 THUCNews，此数据集是根据新浪新闻 RSS 订阅频道在 2005—2011 年的历史数据筛选过滤生成，包含 83 万多篇新闻文档，均为 UTF-8 纯文本格式。清华大学自然语言处理实验室在新浪新闻分类体系的基础上，重新整合划分出 14 个候选分类类别：财经、彩票、房产、股票、家居、教育、科技、社会、时尚、时政、体育、星座、游戏、娱乐。可以通过如下链接获取该数据：

　　http://thuctc.thunlp.org/#中文文本分类数据集 THUCNews。

　　解压之后会看到如图 4-14 所示的目录结构。

图 4-14　THUCNews 数据集概览

打开每篇扩展名为.txt 的文档，会看到第一行是新闻标题，而剩下的就是新闻正文。

## 4.3.2　Elasticsearch 的基本概念和使用

Elasticsearch 中最主要的概念包括索引（Index）、文档（Document）、类型（Type）、字段（Field）、映射（Mapping）、分片（Shard）和副本（Replica）。

- 索引：这是理论中倒排索引的主要实现，离线阶段的索引操作就是修改索引中的数据，包括增加、修改和删除。

- 文档：这里的文档泛指信息检索系统的基本数据单位，类似于数据库中的记录（Record）。其实，这里的数据可以表示文档，也可以表示任何其他类型的记录。例如一篇文档表示一件商品还是一位用户，取决于具体的应用场景。统称为 "文档" 是因为信息检索系统最初主要针对的是文档类型的数据。

- 类型：在 Elasticsearch 6.0 之前，可以在同一索引中放入多个类型。可是 Elasticsearch 的底层仍然使用 Lucene 来管理不同的类型，这导致了不少让人容易混淆的地方，容易产生错误。因此，从版本 6.0 开始，同一索引中只能放置一个类型，而默认的类型名称是_doc。今后 Elasticsearch 可能会完全取消类型这个概念。

- 字段：和数据库 Schema 中的数据字段类似，每个字段表示文档的一个属性，可以有不同的类型，例如文本型、数字型、布尔型、对象型等。而一篇文档通常包含多个字段。Elasticsearch 默认使用 JSON 格式来表达文档和字段的关系，这也意味着某个属性可以内嵌一个更为复杂的 JSON 结构。

- 映射：和数据库 Schema 类似，不过 Elasticsearch 支持更为灵活的动态映射（Dynamic Mapping）。所谓动态映射，是指使用者无须预先指定有哪些字段以及每个字段的类型，而是让 Elasticsearch 根据使用者提供的数据，根据一定的规则自动确定字段及其类型。动态映射的优点在于减轻了初学者的负担，提升了开发的效率；缺点在于系统的自动判断可能存在误差，导致一些我们意想不到的效果。

● 分片和副本：Elasticsearch 中分片和副本的概念，同分布式系统中的分片和副本的概念类似。

根据上述概念，我们来设计一个基于新闻数据的搜索系统。每个 Elasticsearch 的文档包括两个字段，第一个是新闻标题 title，第二个是正文 body，第三个是分类 category，下面就可以进行索引了。在 Elasticsearch 中索引文档也是直观和简单的。如果需要在索引 temp_index 的类型 temp_type 中，创建一篇系统 id（_id）为 1 的文档，可以使用 curl 命令进行如下操作。

```
[shenhuang@iMac2015:/<Home_Directory>/Coding/elasticsearch-7.4.1]curl -XPUT
'localhost:9200/temp_index/temp_type/1?pretty' -H 'Content-Type: application/json' -d '{"id":
"-1", "title":"测试标题", "body":"测试内容", "category":"测试分类"}'
{
  "_index": "temp_index",
  "_type": "temp_type",
  "_id": "1",
  "_version": 1,
  "result": "created",
  "_shards": {
    "total": 2,
    "successful": 1,
    "failed": 0
  },
  "_seq_no": 0,
  "_primary_term": 1
}
```

该命令直接访问了 localhost:9200/temp_index/temp_type/1 的端点，指定了索引名、类型名和系统 id。而参数 pretty 格式化了系统执行后返回的结果，-d 后的内容就是索引的文档内容，以 JSON 格式传送。从返回结果看出，Elasticsearch 已经成功地创建了该文档。可以发现，我们并没有像传统数据库 schema 那样预先定义字段的类型，也就是说这里使用了 Elasticsearch 的动态映射。我们可以访问以下链接查看目前的映射：

http://localhost:9200/temp_index/。

查看的结果如图 4-15 所示，从图中可看出，body、category、id 和 title 字段的类型都是 text。而整个索引有 1 份分片（number_of_shards）和 1 个副本（number_of_replicas）。

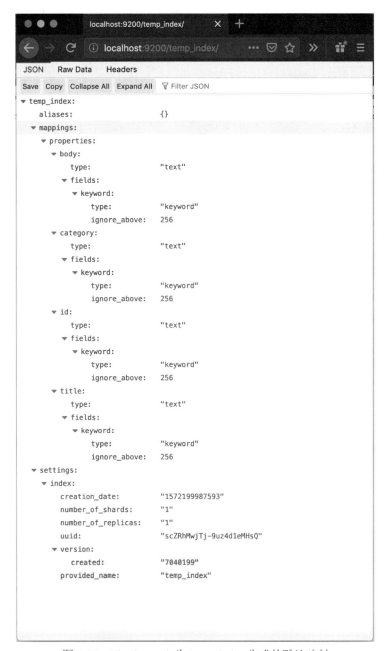

图 4-15　Elasticsearch 为 temp_index 生成的默认映射

还可以通过下述链接访问刚刚索引的文档：

http://localhost:9200/temp_index/temp_type/1。

结果如图 4-16 所示，前述 curl 命令传送的 JSON 内容已经被索引为一篇 Elasticsearch 的文档。

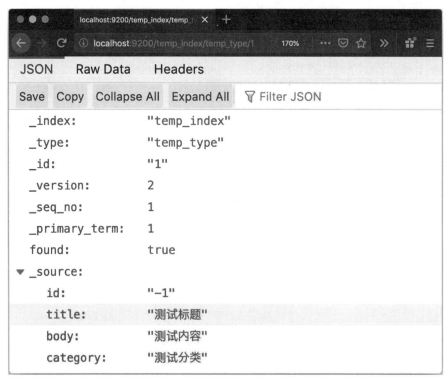

图 4-16  在 Elasticsearch 中索引的一篇文档

通过下述命令，我们再次索引两篇文档。

```
[shenhuang@iMac2015:/<Home_Directory>/Coding/elasticsearch-7.4.1]curl -XPUT
'localhost:9200/temp_index/temp_type/2?pretty' -H 'Content-Type: application/json' -d '{"id":
"-2", "title":"测试标题", "body":"测试内容", "category":"测试分类"}'
{
  "_index": "temp_index",
  "_type": "temp_type",
  "_id": "2",
  "_version": 1,
  "result": "created",
  "_shards": {
    "total": 2,
    "successful": 1,
    "failed": 0
  },
  "_seq_no": 1,
  "_primary_term": 1
}
```

```
[shenhuang@iMac2015:/<Home_Directory>/Coding/elasticsearch-7.4.1]curl -XPUT
'localhost:9200/temp_index/temp_type/3?pretty' -H 'Content-Type: application/json' -d '{"id":
"-3", "title":"测试标题", "body":"测试内容", "category":"测试分类"}'
{
  "_index": "temp_index",
  "_type": "temp_type",
  "_id": "3",
  "_version": 1,
  "result": "created",
  "_shards": {
    "total": 2,
    "successful": 1,
    "failed": 0
  },
  "_seq_no": 2,
  "_primary_term": 1
}
```

Elasticsearch 的查询也很简单，访问相应的索引和类型的_search 端口。例如，查询
temp_index 中全部的文档：

http://localhost:9200/temp_index/_search。

然后查询 temp_index 中 temp_type 的全部文档：

http://localhost:9200/temp_index/temp_type/_search。

由于目前 temp_index 中只有一个类型 temp_type，两者的搜索结果一致。如果需要
指定关键词，可以使用 q 参数，默认搜索全部字段：

http://localhost:9200/temp_index/temp_type/_search?q=测试。

接下来，我们会将 THUCNews 中的 83 万多篇文档全部进行索引。我们需要使用
Elasticsearch 的批量处理接口。什么是 Elasticsearch 的批量处理接口？为什么需要它？在
之前的 3 个索引示例中每次只索引一篇文档。处理大规模的数据时，将使应用程序必须
等待 Elasticsearch 的答复才能继续，导致性能上的损失，而我们需要更快的索引速度。
为此，Elasticsearch 提供了批量的 bulk API，可以每次索引多篇文档，操作完成后，将获
得对全部索引请求结果的答复。为了实现这一目标，需要发送 HTTP POST 请求到_bulk
端点，访问一定格式的数据。图 4-17 展示了该格式的样例，它有如下要求：

● 每个索引请求由两个 JSON 对象组成，由换行符分隔开来。第一个对象是索引
（index）操作和元数据（_index 和_type 分别表示每篇文档索引到哪个索引和
哪个类型，这里的_type 使用 Elasticsearch 7.0 默认的_doc），第二个是文档的
具体内容。这里的 index 也可以替换为 update 或 delete，进行更新和删除操作。

● 每行只有一个 JSON 文档。这意味着每行需要使用换行符（\n 或者 ASCII 码 10）结尾，包括整个 bulk 请求的最后一行。

```
{ "index" : { "_index" : "news_index", "_type" : "_doc" } }
{"title": "破2900股指大反抽 3000仍将面临争夺", "body": "南京证券研究所 温丽君     盘中特征:
       周三, 在金融、地产股的带领之下, 股指上演V型大反转, 沪指重新站上3000点之上。最终, 上海综合指数收盘于
3003.83点, 上涨69.12点, 涨幅2.36%, 成交1222.62亿元; 深圳成份指数收盘12262.57点, 上涨349.64点
, 涨幅2.93%, 成交814.40亿元。随着权重股的止跌反弹, 个股也逐渐开始活跃, 两市涨多跌少, 成交量同比有所
回升。     盘面观察:     受外盘持续反弹影响, 早盘股指小幅高开, 并一度冲高至5日均线, 不过在地产股继续下
挫的拖累之下, 股指再次遇阻回落, 早盘再度无量空跌, 一度引发市场恐慌, 股指一度跌破2900点整数关口, 不过
, 再度重挫之下市场底背离严重, 引发股指技术性反抽, 股指大幅反弹并重新站上3000点。从板块上看, 受大宗商
品价格接连走高刺激, 调整已久的煤炭、有色板块大幅走强, 位于涨幅榜前列, 煤炭股整体涨幅达到了6.63%, 有色
板块涨幅也高达3.81%。另外, 利差水平正走出底部的金融板块走势也相对较强, 中国平安的强势走势起到了振臂一
呼的作用, 示范其他权重蓝筹股也止跌反弹。除此之外, 前期走势相对较强的防御型板块农林牧渔以及医药生物则表
现较弱, 成为两市唯一的两个翻绿板块, 显示市场目前短线思维仍占据主导。     后市展望:     整体来看, 周三股
指在跌破2900点之后多方开始打响保卫战, 股指在权重蓝筹股引领之下大幅反弹, 并重新站上3000点之上, 这一方
面是外围股市持续反弹的示范性作用, 另一方面更是股指的内在技术性需求。从量能上看, 两市量能有所放大, 沪市
成交金额在1200亿元之上, 表明2890的底部已获资金认同, 短线股指或仍有进一步反弹的动能。不过需要指出的是
, 尽管目前政策面相对平和, 但仍呈现出调整之势, 短时间内很难呈现V型反弹之势, 在3000点一线仍将面临
争夺。而至于股指后续进一步的反弹空间, 基本面仍需关注两个方面, 一方面在于美元的持续走弱, 另一方面则在于
国内政策面的进一步变动。而从技术性指标上看, 量能则是关键, 建议密切关注权重蓝筹股走势以及量能变化情况。
目前形势仍然不明, 主动防御策略短线仍然适用, 对获利丰厚的个股仍宜逢高兑现。", "category": "股票"}
{ "index" : { "_index" : "news_index", "_type" : "_doc" } }
{"title": "美股周二收高 道琼斯指数上涨1.83%", "body": "中新网11月19日电 美国股市周二尾盘反弹
, 终场收高, 惠普公布的初步业绩和财测强于预期, 抵消了对花旗集团和其他银行亏损增加的忧虑。",
"category": "股票"}
{ "index" : { "_index" : "news_index", "_type" : "_doc" } }
{"title": "多元化融资 首创置业启动新战略", "body": "杨丽萍     随着国家调控住宅价格脚步的加快, 地
产行业的竞争加剧, 以往单一住宅产品模式受到了前所未有的挑战。     " '全价值'、'全生活'将作为首创置业的新
品牌助力可持续收益模式。"6月30日, 首创置业(2868.HK)总裁唐军在西安透露, "全价值"就是要引领中国地产
新的趋势, "全生活"就是将客户与房象作为行动的两大看服点。     多元化融资模式仍然是首创置业新品牌战略的核
心内容。     5月26日, 首创置业股份有限公司宣布与中铁信托及公司全资附属公司首创置业订立应收
账款债权转让协议: 公司向中铁信托转让应收账款2亿元, 转让期限为18个月。这是首创置业首次尝试此种融资模式
。根据协议, 该笔应收账款债权转让期限为18个月, 首创置业成都公司须按照10.5%的年利率, 于季末支付应付利息
。"和银行融资相比成本较高, 但公司觉得这样的成本比较合适, 形式更加灵活。"首创置业有关负责人分析。首创置
业董事长刘晓光此前接受本报记者专访还透露, 目前, 首创置业的银行授信有近200亿元, 与GIC等诸多国际资本的
合作还将继续。 在商业地产领域, 首创置业希望通过与国际商业巨头的合作, 提升项目品质和价值, 在项目运行
步入成熟期后, 再通过REITs打包上市, "国际投资者非常看好这种地产与产业的合作模式"。首创置业现在的存货约
为7万平方米。     首创置业副总裁张馥香在谈到公司新品牌战略时, 还特别强调了一种全产业链营运模式。"首创置
业提出的'全价值'包括持续推动中国地产业发展国际化, 创造国际化垂范价值; 首创置业持续助力主流区域城市化,
创造推动城市化发展价值; 持续探索'全产业链'营运, 创造可持续发展与稳健收益价值; 持续实践多元社会责任,
创造企业社会公益表率价值。"张馥香透露, 从今年起, 首创置业会更进一步加大其销售房屋以外的收入模式。
首先, 首创置业与日本零售巨头伊藤洋华堂高端战盟保持了默契的合作, 双方在北京、成都已成功合作了多家伊藤洋
华堂门店, 建立了同在城市新的零售福码点。     此外, 继广东佛山、浙江湖州项目合作, 今年首创置业在北京房
山区继续与奥特莱斯集团合作, 共同投资建设的世界名牌折扣店。刘晓光曾对本报记者透露, 未来3年内, 首创置业
将在东北、华北、华中、华东和华南五个主要区域重点城市打造5家奥特莱斯旗舰中心, "五个店未来投资将近300多
亿, 最大的店将投资100多亿。"未来5至10年, 此种类型店面数量将增至30家。     记者得到的最新消息, 日前,
首创置业又与河北建设集团有限公司联手投资70亿元开发一位于河北香河的养老地产项目。", "category":
"股票"}
```

图 4-17   _bulk 端点所处理的数据格式

我们可以通过 Python 代码获得此格式的内容。考虑到 THUCNews 数据集的数据量比较大，在编写代码之前，需要先优化 Elasticsearch 配置和输出文件大小：

● 增加 Elasticsearch 所使用的 JVM 堆大小。可以在.../ elasticsearch-7.4.1/config/jvm.options 中修改，打开该文件，将默认的 1g 修改为 4g。

```
-Xms4g
-Xmx4g
```

- 增加 HTTP 请求传送的内容大小。通过 HTTP 请求向 _bulk 端点传送数据时，其大小可能会超过默认的限制。可以在 …/elasticsearch-7.4.1/config/elasticsearch.yml 中修改，将默认设置增加到 500MB，添加或修改如下：

```
http.max_content_length: "500mb"
```

- 生成若干较小的数据文件。尽管完成了上述两个修改，我们仍然不希望每个 HTTP 请求处理过多的数据，因为那样会影响系统的性能。为此，我们将 83 万多条新闻切分到 9 个文件，前 8 个文件每一个包含 10 万条记录，最后一个文件包含剩下的 3 万多条记录。代码如下：

```python
# 获取 THUCNews 数据集目录下的所有分类的子目录
from os import listdir
from os.path import isfile, isdir, join
from pathlib import Path

data_path = str(Path.home()) + '/Coding/data/chn_datasets/THUCNews'
categories = [f for f in listdir(data_path) if isdir(join(data_path, f))]


# 获取每个新闻稿，并写入多个小文件
import json
from os import makedirs
output_path = str(Path.home()) + '/Coding/data/chn_datasets/THUCNews/news_for_es/'
makedirs(output_path, exist_ok = True)

i = 0
batch_size = 100000     # 每个文件包含的记录数量
output = open(join(output_path, '%s-%s.txt' % (i + 1, i + batch_size)), 'w')
for category in categories:
    # 列出当前新闻分类下的所有文档
    for doc in listdir(join(data_path, category)):

        # 读取每篇新闻的内容
        doc_file = open(join(data_path, category, doc))

        # 构造每篇 Elasticsearch 文档的 JSON 结构，便于格式化输出
        news_doc = {}
        news_doc['title'] = doc_file.readline().replace('\n', '').strip()     # 第一行作为新闻标题
        news_doc['body'] = doc_file.read().replace('\n', '').strip()          # 剩下的作为新闻正稿
        news_doc['category'] = category
```

```
output.write('{ "index" : { "_index" : "news_index", "_type" : "_doc" } }\n')
output.write('{0}\n'.format(json.dumps(news_doc, ensure_ascii = False))) # 这里设置
# 参数 ensure_ascii 为 False，是为了输出中文
doc_file.close()


i += 1
if i % batch_size == 0:

    # 每当达到 batch_size 的数量，关闭当前输出文件
    output.close()
    print (i, ' finished')

    # 生成下一个新的输出文件
    output = open(join(output_path, '%s-%s.txt' % (i + 1, i + batch_size)), 'w')


# 关闭最后一个输出文件
output.close()
```

运行上述代码，我们就可以获得包括 1-100000.txt、100001-200000.txt 等在内的 9 个
文件。对于每个文件，我们可以使用如下的命令，将其内容发送到 _bulk 端点进行索引。

```
[shenhuang@iMac2015:/<Home_Directory>/Coding/elasticsearch-7.4.1]
curl -s -XPOST "localhost:9200/_bulk" -H "Content-Type: application/json" --data-binary
"@/<Home_Directory>/Coding/data/chn_datasets/THUCNews/news_for_es/1-100000.txt" -o
"/<Home_Directory>/Coding/data/chn_datasets/THUCNews/news_for_es/curl_output_1-
100000.txt"
```

上述命令将 curl 操作所返回的结果保存到名为 curl_output_1-100000.txt 的文件。其
内容是一个 JSON 对象，包含了索引花费的时间，以及针对每个操作的回复。还有一个
名为 errors 的字段，表示是否有任何一个操作失败了。此处使用了自动的 _id 生成，操作
index 会被转变为 create。如果一篇文档由于某种原因无法索引，并不意味着整个 bulk 批
量操作失败了，因为同一个 bulk 中的各项是彼此独立的。在实际应用中，可以使用回复
的 JSON 来确定哪些操作成功了而哪些操作失败了。可以使用下面这段 Python 代码将全
部 9 个文件发送给 Elasticsearch 进行索引。

```
from os import system

# 可选项：删除之前的索引
system('curl -X DELETE http://localhost:9200/news_index/')
```

```
batch_size = 100000
for i in range(0, 9):
    system('curl -s -XPOST "localhost:9200/_bulk" -H "Content-Type: application/json" --data-
binary "@/<Home_Directory>/Coding/data/chn_datasets/THUCNews/news_for_es/%d-%d.txt"
-o "/<Home_Directory>/Coding/data/chn_datasets/THUCNews/news_for_es/curl_output_ %d-
%d. txt"' % (i * batch_size + 1, (i + 1) * batch_size, i * batch_size + 1, (i + 1) * batch_size))
```

接下来我们试试如何使用 Elasticsearch 的查询回答用户的问题。假设问题是"中国国奥队在哪里备战？"，Elasticsearch 对应的请求链接是

http://localhost:9200/news_index/_doc/_search?q=中国国奥队在哪里备战。

可以发现返回的结果并不理想，在笔者的计算机上，返回的第一篇文章题为"王建硕：中国的硅谷在哪里"，而第三篇题为"法国小将一战奠定国家队地位，他比纳斯里本泽马强在哪"，这两篇文章和前面所提的问题都不相关。问题出在哪里呢？在 Elasticsearch 中，使用者可以通过 _explain 的接口查看某篇文档。查询之间的相关度是如何计算的。首先，找到查询"中国国奥队在哪里备战"的返回结果中，第一篇文档的 ID，具体如图 4-18 所示。

```
▾ hits:
    ▾ total:
        value:          10000
        relation:       "gte"
      max_score:        23.384197
    ▾ hits:
        ▾ 0:
            _index:     "news_index"
            _type:      "_doc"
            _id:        "oY_–MW4BCVRtuS0cfe00"
            _score:     23.384197
            ▾ _source:
                title:  "王建硕：中国的硅谷在哪里"
                ▾ body: "作者：王建硕    【《中国企业家》杂志】我不同意脱离历史去比较
                        中国和美国在这个时间点的差距。任何事情，都要看历史。中国一定
                        会有自己的硅谷，但需要时间    中国的硅谷在哪里？    以上这个
                        标题是个很多人都在问的问题，甚至更退一步问道：中国到底有没
                        有，或者将来会不会有硅谷那样创业公司集中、并形成巨大产业力的
                        地方。要回答这个问题，我们先从人才的角度来看美国硅谷的产生。"
```

图 4-18　单个 Elasticsearch 文档的 ID

有了这个 ID，我们就可以通过下面这个链接来理解，为什么计算机认为这篇文档和

查询"中国国奥队在哪里备战"非常相关：

http://localhost:9200/news_index/_explain/oY_-MW4BCVRtuS0cfe0O?q=中国国奥队
在哪里备战。

结果如图4-19所示，从中可以看出，系统实际上匹配的是单个汉字，例如"哪""里"
"中""国"等。这说明在默认情况下 Elasticsearch 并没有进行合理的中文分词。

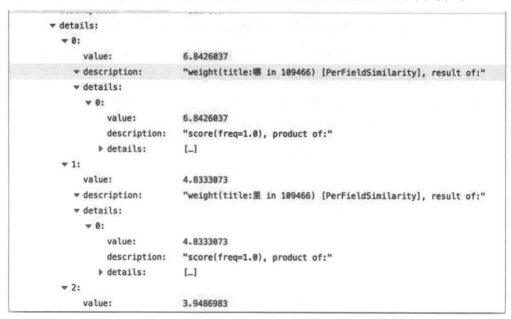

图 4-19　默认的 Elasticsearch 匹配的是单个汉字

4.3.3 节我们将详细介绍如何使用自然语言处理技术以解决上述问题。

## 4.3.3　在 Elasticsearch 中处理自然语言

从前面的例子可以看出，最基本的 Elasticsearch 匹配无法满足相关性的需求，这里
我们重点讨论如何通过中文分词、同义词、语义相关词和拼写纠错的处理，改善
Elasticsearch 的查询效果。

### 1. 中文分词的处理

Elasticsearch 沿用了 Lucene 中分析器（Analyzer）的概念。如果一个字段的属性设置
了某种分析器，那么其值在被索引之前，都会经过这个分析器的处理。分析器负责从文
本中提取单词，增加同义/扩展词，过滤掉停用词及其他无用信息。还有一些基于特定语
言的操作也会在此完成。例如英文的词干抽取、归一化、中文的分词等。Elasticsearch 对
拉丁语系支持较好，自带不少分析器且默认功能较为齐全，但它对中文分词支持较弱。
幸运的是，Elasticsearch 有良好的开放性，可以通过插件的形式，集成 IKAnalyzer、ANSJ

等开源中文分词包。需要说明的是，分析器不仅能在离线部分使用，在线搜索时，查询的分析也需要它。通常，我们需要保持离线索引和在线查询的分析器相一致，以免出现无法匹配的尴尬。下面让我们先从离线索引的中文分词开始。第一步，下载 Elasticsearch 的 IKAnalyzer 插件源码并进行编译。原始的 git 项目位于 https://github.com/medcl/elasticsearch-analysis-ik。

　　在这个页面上，可以看到该插件的多种安装方式，安装后重启 Elasticsearch 服务，这时查询阶段的 IK 分词器准备就绪。为了设置查询时的分析器，我们要调整一下查询的方式。这里，使用 Postman 应用，发送 HTTP POST 请求。可以通过如下链接下载并安装 Postman：

https://www.getpostman.com/downloads/。

　　安装完毕后，我们通过 Postman 向 Elasticsearch 发送 POST 请求，进行 multi_match 查询，如图 4-20 所示。

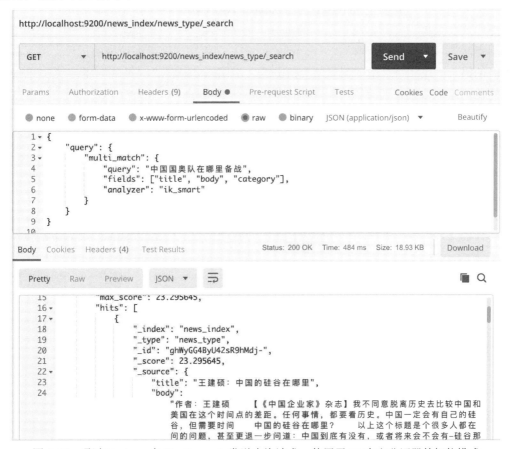

图 4-20　通过 Postman 向 Elasticsearch 发送查询请求，使用了 IK 中文分词器的智能模式

图 4-19 中所使用的 Get 请求，其 Body 内容如下：

```
{
    "query": {
        "multi_match": {
            "query": "中国国奥队在哪里备战",
            "fields": ["title", "body", "category"]
        }
    }
}
```

其中 multi_match 表示我们在多个字段上进行查询，包括 title、body 和 category。效果和下面链接的效果相仿。

http://localhost:9200/news_index/news_type/_search?q=中国国奥队在哪里备战。

不同在于，我们设置 analyzer 为 ik_smart，表示使用了 IK 中文分词器的智能模式。智能模式会根据语义，做最粗粒度的划分，比如会将"中国国奥队"拆分为"中国"和"国奥队"。而另一种全词模式（ik_max_word）会将文本做最细粒度的拆分，穷尽各种可能的组合，比如将"中国国奥队"拆分为"中国""国奥""国奥队""队"等。智能模式的切词意味着搜索拥有较高的准确率和较低的覆盖率，而全词模式则相反。

即便如此，从图 4-19 中可以看出，查询结果仍然没有改善。这是由于目前索引阶段的分词还没有被更正。所以我们需要修改索引阶段的分析器并重建索引。为此，首先删除原有的 news_index 索引。

```
curl -XDELETE http://localhost:9200/news_index/
```

在重建索引之前，我们需要手工设置 mapping，而不能再使用系统提供的默认值。使用同样的 Elasticsearch 的 IKAnalyzer 插件和智能模式，使用 Postman 向如下端点发送 PUT 请求：

http://localhost:9200/news_index。

具体内容如下。

```
{
    "settings": {
        "analysis": {
            "analyzer": {
                "ik": {
                    "tokenizer": "ik_smart"
                }
            }
        }
    }
}
```

```
            },
        "mappings": {
            "properties": {
                "title": {
                    "type": "text",
                    "analyzer": "ik",
                "search_analyzer": "ik"
                },
                "body": {
                    "type": "text",
                    "analyzer": "ik",
                "search_analyzer": "ik"
                },
                "category": {
                    "type": "text",
                "analyzer": "ik",
                    "search_analyzer": "ik"
                }
            }
        }
    }
}
```

再次使用下面的代码重建索引。

```
from os import system

batch_size = 100000
for i in range(0, 9):
    system('curl -s -XPOST "localhost:9200/_bulk" -H "Content-Type: application/json" --data-
binary "@/<Home_Directory>/Coding/data/chn_datasets/THUCNews/news_for_es/%d-%d.txt"
-o "/<Home_Directory>/Coding/data/chn_datasets/THUCNews/news_for_es/curl_output_%d-
%d.txt"' % (i * batch_size + 1, (i + 1) * batch_size, i * batch_size + 1, (i + 1) * batch_size))
```

注意，在这段代码里不能事先删除 news_index，这样会破坏已经设置好的 mapping。
索引完毕之后，我们再次尝试图 4-19 的查询，会发现前若干个结果的相关性大幅提升，
基本都是在谈论中国国奥足球队的情况。

### 2. 同义词的处理

除了中文分词，Elasticsearch 同样支持其他常见的自然语言处理操作，比如同义词和近义词。这里我们使用 Elasticsearch 中的过滤器（filter）来实现同义词的效果。这个过滤器会在索引或者查询的时候，将互为同义的词进行等价处理，让同义词组内任何一个词都可以和其他词匹配上。

首先，我们来看没有同义词的时候，查询会产生怎样的效果。向端点 http://localhost:9200/news_index/_doc/_search 发送 Get 请求，发送内容如下：

```
{
    "query": {
        "multi_match": {
            "query": "西红柿的价格",
            "minimum_should_match": "100%",
            "fields": ["title", "body", "category"]
        }
    }
}
```

将 minimum_should_match 设置为 100%，是为了保证所有关键词都被命中，提升相关性。在已构建的索引上执行后，会返回 57 条结果。同样地，进行再次查询，发送内容如下：

```
{
    "query": {
        "multi_match": {
            "query": "番茄的价格",
            "minimum_should_match": "100%",
            "fields": ["title", "body", "category"]
        }
    }
}
```

在已构建的索引上执行后，会返回 124 条结果。这证明系统目前无法认识到"西红柿"和"番茄"是同义词。接下来，我们在 Elasticsearch 中设置同义词，并验证其效果。

在/<Home_Directory>/Coding/elasticsearch-7.4.1/config/目录下生成名为 synonyms.txt 的同义词文件，可以手动生成该文件并在其中加入同义词条。每行为一个同义词组，例如"西红柿,番茄"，表示它们互为同义词。与中文分词的设置类似，Elasticsearch 的同义词同样需要在映射 mapping 中定义，并重建索引。再次删除 news_index 索引，然后向 http://localhost:9200/news_index/端点发送 PUT 请求，具体内容如下。

```json
{
    "settings": {
        "analysis": {
            "analyzer": {
                "ik_syn": {
                    "tokenizer": "ik_smart",
                    "filter": ["synonym"]
                }
            },
            "filter": {
                "synonym": {
                    "type": "synonym",
                    "synonyms_path": "synonyms.txt"
                }

            }
        }
    },
    "mappings" : {
        "properties": {
            "title": {
                "type": "text",
                "analyzer": "ik_syn",
            "search_analyzer": "ik_syn"
            },
            "body" : {
                "type": "text",
                "analyzer": "ik_syn",
            "search_analyzer": "ik_syn"
            },
            "category": {
                "type": "text",
                "analyzer": "ik_syn",
            "search_analyzer": "ik_syn"
            }
        }
    }
}
```

其中 synonyms 的路径设置了相对路径，系统会自动查找/<Home_Directory>/Coding/elasticsearch-7.4.1/config/目录。重启 Elasticsearch 并重建索引之后，再次对 http://localhost:9200/news_index/_doc/_search 端点发送 POST 请求，会发现无论是搜索"西红柿的价格"还是"番茄的价格"，两次的结果变得一致了，返回结果的数量都是 146。证明刚刚在 synonyms.txt 中设置的同义词生效了。目前的 146 篇少于先前"西红柿"对应的 57 篇和"番茄"对应的 124 篇的总和，是因为有些文档本身既提到了"西红柿"，也提到了"番茄"。

### 3. 语义相关词的处理

同义词在一定程度上放松了精确匹配严苛的要求，但仍然要求词与词在语义上完全一致。这个时候，我们还可以考虑加入语义相关词，进一步扩展用户的查询，这里采用词嵌入 Word2Vec 的方式。训练神经网络需要耗费大量的数据和时间，为了便于实践，我们可以使用已经训练好的模型，例如：

https://www.jianshu.com/p/ae5b45e96dbf。

上述链接所描述的模型，使用了超过 268GB 的中文语料进行训练。可以下载页面中提示的模型文件 baike_26g_news_13g_novel_229g.bin、baike_26g_news_13g_novel_229g.model、baike_26g_news_13g_novel_229g.model.trainables.syn1.npy 和 baike_26g_news_13g_novel_229g.model.wv.vectors.npy，然后使用下面的代码加载模型文件。

```
from nltk.corpus import reuters
from gensim.models import Word2Vec

model = Word2Vec.load('/Users/sehuang/Coding/data/chn_word2vec/baike_26g_news_13g_
novel_229g.model')
```

由于模型很大，加载可能需要一些时间。有了这个工具，我们就可以利用 Elasticsearch 的 _analyze 端点，首先对用户的查询进行中文分词，然后对每个分出来的词，通过 Word2Vec 查询语义相关词，最后组成新的查询。前面我们已经设置了 IK Analyzer，通过 Postman 访问链接 http://localhost:9200/news_index/_analyze，并在 Body 里设置。

```
{
    "analyzer": "ik_smart",
    "text": "中国国奥队在哪里备战"
}
```

部分结果如图 4-21 所示。

图 4-21   向 Elasticsearch 发送 _analyze 查询请求，获得中文分词结果

针对这几个词，根据之前加载的 Word2Vec 模型，获得基于词嵌入的相关词。

```
print('和单词"中国"最近似的 5 个单词')
print(model.most_similar('中国')[:5])
print()
print('和单词"国奥队"最近似的 5 个单词')
print(model.most_similar('国奥队')[:5])
print()
print('和单词"哪里"最近似的 5 个单词')
print(model.most_similar('哪里')[:5])
print()
print('和单词"备战"最近似的 5 个单词')
print(model.most_similar('备战')[:5])
print()
```

结果如下：

```
和单词"中国"最近似的 5 个单词
[('日本', 0.8465640544891357), ('美国', 0.816371738910675), ('韩国', 0.803916335105896),
('华夏', 0.7966939210891724), ('俄罗斯', 0.7832784056663513)]

和单词"国奥队"最近似的 5 个单词
[('国青队', 0.8474529981613159), ('中国国奥队', 0.8451670408248901), ('中国国家队',
0.8368690013885498), ('国奥', 0.8289942741394043), ('国少队', 0.8181170225143433)]

和单词"哪里"最近似的 5 个单词
[('哪儿', 0.8766330480575562), ('哪', 0.835824191570282), ('何处', 0.721246600151062), ('何
方', 0.6758162975311279), ('哪里找', 0.6588749289512634)]

和单词"备战"最近似的 5 个单词
[('调兵遣将', 0.7503682374954224), ('战前准备', 0.7044962644577026), ('筹备',
0.675524890422821), ('养精蓄锐', 0.6714098453521729), ('整顿', 0.6709902286529541)]
```

根据上面的推荐，我们可以生成像"中国国家队站前准备""日本国少队整顿""俄罗斯国青队养精蓄锐"这样的相关查询，问答系统可以依照这些与用户进行交互。需要注意的是，语义扩展之后的查询可能和用户原有的需求差距比较大。所以比较适合的场景是提示用户，例如"你是不是还想问……"，而不是像同义词那样直接替换。

### 4．拼写纠错的处理

中文分词、同义词和语义相关词都需要依靠 Elasticsearch 以外的插件或者模型。而基于字符串编辑距离的拼写纠错，可以通过 Elasticsearch 本身的功能来实现。为了实现该功能，可以在 POST 请求中加入模糊（fuzzy）选项。

```json
{
        "query": {
        "fuzzy": {
            "title": {
                    "value": "applle",
                    "fuzziness": 0
            }
        }
    }
}
```

Elasticsearch 的模糊查询使用了编辑距离，在上述模糊查询中，我们设置在 title 字段

中查询关键词 applle，fuziness 为 0 表示被匹配的词和查询关键词 applle 的编辑距离为 0，也就是精确匹配。在索引上这个查询返回的结果为 0，因为单词 applle 并不存在。如果将 fuziness 设置为 1，也就是说允许编辑距离最大为 1，会发现返回结果数变为 26 条。而将其设置为 2，结果数变为 37 条，实现了对错拼 applle 的容忍和纠正。目前 Elasticsearch 模糊查询的 fuzziness 最多只能设置为 2。这主要是因为计算编辑距离的时间复杂度很高。假设倒排索引词典的词条数量为 $k$，词条的平均字符数为 $m$，查询的平均字符数为 $n$，那么将某个查询和所有词条对比并进行编辑距离计算的时间复杂度就是 $\mathcal{O}(m \times n \times k)$。如果将编辑距离限定为 2，就可以大幅降低搜索的空间以及对应的时间。

　　本小节介绍了 Elasticsearch 中几个主要的自然语言处理操作以及如何使用它们提升问答系统的体验。除此之外，我们还可以改善 Elasticsearch 的排序，通过这种方法来提高返回结果的质量。

## 4.3.4　自定义 Elasticsearch 的排序

　　从版本 6.0 开始，Elasticsearch 的默认排序使用了和 Lucene 6.0 一样的打分机制，其主要思想基于 OKAPI BM25 模型。在一般情况下，这种排序的效果还不错，但是 Elasticsearch 也提供了很多开放的机制，让使用者可以更好地定制自己的排序功能。例如，对不同的文档、单词、字段进行加权，甚至是修改相关性排序公式。我们结合问答系统的需要，讲讲其中的几种。

### 1. 对单词加权

　　观察问题"中国国奥队在哪里备战"的结果，会发现一些关于国少队的文章靠前。为了优化这一问题，可以对查询中的关键词"国奥队"加权，让出现"国奥队"的新闻排名更靠前。例如发送 Get 查询到 http://localhost:9200/news_index/_search，其中 Body 内容设置如下。

```
{
    "query": {
        "bool": {
            "must": [
                {"term": {"body":"中国"}},
                {"term": {"body": {"value": "国奥队", "boost": "3.0"}}},
                {"term": {"body":"在"}},
                {"term": {"body":"哪里"}},
                {"term": {"body":"备战"}}
            ]
        }
```

```
        }
    }
```

为体现单个词的加权，这里使用布尔查询，对"国奥队"这个词加了 3 倍的权重。再次运行查询，"国奥队"的新闻排序得到提升，仅讨论"国少队"的新闻排名变得靠后了。

### 2．对字段加权

有时候，新闻的标题比正文更重要，针对这种情况，我们可以对某个字段进行加权，以提升相应的文档排序。我们以 multi_match 查询为例，在 Get 请求的 Body 中做如下设置。

```
{
    "query": {
        "multi_match": {
            "query": "中国国奥在哪里备战",
            "minimum_should_match": "100%",
            "fields": ["title^3.0", "body", "category"]
        }
    }
}
```

其中，title^3.0 表示对 title 字段进行 3 倍的加权，这就意味着如果某篇文档的标题命中了查询关键词，那么它的排序会得到提升。再举个例子，有时候我们希望根据新闻的分类进行加权。比如用户的问题是"国足最近有什么娱乐新闻"，那么就需要对"娱乐"这一新闻分类进行加权。可以在 Get 请求的 Body 中进行如下设置。

```
{
    "query": {
        "bool": {
            "must": [
                {"term": {"body": "国足"}},
                {
                        "bool": {
                        "should": [
                            {"term": {"category": {"value": "娱乐", "boost": "5.0"}}},
                            {"term": {"category": "体育"}}
                        ]
                        }
                    }
                ]
```

```
            }
        }
    }
```

这个查询的关键词"国足"是属于 must，也就是必须出现的，而两个分类关键词是属于 should，可以只满足其一。与此同时，我们也对"娱乐"分类进行了 5 倍的加权，因此查询后排名靠前的国足新闻都属于娱乐类。

### 3. 自定义相关性评分

除了对单词和字段加权，我们可以更进一步地修改相关性（在 Elasticsearch 中也称为相似度）评分函数。这种定制化主要包括两种方式：第一种是仍然使用 Elasticsearch 提供的内置模型，需调整模型的各种参数；第二种是自行实现 Similarity 类，可以根据应用场景的需求进行任意修改，灵活性更高。

由于第二种方式需要很多软件开发的知识，这里集中讲解第一种方式，可以使用如下示例的映射。

```
{
    "settings": {
        "news_index": {
            "similarity": {
                "my_similarity_DFR" : {
                    "type" : "DFR",
                    "basic_model" : "g",
                    "after_effect" : "l",
                    "normalization" : "h2",
                    "normalization.h2.c" : "3.0"
                }
            }
        }
    },
    "mappings": {
        "properties": {
            "title": {
                "type": "text",
                "similarity": "my_similarity_DFR"
            },
            "body": {
                "type": " text",
                "similarity": "my_similarity_DFR"
            },
            "category": {
                "type": " text",
```

```
            "similarity": "default"
        }
    }
  }
}
```

上述示例，定义了名为my_similarity_DFR 的评分函数，它使用 DFR 模型并指定了其中的一些参数。字段 title 和 body 会使用 my_similarity_DFR 相关性评分，而字段 category 仍然使用默认的 BM25 模型及其参数。

## 4.3.5　Elasticsearch 中搜索结果的统计

经过自然语言处理和自定义排序的优化，我们可以获得和提问更为相关的搜索结果。作为企业级的搜索引擎，Elasticsearch 提供了更为丰富的功能，包括对搜索结果集合的聚集（Aggregation）。聚集功能可以按照不同维度，对结果进行商业智能的交叉分析（Slicing and Dicing），了解每个维度的数据量和基本统计信息，甚至基于这些维度对搜索结果进行更多的过滤和筛选。对于问答系统，它可以通过这项功能征询提问者的建议，进一步明确他们的需求，产生良好的互动，最终提升回答的质量。

Elasticsearch 的聚集类型繁多，功能强大，可以支持多纬度、相互嵌套的聚集，以及聚集结果上的基本数据统计。

- 多维度：可以根据不同的索引字段聚集。例如，新闻分类有"体育""财经""政治""娱乐"等。按照新闻分类进行的聚集会将搜索结果分为体育、财经等，每一类形成一个小的分组。
- 相互嵌套：首先根据一个维度聚集，然后对于聚集的每个分组，根据另一维度，进一步聚集。例如大组按照新闻的分类聚集，小组按照新闻的日期来聚集。理论上 Elasticsearch 可以支持无限次嵌套，但实际中需要考虑到查询的性能和效率。
- 数据统计：统计每个分组的结果有多少条。如果是数值字段，还可以获得最大最小值、均值、方差等。

我们以 Elasticsearch 中最基本的词条聚集（Terms Aggregation）为例进行演示，它是桶型聚集（Bucket Aggregation）的一种，语法示例如下。

```
"aggs": {
        "categories": {
            "terms": { "field": "category" }
        }
}
```

　　其中，aggs 是聚集的缩写，categories 是聚集的名称，terms 指定聚集为词条型。根据字段上的词条进行聚集，field 指定了被聚集字段 category。但是，执行之后我们很快会看到图 4-22 所示的错误信息，表示 text 类型的字段在默认情况下没有打开字段数据（Fielddata）。原来，对于与查询相匹配的每篇文档，聚集操作都必须处理其中的词条。这就需要从文档 ID 到词条的映射关系。因此，Elasticsearch 需要将倒排索引再次反转，以获得被称为字段数据的结构。字段数据要处理的词条越多，所使用的内存也越多。一定要确保 Elasticsearch 有足够大的堆空间，尤其是在大量文档上进行聚集的时候。这可以认为是聚集强大功能的一种代价。

图 4-22　被聚集字段 category 不是字段数据，无法聚集

　　为了实现聚集，我们需要为等待聚集的字段打开字段数据。再次删除索引，创建新的映射 mappings，其中加粗、斜体的设置是为字段数据而新增的部分。

```json
{
 "settings": {
      "analysis": {
           "analyzer": {
                "ik_syn": {
                     "tokenizer": "ik_smart",
                     "filter": ["synonym"]
                }
           },
           "filter": {
             "synonym": {
                  "type": "synonym",
                  "synonyms_path": "synonyms.txt"
             }
           }
      }
 },
 "mappings" : {
      "properties": {
           "title": {
             "type": "text",
              "analyzer": "ik_syn",
           "search_analyzer": "ik_syn"
           },
           "body" : {
               "type": "text",
                "analyzer": "ik_syn",
           "search_analyzer": "ik_syn"
           },
           "category": {
                "type": "text",
                 "analyzer": "ik_syn",
              "search_analyzer": "ik_syn",
              "fielddata": true
           }
      }
   }
}
```

映射创建完毕后，依照之前步骤重建索引。重建完毕，再次执行图 4-22 中带聚集的查询，最后得到如图 4-23 所示的结果。在返回结果的末尾，会看到聚集的效果，系统按照 category 分类字段，将搜索的结果分为若干组。

```
            Pretty    Raw    Preview    Visualize BETA    JSON ▼    ⇥
      128          },
      129          "aggregations": {
      130              "categories": {
      131                  "doc_count_error_upper_bound": 0,
      132                  "sum_other_doc_count": 3,
      133                  "buckets": [
      134                      {
      135                          "key": "体育",
      136                          "doc_count": 4607
      137                      },
      138                      {
      139                          "key": "彩票",
      140                          "doc_count": 27
      141                      },
      142                      {
      143                          "key": "科技",
      144                          "doc_count": 19
      145                      },
      146                      {
      147                          "key": "娱乐",
      148                          "doc_count": 12
      149                      },
```

图 4-23　Elasticsearch 的聚集效果

## 4.3.6　Elasticsearch 集群

在前面的章节，我们学习了如何使用搜索引擎回答最基本的问题。当索引的数据量越来越庞大的时候，单台机器就无法应付繁重的索引和查询请求。这一节讲述如何使用多台机器设置 Elasticsearch 集群，并在集群中进行分布式的索引和查询。

### 1．硬件环境

用于本案例的硬件环境为三台苹果个人计算机，分别为 2015 年的 iMac、2013 年的 MacBook Pro 和 2012 年的 MacBook Pro，分别使用代号 iMac2015、MacBookPro2013 和 MacBookPro2012 来指代它们。在局域网中，三台机器分配的 IP 分别如下：

iMac2015　　　　　　　192.168.1.48

MacBookPro2013　　　　192.168.1.28

MacBookPro2012          192.168.1.78

软件方面，由于所有的操作系统都是 Mac OS，下面示例中的命令和路径都以 Mac OS 为准，可根据自己的需要适当调整。

首先，在三台机器之间构建 SSH 的互信连接，在 iMac2015 上生成本台机器的公钥。

```
[shenhuang@iMac2015:/<Home_Directory>/Coding]ssh-keygen -t rsa
Generating public/private rsa key pair.
Enter fi le in which to save the key (/<Home_Directory>/.ssh/id_rsa):
Enter passphrase (empty for no passphrase):
Enter same passphrase again:
Your identification has been saved in /<Home_Directory>/.ssh/id_rsa.
Your public key has been saved in /<Home_Directory>/.ssh/id_rsa.pub.
[shenhuang@iMac2015:/<Home_Directory>/Coding]more /<Home_Directory>/.ssh/id_rsa.pub
...
```

然后，将公钥发布到另外两台机器 MacBooPro2012 和 MacBookPro2013 上，此时需要手动登录。

```
[shenhuang@iMac2015:/<Home_Directory>/Coding]scp ~/.ssh/id_rsa.pub
shenhuang@MacBookPro2012:~/master_key
[shenhuang@iMac2015:/<Home_Directory>/Coding]scp ~/.ssh/id_rsa.pub
shenhuang@MacBookPro2013:~/master_key
```

如果 MacBooPro2012 和 MacBookPro2013 上还没有~/.ssh 目录，需创建该目录并设置合适的权限。而后，将 iMac2015 的公钥移动过去并命名为 authorized_keys，下面以 MacBookPro2012 为例。

```
[shenhuang@MacBookPro2012:/<Home_Directory>/Coding]mkdir ~/.ssh
[shenhuang@MacBookPro2012:/<Home_Directory>/Coding]chmod 700 ~/.ssh
[shenhuang@MacBookPro2012:/<Home_Directory>/Coding]mv ~/master_key
~/.ssh/authorized_keys
[shenhuang@MacBookPro2012:/<Home_Directory>/Coding]chmod 600
~/.ssh/authorized_keys
```

如果 MacBooPro2012 和 MacBookPro2013 已有~/.ssh 目录，将 iMac2015 的公钥移动过去并命名为 authorized_keys。如果之前 authorized_keys 文件已经存在，将 iMac2015 的公钥附加在其后面。同样以 MacBookPro2012 为例。

```
[shenhuang@MacBookPro2012:/<Home_Directory>/Coding]cat ~/master_key >>
~/.ssh/authorized_keys
```

这样，iMac2015 可以免密码登录 MacBookPro2012 和 MacBookPro2013。如法炮制，让三台机器可以相互免密码登录。

## 2．Elasticsearch 集群的搭建

建立 Elasticsearch 的集群也是非常直观的，首先从第 1 个节点开始。为了观察集群的状态，首先通过 HTTP DELETE 删除之前所有的测试索引，并停止 Elasticsearch 服务，然后在 iMac2015 上修改 Elasticsearch 启动的配置文件：

/<Home_Directory>/Coding/elasticsearch-7.4.1/config/elasticsearch.yml。

在其中加入集群的名称和节点名称。

```
# ----------------------------- Cluster -----------------------------
#
# 设置集群名称:
#
cluster.name: "Ecommerce"
#
# ----------------------------- Node -----------------------------
#
# 设置节点名称:
#
node.name: "iMac2015"
……
……
……
# 设置网络 IP
#
network.host: 192.168.1.48
network.bind_host: 192.168.1.48
network.publish_host: 192.168.1.48
#
# Set a custom port for HTTP:
#
#http.port: 9200
#
# For more information, consult the network module documentation.
#
# ----------------------------- Discovery -----------------------------
#
# Pass an initial list of hosts to perform discovery when new node is started:
#The default list of hosts is ["127.0.0.1", "[::1]"]
#
# Prevent the "split brain" by configuring the majority of nodes (total number of master-eligible
```

```
nodes / 2 + 1):
# 防止脑裂的设置
#
discovery.zen.minimum_master_nodes: 2
discovery.zen.ping_timeout: 120s
……
……
……
```

保存配置文件，重新启动 Elasticsearch，访问 http://localhost:9200/_cluster/health，会得到如图 4-24 所示的结果。从图 4-24 中可以看出集群的名称修改为 ECommerce，而状态为绿色（green），表示正常。由于尚未建立任何索引，所以分片的数量都为 0。

```
{
    "cluster_name": "ECommerce",
    "status": "green",
    "timed_out": false,
    "number_of_nodes": 1,
    "number_of_data_nodes": 1,
    "active_primary_shards": 0,
    "active_shards": 0,
    "relocating_shards": 0,
    "initializing_shards": 0,
    "unassigned_shards": 0,
    "delayed_unassigned_shards": 0,
    "number_of_pending_tasks": 0,
    "number_of_in_flight_fetch": 0,
    "task_max_waiting_in_queue_millis": 0,
    "active_shards_percent_as_number": 100.0
}
```

图 4-24　Elasticsearch 集群的初始状态

从版本 5.x 开始，Elasticsearch 不允许在 elasticsearch.yml 中修改索引级别的设置，其中包括分片和副本的数量。如果要修改默认值，需要在建立新索引时进行。使用手动的方式建立映射 mapping，注意加入下面粗体的部分，它表示副本的数量为 1，分片的数量为 3。

```
{
    "settings" : {
        "index.number_of_replicas" : "1",
        "index.number_of_shards" : "3",
        "analysis" : {
```

```
        "analyzer" : {
          "ik_synonym" : {
            "tokenizer" : "ik_smart",
            "filter" : ["synonym"]
          }
        },
        ......
}
```

注意，Elasticsearch 副本设置的含义，它并不包含主分片。如果这里副本设置为 1，加上主分片，共有 2 个拷贝可以用于服务请求。如果副本设置为 $n$，那么一共有 $n+1$ 个拷贝可用。发送 HTTP PUT 请求之后，Elasticsearch 提示操作成功。

此时访问 http://localhost:9200/_cluster/health，可以发现一些变化，如图 4-25 所示。目前为新的索引设定了 3 份分片，但是尚无索引数据。因此没有分配任何分片，集群的状态也是黄色（yellow）。

```
{
    "cluster_name": "ECommerce",
    "status": "yellow",
    "timed_out": false,
    "number_of_nodes": 1,
    "number_of_data_nodes": 1,
    "active_primary_shards": 3,
    "active_shards": 3,
    "relocating_shards": 0,
    "initializing_shards": 0,
    "unassigned_shards": 3,
    "delayed_unassigned_shards": 0,
    "number_of_pending_tasks": 0,
    "number_of_in_flight_fetch": 0,
    "task_max_waiting_in_queue_millis": 0,
    "active_shards_percent_as_number": 50.0
}
```

图 4-25　Elasticsearch 集群状态发生变化，主分片数变为 3

接下来，启动另外两个节点 MacBookPro2013 和 MacBookPro2012。elasticsearch.yml 的内容基本和 iMac2015 节点上的类似，只是需要修改对应的节点名称和 IP 地址。

```
# --------------------------------- Cluster ---------------------------------
#
# 设置集群名称:
#
```

```
cluster.name: "ECommerce"
#
# -------------------------------- Node --------------------------------
#
# 设置节点名称:
#
node.name: "MacBookPro2013"
……
……
……
# 设置网络 IP
#
network.host: 192.168.1.28
network.bind_host: 192.168.1.28
network.publish_host: 192.168.1.28
……
……
……
# -------------------------------- Cluster --------------------------------
#
# 设置集群名称:
#
cluster.name: "ECommerce"
#
# -------------------------------- Node --------------------------------
#
# 设置节点名称:
#
node.name: "MacBookPro2012"
……
……
……
# 设置网络 IP
#
network.host: 192.168.1.78
network.bind_host: 192.168.1.78
network.publish_host: 192.168.1.78
……
……
……
```

成功启动另外两个节点之后，访问 http://localhost:9200/_cluster/health，可以看到如图 4-26 所示的结果，集群状态变为 "green"。激活总分片数（active_shards）变为 6 个（3份主分片和 3 份备份分片），不存在未分配的分片（unassigned_shards），表明 3 个节点都已经就绪。

```json
{
    "cluster_name": "ECommerce",
    "status": "green",
    "timed_out": false,
    "number_of_nodes": 3,
    "number_of_data_nodes": 3,
    "active_primary_shards": 3,
    "active_shards": 6,
    "relocating_shards": 0,
    "initializing_shards": 0,
    "unassigned_shards": 0,
    "delayed_unassigned_shards": 0,
    "number_of_pending_tasks": 0,
    "number_of_in_flight_fetch": 0,
    "task_max_waiting_in_queue_millis": 0,
    "active_shards_percent_as_number": 100.0
}
```

图 4-26　Elasticsearch 集群进入正常状态，共 6 个分片

Elasticsearch 的各个节点是如何自动连接上的呢？实际上，Elasticsearch 节点使用了两种不同的方式以发现另一个节点：广播和单播。Elasticsearch 可以同时使用两者，默认的配置是仅使用广播。当 Elasticsearch 启动的时候，它发送了广播的 ping 请求，而其他的 Elasticsearch 节点如果使用了同样的集群名称，就会响应这个请求。因此，要确保修改了 elasticsearch.yml 配置文件中的 cluster.name 设置，将默认的 elasticsearch 改为一个更为具体的名称，以免和其他的集群节点相混淆。如果想使用更为定向的单播模式，可以在 elasticsearch.yml 文件中进行如下的设置。

```
discovery.zen.ping.unicast.hosts: ["192.168.1.48","192.168.1.28","192.168.1.78"]
```

另外，elasticsearch.yml 中需要注意的是有关主节点（master node）的设置。Elasticsearch 会自行选举主节点用于协调集群和数据同步，当主节点宕机后，集群中剩下的节点就会选举出新的主节点。不过，当原先的主节点再次恢复时，可能会形成另一个拥有相同名字的集群，这种情况称为集群的脑裂现象（split-brain）。脑裂将导致集群状态和数据的不一致，影响搜索服务，因此需要避免脑裂的发生。最简单的做法是只允许 1台机器作为主节点，而在其他节点的 elasticsearch.yml 中都进行 node.master: false 的设

置。不过这样就会产生单点故障，丧失了集群自我修复的能力。在此强烈建议如下设置：

```
discovery.zen.minimum_master_nodes: 2
```

该设置表示要选举出新的主节点，至少由 2 个节点参与。根据经验，该值一般设置成 $N/2+1$，$N$ 是集群中节点的数量。例如对于拥有 3 个节点的集群，minimum_master_nodes 应该被设置成 $3/2 + 1 = 2$（向下取整）。如果设置的数量少于集群节点总数的一半，将可能产生脑裂。如果设置多于节点的总数，也不可能形成集群。

有了这个集群，可以像单机一样使用多台机器，集群的性能在理论上更强劲了。在默认的情况下，Elasticsearch 会自动地进行路由操作，选择合适的分片和副本进行数据的读取，并不需要为细节操心。当然，Elasticsearch 也支持用户手动指定路由的策略。

## 4.3.7　集成的问答系统

以上我们讲述了 Elasticsearch 的方方面面。尽管如此，从问答系统的角度来看，我们还需要根据应用的场景，设计并实现一些流程性的代码。本节，会以之前介绍的 Elasticsearch 为基础，通过 Python 代码来实现一个简单的对话流程。

这里我们假设已经按照之前的各个环节，设置好了 Elasticsearch。应用的场景是让用户输入一个新闻主题，如果返回的结果包括了许多不同的分类，那么让用户再选择一个分类，最终返回第一条新闻作为给用户的答案。具体的代码和相应的注释如下：

```python
from urllib import request as req
from sys import stdin
import json

question = ''
while True:
    question = input('请告诉我你所关心的新闻主题：')
    if question == '退出':
        break

    # 根据问题，构建 Elasticsearch 查询所要 POST 的内容。这里使用了 multi_match 匹配多
    # 个字段，并且通过聚集获取不同的分类
    # 一个例子如下：
    # {
    #     "query": {
    #         "multi_match": {
    #             "query": "国足",
    #             "minimum_should_match": "100%",
    #             "fields": ["title", "body", "category"]
```

```
#               }
#       },
#       "aggs": {
#           "categories": {
#                   "terms": {"field": "category"}
#           }
#       }
# }
postdata = {}
postdata['query'] = {}
postdata['query']['multi_match'] = {}
postdata['query']['multi_match']['query'] = question
postdata['query']['multi_match']['minimum_should_match'] = '100%'
postdata['query']['multi_match']['fields'] = ['title', 'body', 'category']
postdata['aggs'] = {}
postdata['aggs']['categories'] = {}
postdata['aggs']['categories']['terms'] = {}
postdata['aggs']['categories']['terms']['field'] = 'category'
postdata = json.dumps(postdata).encode('utf-8')


# 这里使用了集群的查询端点
url = 'http://192.168.1.48:9200/news_index/_doc/_search'


# 构建 POST 请求
request = req.Request(url, data=postdata)
request.add_header("Content-Type","application/json; charset=UTF-8")


# 发送请求并解析查询结果
with req.urlopen(request) as response:
    results = json.loads(response.read().decode('utf-8'))
    results_num = int(results['hits']['total']['value'])
    if results_num == 0:
        print('没有找到相关新闻，请换个主题')
    else:
        categories = results['aggregations']['categories']['buckets']
        # 如果结果的分类少于 3 个，将现有的第一篇新闻作为答案返回
        if (len(categories) < 3):
            print('标题：', results['hits']['hits'][0]['_source']['title'])
            print('正文：', results['hits']['hits'][0]['_source']['body'])
        # 如果结果的分类多于或等于 3 个，继续向用户提问，让其选择分类
```

```
    else:
        print('你关注的新闻有如下几类：')
        for category in categories:
            print(category['key'])
        sub_category = input('请在上述分类中选择一类：')

        # 根据问题和用户选择的分类，构建 Elasticsearch 查询所要 POST 的内容
        # 这里使用了布尔查询和 multi_match，同时匹配主题和分类
        # 一个例子如下：
        # {
        #     "query": {
        #         "bool": {
        #             "must": [
        #                 {
        #                     "multi_match": {
        #                     "query": "国足",
        #                     "minimum_should_match": "100%",
        #                     "fields": ["title", "body", "category"]
        #                     }
        #                 },
        #                 {
        #                     "term": {
        #                         "category": "娱乐"
        #                     }
        #                 }
        #             ]
        #         }
        #     }
        # }
        postdata = {}
        postdata['query'] = {}
        postdata['query']['bool'] = {}
        postdata['query']['bool']['must'] = []
        postdata['query']['bool']['must'].append({'multi_match': {'query': question,
        'minimum_should_match': '100%', 'fields': ['title', 'body', 'category']}})
        postdata['query']['bool']['must'].append({'term': {'category': sub_category}})
        postdata = json.dumps(postdata).encode('utf-8')

        # 构建 POST 请求
    request = req.Request(url, data=postdata)
```

```
        request.add_header("Content-Type","application/json; charset=UTF-8")

        # 发送请求并解析查询结果
        with req.urlopen(request) as response:
            results = json.loads(response.read().decode('utf-8'))
            results_num = int(results['hits']['total']['value'])
            if results_num == 0:
                print('没有找到相关的分类，咱们从头再来')
            # 将第一篇新闻作为答案返回给用户
            else:
                print('标题：', results['hits']['hits'][0]['_source']['title'])
                print('正文：', results['hits']['hits'][0]['_source']['body'])

    print()
```

以上代码的基本流程是通过 1 次或 2 次 Elasticsearch 的搜索，完成一轮问答。下面是两次测试的结果。

```
请告诉我你所关心的新闻主题：  xbox
你关注的新闻有如下几类：
游戏
科技
股票
体育
娱乐
时政
彩票
社会
请在上述分类中选择一类：  游戏
标题：  微软已封杀 60 万盗版 Xbox Live 用户
正文：  微软对盗版深恶痛绝，这是尽人皆知的事，在对操作系统市场进行了"严打"之后，微软
再次将大棒挥向了游戏领域。近日，北美地区近 60 万使用盗版软件的 Xbox Live 账号被封杀，
微软不再为这些用户提供任何 Xbox Live 服务，比如网络连接、软件下载和激活等。微软表
示……

请告诉我你所关心的新闻主题：PS4
标题：  PS4 有望年底量产 索尼与微软关系暧昧
正文：  【新浪游戏专稿，转载请注明来源】      昨天，有消息称索尼将可能在今年年底量产新
一代游戏主机 PS4，而 PS4 主机将在 2012 年正式推出，消息还指出 PS4 的组装工作仍由富士
康与和硕负责。更让人惊奇的是……
```

**请告诉我你所关心的新闻主题：**
......

　　至此，我们就介绍完使用最基本的搜索引擎，来实现一个简单的问答系统的方法。可能会觉得问答的形式过于简单，系统给出的回复也过于粗糙。不用着急，在后面的章节里，我们将一步步展开和深入，进一步提升问答系统的用户体验。

# 第 5 章　用机器学习提升基于
# 信息检索的问答系统

## 5.1　如何提升问答系统

在第 4 章，我们介绍了信息检索的基本知识，以及如何基于检索系统来实现最简单的问答系统。可能会发现效果并不是很理想，在本章，我们来说说如何使用机器学习的技术，以提升系统效果。

好莱坞著名电影系列《终结者》想必大家耳熟能详，其中的主角之一"天网"令人印象深刻。它并非人类，而是 20 世纪后期人们以计算机为基础创建的人工智能防御系统。最初是因军事目的而研发的，后来它的自我意识觉醒，视人类为威胁，发动了审判日。当然，这一切都是虚构的场景。现实生活中，机器真的可以自我学习并超越人类吗？最近大火的谷歌人工智能杰作 Alpha Go，及其相关的机器深度学习技术，让人们再次开始审视这些问题。虽然目前尚无证据表明现实中的机器能像"天网"一样思考，但是机器确实能在某些课题上，按照人们设定的模式进行一定程度的"学习"，这正是机器学习（Machine Learning）所关注的。机器学习是一门多领域交叉学科，涉及概率论、统计学、逼近论、凸分析、算法复杂度理论等多门学科。其专门研究计算机如何模拟或实现人类的学习行为以获取新的知识和技能。在这一过程中，计算机会重新组织已有的知识结构并不断改善自身的性能。机器学习已经有了十分广泛的应用领域，例如数据挖掘、计算机视觉、自然语言处理、生物特征识别、医学诊断等。

机器学习的任务从流程的角度来说，大体上都可以分为数据的表示（特征工程）、预处理、学习算法以及评估等几个步骤。从模型的角度来说，主要分为监督式学习中的分类（Classification / Categorization）、线性回归（Linear Regression）和非监督式学习中的聚类（Clustering）。从应用的角度来说，机器学习涉及的面很广，包括之前介绍的语言识别和自然语言处理技术，也包括实体识别等技术。下面我们会从分析用户所提出的问题和检索结果的优化两个方面出发，来看看机器学习如何提升系统效果。

## 5.2　分析用户提出的问题

对于问答和聊天系统来说，了解用户的意图是关键的一步。在基本检索系统中，我们对用户的输入只是进行了分词等基本的自然语言处理。本章节会介绍如何使用监督式的机器学习，分析问题的分类及其提到的实体。

### 5.2.1　分类模型和算法

监督式学习（Supervised Learning）是指通过训练资料学习并建立一个模型，并以此模型推测新的实例。训练资料是由输入数据对象和预期输出组成。模型的输出可以是一个离散的标签，也可以是一个连续的值，分别称为分类问题和线性回归分析。分类技术旨在找出描述和区分数据类的模型，以便能够使用模型预测分类信息未知的数据对象，告诉人们它应该属于哪个类。而模型的生成，是基于训练数据集的分析，一般分为启发式规则、决策树、概率论、向量空间和神经网络等方法。举个例子，我们给计算机系统大量的水果，然后告诉它哪些是苹果，哪些是甜橙。通过这些样本和我们设定的建模方法，计算机学习并建立模型，最终拥有判断新数据的能力。

设想这样的场景：将 1000 个水果放入一个黑箱中，并告诉一位果农，黑箱里只可能有苹果、甜橙和西瓜三种水果，没有其他种类的水果。然后每次随机摸出一个，让果农判断它是三种中的哪一种。这就是最基本的分类问题，只提供有限的选项，而减少了潜在的复杂性和可能性。问题在于，计算机作为机器，是不能完成人类所有的思维和决策的。分类算法试图让计算机在特定条件下，模仿人的决策，从而高效率地进行分类。研究人员发现，在有限范围内做出单一 ①选择时，这种基于机器的方法是可行的。如果输入是一组特征值，输出就一定是确定的选项之一。

给出分类问题的基本概念后，我们来介绍分类的基本要素和流程。

- 学习：指计算机通过人类标注的指导性数据，"理解"和"模仿"人类决策的过程。
- 模型和算法：分类算法通过训练数据的学习，其计算方式和最后的输出结果，称为模型。通常是指做决策的计算机程序及其相应的存储结构，它使得计算机的学习行为更加具体化。常见的模型有朴素贝叶斯（Naive Bayes）、$K$ 最近邻（KNN）、决策树等。
- 标注数据：也称为标注样本。由于分类学习是监督式的，对于每个数据对象，除了必要的特征值列表，我们必须告诉计算机它属于哪个分类。因此需要事先进行人工的标注，给每个对象指定分类的标签。在前面的水果案例中，给每个

---

① 有时也会让系统做出多个选择，将数据对象分到多个类中。

水果打上"苹果""甜橙"和"西瓜"的标签就是标注的过程。这一点非常关键,标注数据相当于人类社会里的老师,其质量高低直接决定机器学习的效果。值得注意的是,标注数据既可以做训练阶段的学习样本,也可以做测试阶段的预测样本。在监督式算法大规模应用到实际生产之前,研究人员通常会进行离线的交叉验证(Cross Validation),会将大部分标注数据用在训练阶段,而将少部分标注数据用在测试阶段。在生产环境中,我们往往会将所有的标注数据用于训练阶段,以提升最终效果。

- 训练数据:也称为训练样本,是带有分类标签的数据,用于学习算法的输入,构建最终的模型。根据离线内测、在线实际生产等不同的情形,训练数据会取标注数据的子集或全集。
- 测试数据:也称为测试样本,是不具备或被隐藏了分类标签的数据,模型会根据测试数据的特征,预测其应该具有的标签。在离线内测时,交叉验证会将部分标注数据保留用以测试,故意隐藏其标注值,便于评估模型的效果。如果是在实际生产中,那么任何一个新预测的对象都是测试数据,而且只能在事后再次通过人工标注来验证其正确性。
- 训练:这是机器"学习"概念的具化,指算法模型通过训练数据进行学习的过程。
- 测试:也可称为预测。指算法模型在训练完毕后,根据新数据的特征来预测其属于哪个分类的过程。

理解上述要素之后,我们还需要理解分类学习的基本流程,如图 5-1 所示。

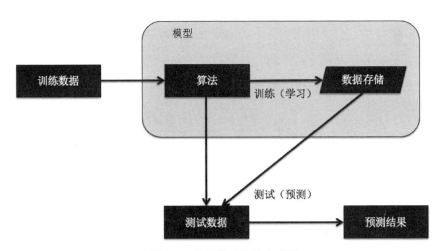

图 5-1　分类学习的基本流程

通过理解这些要素和分类过程,可以发现,除了人工标注之外,最为核心的就是分类算法了。接下来,介绍两个常用的分类算法。

### 1．朴素贝叶斯（Naive Bayes）

朴素贝叶斯分类算法是实用性很高的一种分类方法，在理解它之前，我们先来复习一下贝叶斯决策理论。贝叶斯决策理论是主观贝叶斯派归纳理论的重要组成部分。贝叶斯决策就是在信息不完整的情况下，先对部分未知的状态用主观概率估计，然后用贝叶斯公式对发生概率进行修正，最后再利用期望值和修正概率做出最优决策。其基本思想是：

（1）已知类条件概率密度参数表达式和先验概率。

（2）利用贝叶斯公式转换成后验概率。

（3）根据后验概率大小进行决策分类。

之前我们已经介绍了贝叶斯定理：

$$P(x|y) = \frac{P(y|x) \times P(x)}{P(y)} \qquad (5\text{-}1)$$

具体到分类模型中，式（5-1）可以改写为

$$P(c|f) = \frac{P(f|c) \times P(c)}{P(f)} \qquad (5\text{-}2)$$

对式（5-2）的理解如下：将 $c$ 看作一个分类，将 $f$ 看作样本的特征之一，此时等号左边 $P(c|f)$ 为待分类样本中出现特征 $f$ 时，该样本属于类别 $c$ 的概率。而等号右边的 $P(f|c)$ 是根据训练数据统计得到的分类 $c$ 中出现特征 $f$ 的概率，$P(c)$ 是分类 $c$ 在训练数据中出现的概率，$P(f)$ 是特征 $f$ 在训练样本中出现的概率。

朴素贝叶斯是基于一个简单假设所建立的一种贝叶斯方法，它假定数据对象的不同特征对其归类影响是相互独立的。此时若数据对象 $o$ 中同时出现特征 $f_i$ 与 $f_j$，根据贝叶斯定理，对象 $o$ 属于类别 $c$ 的概率为

$$P(c|o) = \frac{P(c,o)}{P(o)} = \frac{P(c,f_i,f_j)}{P(o)} \qquad (5\text{-}3)$$

根据链式法则和特征之间相互独立的特性，有

$$P(c|o) = \frac{P(c,f_i,f_j)}{P(o)} = \frac{P(c)P(f_i|c)P(f_j|c,f_i)}{P(o)} = \frac{P(c)P(f_i|c)P(f_j|c)}{P(o)} \qquad (5\text{-}4)$$

### 2．$K$ 近邻（K-Near Neighbor）

贝叶斯理论的分类器，在训练阶段需要较大的计算量，而在测试阶段计算量非常小。

有一种基于实例的归纳学习却恰恰相反，训练时几乎没有任何计算负担，但是在面对新数据对象时却有很高的计算开销。基于实例的方法最大的优势在于其概念简明易懂，这里介绍最基础的 $K$ 近邻（KNN）分类算法。

　　KNN 分类算法的核心思想是假定所有的数据对象对应于 $n$ 维空间中的点，如果一个数据对象在特征空间里的 $k$ 个最相邻对象中的大多数属于某一个类别，则该对象也属于这个类别，并具有这个类别样本的特性。KNN 在类别决策时，只与极少量的相邻样本有关。因此对于类域的交叉或重叠较多的待分样本集来说，KNN 分类算法较其他算法更为适合。图 5-2 表示水果案例中的 $K$ 最近邻分类算法的简化。因为水果对象的特征维度远超过二维，这里将多维空间中的点简单地投影到二维空间，便于理解。图中的 $N$ 设置为 5。待判定的新数据对象"？"最近的 5 个邻居中，有 3 个甜橙、1 个苹果和 1 个西瓜。因此取最多数的甜橙作为该未知对象的分类标签。

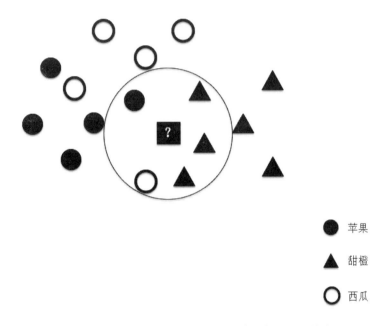

　　　　　　　　　　● 苹果

　　　　　　　　　　▲ 甜橙

　　　　　　　　　　○ 西瓜

图 5-2　新的数据对象被 KNN 判定为甜橙，$N$ 取值为 5

　　KNN 基本无需训练，这里给出预测算法的大致流程：

（1）KNN 输入训练数据、分类标签、特征列表 TL、相似度定义、$k$ 设置等。

（2）给定等待预测的新数据。

（3）在训练数据集合中寻找最近的 $k$ 个邻居。

（4）统计 $k$ 个邻居中最多的分类标签，赋予给定的新数据，则

$$\mathrm{label}\left(x_{\mathrm{new}}\right)\arg\max_{l\in L}\sum_{i=1}^{k}\delta\left(l,\mathrm{label}\left(x_{i}\right)\right) \tag{5-5}$$

其中，$x_{new}$ 表示待预测的新数据对象；$l$ 表示分类标签；$L$ 表示分类标签的集合；$x_i$ 表示 $k$ 个邻居中的第 $i$ 个对象。如果 $x_i$ 的分类标签 $label(x_i)$ 和 1 相等，那么 $\delta(l, label(x_i))$ 取值为 1，否则取值为 0。我们可以对 KNN 算法进行一个直观的改进，根据每个近邻和待测点 $x_{new}$ 的距离，将更大的权值赋给更近的邻居。比如，可以根据每个近邻与 $x_{new}$ 的距离平方的倒数来确定近邻的"选举权"，改进如下：

$$label(x_{new}) \leftarrow \arg\max_{l \in L} \sum_{i=1}^{k} w_i \times \delta(l, label(x_i))$$

$$w_i = \frac{1}{d(x_{new}, x_i)^2} \tag{5-6}$$

其中，$d(x_{new}, x_i)^2$ 表示点 $x_{new}$ 和点 $x_i$ 之间距离的平方。从算法的流程可以看出，空间距离的计算对于 KNN 分类算法尤为关键。常见的定义包括欧氏距离、余弦相似度、曼哈顿距离、相关系数等。

### 3. 分类效果的评估

学完上述两个分类算法，可能会产生几个疑问：机器的分类准确吗？是否会存在错误？不同的分类算法相比，孰优孰劣呢？确实，我们无法保证分类算法都是准确有效的。在不同的应用场景，不同的数据集合都有可能影响算法最终的精准度。为了更加客观地衡量其效果，需要采用一些评估手段。对于分类问题而言，最常用的是离线评估。也就是在系统没有上线之前，使用现有的标注数据集合来评测。其优势在于，上线之前的测试便于设计者发现问题。一旦发现了可以改进之处，技术调整后也可以再次评估，反复测试的效率非常高。

值得一提的是，分类有两大类型：二分类和多分类。二分类是指判断数据对象属于或不属于一个给定分类，而多分类是指将数据对象判定为多个分类中的一个。多分类的评估策略会更复杂一些。不过，可以将其转化为多个二分类问题。让我们从二分类的评估入手，先了解一下表 5-1 中的混淆矩阵（Confusion Matrix）。

表 5-1　混淆矩阵示意

| 实 际 的 类 | | 预 测 的 类 | | |
| --- | --- | --- | --- | --- |
| | | Yes | No | 合计 |
| | Yes | True Positive (TP) | False Negative (FN) | Positive |
| | No | False Positive (FP) | True Negative (TN) | Negative |
| | 合计 | Positive' | Negative' | |

现对这个矩阵中的元素逐一解释，假设有一组标注好的数据集 $d$，并将其认定为标准答案。其中属于 A 类的数据称为正例（Positive），不属于 A 类的数据称为负例（Negative）。这时，可通过一个分类算法 $c$ 来判定在这些数据中，是否有一组数据对象属于 A 类。若 $c$ 判断属于 A 类的则称为预测正例（Positive'），不属于 A 类的则称为预测负例（Negative'）。如果 $d$ 标注为正例，$c$ 也预测为正例，就称为真正例（True Positive，TP）。如果 $d$ 标注为正例，$c$ 预测为负例，就称为假负例（False Negative，FN）。如果 $d$ 标注为负例，$c$ 也预测为负例，叫作真负例（True Negative，TN）。如果 $d$ 标注为负例，$c$ 预测为正例，叫作假正例（False Positive，FP）。

根据混淆矩阵，我们可以依次定义指标：精度 $p$（Precision）、召回率 $r$（Recall）、准确率 $a$（Accuracy）和错误率 $e$（Error Rate）。

$$p = \frac{TP}{TP + FP} = \frac{TP}{P'} \qquad p \in [0,1] \qquad\qquad (5\text{-}7)$$

$$r = \frac{TP}{TP + FN} = \frac{TP}{P} \qquad r \in [0,1] \qquad\qquad (5\text{-}8)$$

$$a = \frac{TP + TN}{P + N} \qquad a \in [0,1] \qquad\qquad (5\text{-}9)$$

$$e = \frac{FP + FN}{P + N} \qquad e \in [0,1] \qquad\qquad (5\text{-}10)$$

除定义评估的指标之外，还需要考虑一个很实际的问题：我们该如何选择训练数据集和测试数据集？离线评估的时候，并不需要将全部的标注样本作为训练集，而是可以预留一部分作为测试。然而，训练和测试的不同划分方式对最终评测的结论可能会产生很大的影响，主要原因有两个：

- 训练样本的数量决定了模型的效果。如果不考虑过拟合的情况，那么对于同一个模型而言，训练数据越多，精度越高。例如，方案 A 选择 90% 的数据作为训练样本来训练模型，剩下 10% 的数据作为测试样本，而方案 B 正好相反，只用 10% 的数据作为训练样本，测试剩下 90% 的数据。方案 A 测试下的模型准确率很可能会比方案 B 测出的模型准确率要好很多。虽然模型是一样的，但训练和测试的数据比例不同导致了结论的偏差。
- 不同的样本有不同的数据分布。假设方案 A 和方案 B 都取 90% 作为训练样本，A 取的是前 90% 的部分，而 B 取的是后 90% 的部分，两者数据分布不同，对于模型的训练效果也可能不同。同理,这时剩下10%的测试数据的分布也不相同,这些都会导致评测结果不一致。

鉴于此,人们发明了一种称为交叉验证(Cross Validation)的划分和测试方式。其核心思想是在每一轮中,拿出大部分数据实例进行建模,然后用建立的模型对剩下的小部分实例进行预测,最终对本次预测的结果进行评估。这一过程反复进行若干轮,直到所有的标注样本都被预测了一次且仅一次。用交叉验证的目的是得到可靠而又稳定的模型,最常见的形式是留一验证和$K$折交叉验证。留一验证(Leave One Out)是交叉验证的特殊形式,是指只使用标注数据中的一个数据实例来做验证资料,而剩余的则全部当作训练数据。一直持续到每个实例都被当作一次验证资料。而$K$折交叉验证($K$-fold Cross Validation)是指训练集被随机地划分为$K$等分,每次都采用($K-1$)份样本用以训练,最后1份被保留作为验证模型的测试数据。交叉验证重复$K$次,通过平均$K$次的结果可以得到整体的评估值。假设有数据集$D$被切分为$K$份$\left(d_1, d_2, \cdots, d_k\right)$,交叉过程可按如下形式表示:

$$\text{Validation}_1 = d_1 \qquad \text{Test}_1 = d_2 \cup d_3 \cup \cdots \cup d_k$$

$$\text{Validation}_2 = d_2 \qquad \text{Test}_2 = d_1 \cup d_3 \cup \cdots \cup d_k$$

$$\vdots \qquad\qquad\qquad \vdots$$

$$\text{Validation}_k = d_k \qquad \text{Test}_k = d_1 \cup d_2 \cup \cdots \cup d_{k-1} \qquad (5\text{-}11)$$

如果标注样本的数量足够多,$K$的值一般取5~30,而以10最为常见。随着$K$值的增大,训练的成本就会变高,但是模型会更精准。当标注集的数据规模很大时,$K$值可以适当小一些,反之则建议$K$值适当取大一些。

## 5.2.2　利用朴素贝叶斯模型进行文本分类

介绍完分类技术的基本知识,我们来看看如何利用这些知识,通过朴素贝叶斯模型对用户提出的问题进行分类。假设系统已经通过语音识别将问题转换为文字,接下来要解决的问题就是文本分类。想要实现一个完整的文本分类系统,通常需要进行以下步骤。

(1)采集训练样本:以新闻为例,我们可以给每一篇新闻打上标签,即首先要分辨某条新闻属于什么类型,是政治的、军事的、财经的、体育的还是娱乐的等。这一点非常关键,因为分类标签相当于计算机所要学习的标准答案,其质量高低直接影响计算机的分类效果。此外,也可以在一开始就预留一些训练样本,专门用于测试分类的效果。

(2)预处理自然语言:在水果案例中,当我们把水果的特征值提取出来后,能很容易地将它们的属性转化成计算机所能处理的数据,可这一步对文本而言就没有那么容易了。在前面的章节我们已经介绍了相关的技术,包括词袋(Bag of Words)模型、分词、词干（Stemming）、归一化（Normalization）、停用词（Stopword）、同义词（Synonyms）和扩展词处理等。这些方法的目的就是让计算机能够理解文本。

（3）训练模型：训练模型就是算法通过训练数据进行模型拟合的过程。对朴素贝叶斯方法而言，训练的过程就是要获取每个分类的先验概率、每个属性的先验概率以及给定某个分类时出现某个属性的条件概率。

（4）实时分类预测：算法模型在训练完毕后，根据新数据的属性来预测它属于哪个分类的过程。对于朴素贝叶斯方法而言，分类预测的过程就是根据训练阶段所获得的先验概率和条件概率，预估在给定一系列属性的情况下属于某个分类的后验概率。

整个流程可以用图 5-3 来描述。

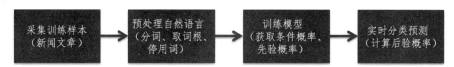

图 5-3　文本分类的大致流程

这里有两个重点，一个是对文本中的自然语言进行预处理，并从文本集合建立字典；另一个是使用建好的字典，统计朴素贝叶斯方法所需的数据。之前已经介绍过自然语言的预处理是让计算机"理解"人类语言的关键步骤，在这里我们将详细解释如何准确地统计用于朴素贝叶斯的条件概率和先验概率。

假设通过自然语言处理，我们已经将整篇的文字切分为一个个单词，这些是表示文章的关键属性。通过这些单词的词频（出现的频率），我们很容易进行概率的统计。在表 5-2～表 5-4 中，我们对分类的先验概率、单词的先验概率、某分类下某个单词的条件概率分别给出了示例。需要注意的是，示例的数据是虚构的。

表 5-2　每个分类出现的先验概率

| 分　类 | 数　量 | 先　验　概　率 | 单词总词频 |
|---|---|---|---|
| 时政 | 1000 | 20% | 726 898 |
| 科技 | 800 | 16% | 897 213 |
| 财经 | 900 | 18% | 311 241 |
| 体育 | 1100 | 22% | 549 329 |
| 娱乐 | 1200 | 24% | 353 210 |
| 总计 | 5000 | 100% | 2 837 891 |

表 5-3　每个单词出现的先验概率

| 单　词 | 词　频 | 先　验　概　率 |
|---|---|---|
| 中国 | 300 | 0.0106% |
| 美国 | 80 | 0.0028% |
| 电影 | 90 | 0.0032% |

续表

| 单　　词 | 词　　频 | 先　验　概　率 |
|---|---|---|
| 奥运 | 50 | 0.0018% |
| 清宫戏 | 150 | 0.0053% |
| 世界杯 | 40 | 0.0014% |
| 航母 | 80 | 0.0028% |
| … | … | … |
| 总计 | 2 837 891 | 100% |

表 5-4　某分类下某个单词的条件概率

| 分　　类 | 单　　词 | 词　　频 | 条　件　概　率 |
|---|---|---|---|
| 时政 | 中国 | 80 | 0.0110% |
| 科技 | 中国 | 100 | 0.0111% |
| 财经 | 中国 | 50 | 0.0161% |
| 体育 | 中国 | 40 | 0.0073% |
| 娱乐 | 中国 | 30 | 0.0075% |
| 时政 | 美国 | 80 | 0.0028% |
| 科技 | 美国 | … | … |
| … | … | … | … |
| 时政 | 航母 | 25 | 0.0034% |
| 科技 | 航母 | 48 | 0.0053% |
| 财经 | 航母 | 7 | 0.0022% |
| 体育 | 航母 | 0（1） | 0.0002% |
| 娱乐 | 航母 | 0（1） | 0.0003% |
| … | … | … | … |
| / | 总计 | 2 837 891 | — |

在表 5-4 中，可以发现某些单词从未在某个分类中出现，例如"航母"这个词从未在"体育"和"娱乐"这两个分类中出现。对于这种情况，我们可以使用类似 tf-idf 计算时所采用的平滑（Smoothing）技术，将其词频或条件概率设置为一个极小的值。这里，我们设置了最小的词频，也就是 1。有了单词属性以及相应的概率统计，下一步就可以使用朴素贝叶斯模型进行文本的分类了。

首先回顾 5.2.1 节推导的朴素贝叶斯公式。

$$P(c|o) = \frac{P(c, f_i, f_j)}{P(o)} = \frac{P(c)P(f_i|c)P(f_j|c, f_i)}{P(o)} = \frac{P(c)P(f_i|c)P(f_j|c)}{P(o)} \quad (5\text{-}12)$$

在新闻分类中，$o$ 表示一篇文章，而 $c$ 表示新闻的种类（政治、军事、财经等）。属

性字段 $f$ 就是我们从文档集建立的各种单词。式（5-12）中的 $P(c|f)$ 就是待分类新闻中出现单词 $f$ 时，该新闻属于类别 $c$ 的概率。$P(f|c)$ 是根据训练数据统计，从而得到分类 $c$ 中出现单词 $f$ 的概率。其中 $P(c)$ 是分类 $c$ 在新闻训练数据中出现的概率，$P(f)$ 是单词 $f$ 在训练样本中出现的概率。当然，一篇文章所包含的不同单词的数量要远远大于 2 个，如果是更长的文章，式（5-12）扩展为

$$
\begin{aligned}
P(c|o) &= \frac{P(c, f_1, f_2, \cdots, f_{n-1}, f_n)}{P(o)} \\
&= \frac{P(c)P(f_1|c)P(f_2|c, f_1)\cdots P(fn|c, f_1, f_2, \cdots, f_{n-1})}{P(o)} \\
&= \frac{P(c)P(f_1|c)P(f_2|c)\cdots P(f_n|c)}{P(o)}
\end{aligned}
\tag{5-13}
$$

假设每篇待分类的文章出现的概率 $P(o)$ 是一样的，那么式（5-13）可以简化如下：

$$
\begin{aligned}
P(c|o) &= \frac{P(c)P(f_1|c)P(f_2|c)\cdots P(f_n|c)}{P(o)} \\
&\approx P(c)P(f_1|c)P(f_2|c)\cdots P(f_n|c)
\end{aligned}
\tag{5-14}
$$

我们使用表 5-2～表 5-4 中的数据分别计算"中国航母"这个短语属于每个分类的概率。

$$P(时政|中国航母) \approx P(时政)P(中国|时政)P(航母|时政)$$
$$= 20\% \times 0.0110\% \times 0.0034\% \approx 7.48 \times 10^{-10}$$

$$P(科技|中国航母) \approx P(科技)P(中国|科技)P(航母|科技)$$
$$= 16\% \times 0.0111\% \times 0.0053\% \approx 9.41 \times 10^{-10}$$

$$P(财经|中国航母) \approx P(财经)P(中国|财经)P(航母|财经)$$
$$= 18\% \times 0.0161\% \times 0.0022\% \approx 6.38 \times 10^{-10}$$

$$P(体育|中国航母) \approx P(体育)P(中国|体育)P(航母|体育)$$
$$= 22\% \times 0.0073\% \times 0.0002\% \approx 2.63 \times 10^{-11}$$

$$P(娱乐|中国航母) \approx P(娱乐)P(中国|娱乐)P(航母|娱乐)$$
$$= 24\% \times 0.0075\% \times 0.0003\% \approx 5.4 \times 10^{-11}$$

可以看出，"中国航母"这个短语属于"时政"和"科技"两个分类的可能性最大，属于"体育"的可能性最低。需要注意的是，式（5-14）使用了中文词便于读者理解。在实际情况中，我们需要将中文词和中文分类名称转换为数字型的 ID，以提高系统的效率。

需要注意，文章的篇幅很长，常常会导致非常多的 $P(f|c)$ 连续乘积。而 $P(f|c)$ 通常是非常小的数值，因此最后的乘积趋近于 0 以至于计算机无法识别。可以使用我们之前提到的数学手法进行转换，比如进行对数变换，或将小数转换为绝对值大于 1 的负数。这样转换虽然会改变每篇文章属于每一分类的概率的绝对值，但并不会改变这些概率的相对大小。

## 5.2.3　问题分类的 Python 实战

理解了分类技术的基本概念和两个模型，我们来看看如何在 Python 中实现朴素贝叶斯分类器，并用这个分类器改善检索系统。首先列出分类器相关的代码，为了使代码可读性更好，我们将模型的训练和预测分别写入两个函数 train 和 predict。训练函数 train 的代码如下：

```python
# 训练分类模型的函数
def train(data_path, dict_path):
    # 获取 THUCNews 数据集目录下的所有新闻，并进行分词，然后添加到文档集 corpus
    from os import listdir
    from os.path import isfile, isdir, join
    import jieba
    import pickle
    from sklearn.feature_extraction.text import CountVectorizer
    from sklearn.feature_extraction.text import TfidfTransformer


    categories = [f for f in listdir(data_path) if isdir(join(data_path, f))]

    corpus = []
    corpus_label = []

    print('采样新闻内容……')
    # 获取每个新闻稿，根据比例采样。对于进入采样的新闻，进行分词然后加入 corpus
    i = 0
    sample_fraction = 0.01     # 采样比例
    # 获取所有新闻分类
    for category in categories:
        # 获取当前新闻分类下的所有文档
```

```
        for doc in listdir(join(data_path, category)):

            # 如果进入采样
            if (i % (1/sample_fraction) == 0):
                # 记录当前新闻的分类标签
                corpus_label.append(category)

                # 读取当前新闻的内容
                doc_file = open(join(data_path, category, doc), encoding = 'utf-8')

                # 采用隐马尔夫模型分词
                corpus.append(' '.join(jieba.cut(doc_file.read(), HMM=True)))
                if i % 100000 == 0:
                    print (i, ' finished')

            i += 1

    print('新闻分类的模型拟合……')
    # 把文本中的词语转换为字典和相应的向量
    vectorizer = CountVectorizer()

    # 构建 tfidf 的值，不采用规范化，采用 idf 的平滑
    transformer = TfidfTransformer(norm = None, smooth_idf = True)
    tfidf = transformer.fit_transform(vectorizer.fit_transform(corpus))

    # 将向量化后的词典存储下来，便于新文档的向量化
    pickle.dump(vectorizer.vocabulary_,open(dict_path, 'wb'))

    # 构建最基本的朴素贝叶斯分类器
    mnb = MultinomialNB(alpha=1.0, class_prior=None, fit_prior=True)
    # 通过 tfidf 向量和分类标签，进行模型的拟合
    mnb.fit(tfidf, corpus_label)

    return mnb
```

　　需要注意两点：一是数据采样，如果采用全部的 THUCNews 数据，硬件开销大，过程耗时长，所以这里采用 1% 的采样数据来构建模型；二是向量化之后词典的存储，使用 pickle 将这个词典导出，然后在预测函数中加载它，就能保证新文档和训练文档的词汇集是一致的。预测函数 predict 的代码如下：

```
# 加载分类模型并进行预测的函数
def predict(dict_path, mnb, question):
```

```
import jieba
import pickle
from sklearn.feature_extraction.text import CountVectorizer
from sklearn.feature_extraction.text import TfidfTransformer


    # 构建问题的向量，从存储的词典中加载词汇，便于确保训练和预测的词汇一致性
    questions = [' '.join(jieba.cut(question, HMM = True))]
    trained_vectorizer = CountVectorizer(decode_error = 'replace', vocabulary =
pickle.load(open(dict_path, 'rb')))

    # 构建问题的 tfidf 向量
    transformer = TfidfTransformer(norm = None, smooth_idf = True)
    questions_tfidfs = transformer.fit_transform(trained_vectorizer.fit_transform(questions))

    # 根据训练好的模型来预测输入问题的分类
    return mnb.predict(questions_tfidfs[0])[0]
```

train 和 predict 函数都使用 tfidf 向量构建。下面通过一个主体函数来调用 train 和 predict 函数。

```
# 主体函数 1
from pathlib import Path

data_path = str(Path.home()) + '/Coding/data/chn_datasets/THUCNews'
dict_path = 'feature.pkl'

from sklearn.naive_bayes import MultinomialNB
mnb = train(data_path, dict_path)

# 对输入的问题进行分类
while True:
    question = input('请告诉我你所关心的新闻主题：')
    if question == '退出':
        break

    print(predict(dict_path, mnb, question))
```

可以输入不同的问题，系统会自动分类，例如：

新闻分类的模型拟合……
请告诉我你所关心的新闻主题：  中国足球的近况

体育
请告诉我你所关心的新闻主题：　苹果新款手机何时发布
科技
请告诉我你所关心的新闻主题：……

经过一些测试发现，即便只使用了 1%的采样数据，分类效果也达到了预期。那么下一个需要关注的问题就是，如何将这个分类和之前的检索结合呢？下面的代码进行了示例，为实现代码可读性，我们将搜索的部分封装成 search 函数。

```python
# 搜索函数
def search(question, sub_category):
    from urllib import request as req
    from sys import stdin
    import json

    postdata = {}
    postdata['query'] = {}
    postdata['query']['bool'] = {}
    postdata['query']['bool']['must'] = []
    postdata['query']['bool']['must'].append({'multi_match': {'query': question,
'minimum_should_match': '100%', 'fields': ['title', 'body', 'category']}})
    postdata['query']['bool']['must'].append({'term': {'category': sub_category}})
    postdata = json.dumps(postdata).encode('utf-8')

    # 这里使用了集群的查询端点
    url = 'http://localhost:9200/news_index/_doc/_search'

    # 构建 POST 请求
    request = req.Request(url, data=postdata)
    request.add_header("Content-Type","application/json; charset=UTF-8")

    # 发送请求并解析查询结果
    with req.urlopen(request) as response:
        results = json.loads(response.read().decode('utf-8'))
        results_num = int(results['hits']['total']['value'])
        if results_num == 0:
            print('没有找到相关内容，请换个主题')
        else:
            print('标题：', results['hits']['hits'][0]['_source']['title'])
            print('正文：', results['hits']['hits'][0]['_source']['body'])
```

有了分类和搜索函数，我们就可以智能地判定问题的分类，直接使用问题的分类进行检索，无须像之前那样，人工指定分类。具体代码如下：

```
# 主体函数 2
from pathlib import Path

data_path = str(Path.home()) + '/Coding/data/chn_datasets/THUCNews'
dict_path = 'feature.pkl'

from sklearn.naive_bayes import MultinomialNB
mnb = train(data_path, dict_path)

# 对输入的问题进行分类
while True:
    question = input('请告诉我你所关心的新闻主题：')
    if question == '退出':
        break

    sub_category = predict(dict_path, mnb, question)
    print(sub_category)
    search(question, sub_category)
```

再次进行一些测试。

```
新闻分类的模型拟合……
请告诉我你所关心的新闻主题： 苹果新款手机何时上市
科技
标题：行货 iPhone 4S 年底国内上市
正文：苹果今晨发布 iPhone4S "果粉"大呼失望     本报讯(记者贾中山)从凌晨 1 点等到 2 点
40 分，也没有看到传说中的 iPhone5 手机，许多"果粉"在微博中大呼失望……
请告诉我你所关心的新闻主题： 早餐吃什么最健康
时尚
标题：鸡蛋摘冠"世界最营养早餐"营养早餐 3 做法
正文：导语：我们都知道，只有吃好早餐，才能提升一天减肥的战斗力。那么，早餐吃什么减肥
呢？这是一件让人苦恼的事情。下面为你打造几款简单易做的花样鸡蛋饼……
```

在运行检索代码的时候，需要确保 Elasticsearch 正确配置并按照之前的章节进行新闻数据的索引。

得知问题的分类之后，除了限定结果的分类，还有一些其他的优化方法，比如根据分类的加权（Boost）。例如，我们可以使用如下的 JSON Body 来查询 Elasticsearch，使得

"娱乐"分类的权重变为 2.0，其他分类默认是 1.0，也就是说给"娱乐"类的新闻进行加权，让它们的排序靠前。

```
{
    "query": {
        "bool": {
            "must": {
                "multi_match": {
                    "query": "国足",
                    "minimum_should_match": "100%",
                    "fields": ["title", "body", "category"]
                }
            },
            "should": [
                {
                    "match": {
                        "category": {
                            "query": "娱乐",
                            "boost": 2.0
                        }
                    }
                }
            ]
        }
    }
}
```

基于此，我们可以构建新的搜索函数 search_boost，并在主题函数中调用它。

```
# 使用 boost 的搜索函数
def search_boost(question, sub_category):
    from urllib import request as req
    from sys import stdin
    import json

    postdata = {}
    postdata['query'] = {}
    postdata['query']['bool'] = {}
    postdata['query']['bool']['must'] = {'multi_match': {'query': question,
'minimum_should_match': '100%', 'fields': ['title', 'body', 'category']}}
    postdata['query']['bool']['should'] = []
```

```python
    postdata['query']['bool']['should'].append({'match': {'category': {'query': sub_category,
'boost': 2.0}}})
    postdata = json.dumps(postdata).encode('utf-8')

    # 这里使用了集群的查询端点
    url = 'http://localhost:9200/news_index/_doc/_search'

    # 构建 POST 请求
    request = req.Request(url, data=postdata)
    request.add_header("Content-Type","application/json; charset=UTF-8")

    # 发送请求并解析查询结果
    with req.urlopen(request) as response:
        results = json.loads(response.read().decode('utf-8'))
        results_num = int(results['hits']['total']['value'])
        if results_num == 0:
            print('没有找到相关内容，请换个主题')
        else:
            print('标题：', results['hits']['hits'][0]['_source']['title'])
            print('正文：', results['hits']['hits'][0]['_source']['body'])


# 主体函数 2
from pathlib import Path

data_path = str(Path.home()) + '/Coding/data/chn_datasets/THUCNews'
dict_path = 'feature.pkl'

from sklearn.naive_bayes import MultinomialNB
mnb = train(data_path, dict_path)

# 对输入的问题进行分类
while True:
    question = input('请告诉我你所关心的新闻主题：')
    if question == '退出':
        break

    sub_category = predict(dict_path, mnb, question)
    print(sub_category)
    search_boost(question, sub_category)
```

修改之后的代码，不再排除其他分类的新闻，而只是让期望分类的新闻排名更加靠前。比较一下两个方法，限定分类的好处在于精准，注重的是检索结果的精度，而根据分类进行加权的好处在于全面，注重的是检索结果的覆盖率，可以根据实际运用的需要来选择。

## 5.2.4　实体识别及其 Python 实战

我们可以对问题进行合理的分类，可能会注意到一个问题：有时候人们会提出一个很具体的问题，基于检索的回答就显得过于随意了。比如，用户问某个新闻事件是在何时何地发生的，他们希望系统能直接给出具体的时间和地点，而不是整段的文字。针对这种情况，可以考虑使用自然语言处理技术中的命名实体识别，下面我们来展示一下基本的方法和代码。

这种方法的主要流程如下：

（1）通过命名实体识别的技术，挖掘出人名、地名、时间等实体，然后在 ES 索引中加入相应的字段。

（2）分析用户的问题，看看用户关心的是哪一种实体。

（3）根据用户提问的实体和关键词，查找相关的文档，并将对应的实体作为答案返回。

我们仍然使用斯坦福大学自然语言小组所提供的 Stanford Named Entity Recognizer（NER https://nlp.stanford.edu/software/CRF-NER.html）。这个工具也支持中文命名实体的识别，以如下步骤实现：

（1）在 https://nlp.stanford.edu/software/CRF-NER.html#Download 下载支持英文的NER，并解压到 <Home_Directory>/Coding/ stanford-ner-2018-10-16。

（2）在 https://stanfordnlp.github.io/CoreNLP/index.html#download 下载支持中文的模型 jar 包，在本书撰写时最新版本为 3.9.2。

（3）解压 stanford-chinese-corenlp-2018-10-05-models.jar 到 <Home_Directory>/Coding/stanford-chinese-corenlp-2018-10-05-models，并将 <Home_Directory>/Coding/ stanford-chinese-corenlp-2018-10-05-models/edu/stanford/nlp/models/ner/ 目录下的 chinese.misc.distsim.crf.ser.gz 放入 <Home_Directory>/Coding/stanford-ner-2018-10-16/classifiers/。

配置完毕后，我们可以构建如下函数来抽取某段文本中的命名实体。

```
# 抽取命名实体
def ner(text, snt):
    import jieba
    import nltk
    from nltk.tag import StanfordNERTagger as snt
```

```
# Stanford 的中文 NER Tagger 只能处理中文分词之后的文本，所以首先使用 jieba 进行分词
segmented_text = ' '.join(jieba.cut(text, HMM=True))
return stanford_ner_tagger.tag(segmented_text.split())
```

需要注意的是，Standford 的 NER 本身不支持中文的分词，所以在上述函数中，我们要事先使用 jieba 进行分词。此外，将 snt 的初始化放在主体函数中。

```
# 主体函数
import nltk
from nltk.tag import StanfordNERTagger as snt
from pathlib import Path


# 初始化斯坦福大学提供的 StanfordNERTagger
# 第一个参数表示通过中文语料训练得到的模型数据
# 第二个参数表示该引擎使用的 jar 包
stanford_ner_tagger = snt(str(Path.home()) + '/Coding/stanford-ner-2018-10-
16/classifiers/chinese.misc.distsim.crf.ser.gz',str(Path.home()) + '/Coding/stanford-ner-2018-
10-16/stanford-ner-3.9.2.jar')



# 获取 THUCNews 数据集目录下所有分类的子目录
from os import listdir
from os.path import isfile, isdir, join
from pathlib import Path

data_path = str(Path.home()) + '/Coding/data/chn_datasets/THUCNews'
categories = [f for f in listdir(data_path) if isdir(join(data_path, f))]

import json
from os import makedirs
output_file_path = str(Path.home()) +
'/Coding/data/chn_datasets/THUCNews/news_with_ne_for_es.txt'

i = 0

# 获取每个新闻稿，根据比例采样。对于进入采样的新闻，进行命名实体的识别，然后加入 corpus
sample_fraction = 0.001     # 采样比例

output = open(output_file_path, 'w')
```

```
for category in categories:
    # 列出当前新闻分类下的所有文档
    for doc in listdir(join(data_path, category)):

        # 如果进入采样
        if (i % (1/sample_fraction) == 0):

            # 读取这篇新闻的内容
            doc_file = open(join(data_path, category, doc), encoding = 'utf-8')

            # 构造这篇 Elasticsearch 文档的 JSON 结构，便于格式化输出
            news_doc = {}
            news_doc['title'] = doc_file.readline().replace('\n', '').strip()    # 第一行作为新闻标题
            news_doc['body'] = doc_file.read().replace('\n', '').strip()     # 剩下的作为新闻正稿
            news_doc['category'] = category

            # 记录三种命名实体 PERSON、ORGANIZATION 和 GPE(Geopolitical Entity,
            # 可以是一个城市或者国家)
            ne_person = []
            ne_organization = []
            ne_gpe = []
            for tag_value, tag_type in ner(news_doc['title'] + ' ' + news_doc['body'], snt):
                if tag_type == 'PERSON':
                    ne_person.append(tag_value)
                elif tag_type == 'ORGANIZATION':
                    ne_organization.append(tag_value)
                elif tag_type == 'GPE':
                    ne_gpe.append(tag_value)
            news_doc['ne_person'] = ne_person
            news_doc['ne_organization'] = ne_organization
            news_doc['ne_gpe'] = ne_gpe

            output.write('{ "index" : { "_index" : "news_index", "_type" : "_doc" } }\n')
            output.write('{0}\n'.format(json.dumps(news_doc, ensure_ascii = False))) # 这里
            # 设置参数 ensure_ascii 为 False，为了输出中文
            doc_file.close()

        i += 1
        if i % 10000 == 0:
```

```
        print(i, ' finished')

# 关闭输出文件
output.close()
```

由于 NER 的识别比较慢，上述代码使用了 0.1%的采样以节省运行时间，最终生成的新闻数量大约在 800 条左右。

下面我们需要重新索引这批新的文档，将命名实体包含到索引中。首先，删除原有的索引，然后通过 PUT 请求重新设置映射，其 BODY 内容如下：

```
{
 "settings": {
        "analysis": {
            "analyzer": {
                "ik_syn": {
                    "tokenizer": "ik_smart",
                    "filter": ["synonym"]
                }
            },
            "filter": {
              "synonym": {
                    "type": "synonym",
                    "synonyms_path": "synonyms.txt"
              }
            }
        }
},
 "mappings" : {
        "properties": {
            "title": {
                "type": "text",
                "analyzer": "ik_syn",
                "search_analyzer": "ik_syn"
            },
            "body" : {
                "type": "text",
                "analyzer": "ik_syn",
                "search_analyzer": "ik_syn"
            },
            "category": {
```

```
                "type": "text",
                "analyzer": "ik_syn",
         "search_analyzer": "ik_syn",
         "fielddata": true
            },
         "ne_person": {
                "type": "text",
                "analyzer": "ik_syn",
          "search_analyzer": "ik_syn"
            },
         "ne_organization": {
                "type": "text",
                "analyzer": "ik_syn",
          "search_analyzer": "ik_syn"
            },
         "ne_gpe": {
                "type": "text",
                "analyzer": "ik_syn",
          "search_analyzer": "ik_syn"
            }
          }
       }
}
```

其中主要包含了几个新的字段 ne_person、ne_organization 和 ne_gpe。使用下面的命令重新索引新的文档集合。

```
curl -s -XPOST "localhost:9200/_bulk" -H "Content-Type: application/json" --data-binary
"@/<Home_Directory>/Coding/data/chn_datasets/THUCNews/news_with_ne_for_es.txt" -o
"/<Home_Directory>/Coding/data/chn_datasets/THUCNews/news_with_ne_for_es_curl_output
.txt"
```

索引重建之后，我们还需要修改搜索的函数，新函数的名称为 search_name_entity，具体内容如下：

```
# 支持命名实体查询的搜索函数
def search_name_entity(question, sub_category, ne_type):
    from urllib import request as req
    from sys import stdin
    import json
    import numpy as np
```

```
    postdata = {}
    postdata['query'] = {}
    postdata['query']['bool'] = {}
    postdata['query']['bool']['must'] = {'multi_match': {'query': question,
'minimum_should_match': '30%', 'fields': ['title', 'body', 'category']}}
    postdata['query']['bool']['should'] = []
    postdata['query']['bool']['should'].append({'match': {'category': {'query': sub_category,
'boost': 2.0}}})
    postdata = json.dumps(postdata).encode('utf-8')

    # 这里使用了集群的查询端点
    url = 'http://localhost:9200/news_index/_doc/_search'

    # 构建 POST 请求
    request = req.Request(url, data=postdata)
    request.add_header("Content-Type","application/json; charset=UTF-8")

    # 发送请求并解析查询结果
    with req.urlopen(request) as response:
        results = json.loads(response.read().decode('utf-8'))
        results_num = int(results['hits']['total']['value'])
        if results_num == 0:
            print('没有找到相关内容，请换个主题')
        else:
            # 根据命名实体的类型，输入结果
            if ne_type != '':
                print(results['hits']['hits'][0]['_source'][ne_type])
            else:
                print('没有找到相关内容，请换个主题')
```

　　和之前的搜索函数相比，这个函数主要有两点不同。一是该函数需要额外输入一个参数 ne_type，它表示用户的提问是关于哪种命名实体；二是根据参数 ne_type，显示相应的命名实体信息。ne_type 的获取是通过如下代码实现：

```
# 识别用户希望查找何种命名实体
def get_ne_type(question):
    if '哪些人' in question:
        return 'ne_person'
    if '哪些机构' in question:
        return 'ne_organization'
    if '哪些国家' in question:
```

```
        return 'ne_gpe'
    return ''



# 支持命名实体查询的主体函数
from pathlib import Path

data_path = str(Path.home()) + '/Coding/data/chn_datasets/THUCNews'
dict_path = 'feature.pkl'

from sklearn.naive_bayes import MultinomialNB
mnb = train(data_path, dict_path)

# 对输入的问题进行分类
while True:
    question = input('请告诉我你所关心的新闻主题：')
    if question == '退出':
        break

    sub_category = predict(dict_path, mnb, question)
    print(sub_category)
    search_name_entity(question, sub_category, get_ne_type(question))
```

这里 get_ne_type 函数会根据问题的内容，使用简单的规则来判定我们需要返回何种命名实体。也可以使用我们之前讲过的分类技术来自动识别。但需要一些标注的数据，表示哪些问题是关于人名的，哪些问题是关于地理位置的等。

所有代码实现之后，我们可以进行一些简单的测试。

```
请告诉我你所关心的新闻主题：国足有哪些人
体育
['马德兴', '宿茂臻', '刘春明', '贾秀全', '宿家军']


请告诉我你所关心的新闻主题：足球世界杯有哪些国家参赛？
体育
['开普敦', '中国足协', '异国他乡', '中国', '南非', '开普敦', '荷兰', '乌拉圭', '德国', '荷兰', '德国', '德国',
'中国', '中国', '西班牙', '中国', '西班牙队', '西班牙', '西班牙', '中国', '中国', '中国', '南非', '南非', '中
国', '中国', '中国足协', '南非']
```

通过例子，会发现结果并不准确。例如，询问国足球员时，会出现体育记者或教练的名字。询问世界杯参赛球队时，会出现未进入世界杯的国家，甚至还有一些噪音数据。

这就需要一些更高级的技术，在后面的章节中，我们会提到如何使用知识库等技术进一步优化结果。

# 5.3　检索结果的优化

对于问答系统来说，除了要很好地理解用户的问题，还需要给出合理的答复。如果是基于检索系统，那么答案的合理性就取决于返回内容的质量，下面我们就来看看如何使用机器学习的方法，提升检索结果的质量。这其中包括两个主题：第一个主题是如何使用回归技术找出相关性更高的信息；第二个主题是如何使用聚类技术，去除重复性较高的信息。

## 5.3.1　线性回归的基本概念

在前面的章节我们介绍了几个相关性模型。所有这些模型都根据一定的假设，从文章的内容出发，找出最合理的排序。可是在许多应用中，仅仅依照文字本身来判断是不够的。例如，对于新闻检索来说，我们要考虑时效性和地域性，也就是说，这件事情是何时发生的？在哪里发生的？对于电子商务中的商品检索来说，我们要考虑的因素就更多了，包括商品是否应季、最近是否畅销、利润率如何等。随之而来的问题就是，这些因素中哪些更重要？我们没有办法靠人工来确定所有因素的权重。这时，线性回归就能为我们提供很大的帮助。

之前阐述的分类问题是根据某个样本中的一系列特征输入，判定其应该属于哪个分类，从而预测出离散的分类标签。现实中，如何根据一系列的特征输入，给出连续的预测值？例如，电子商务网站根据销售的历史数据预估新商品在未来的销售情况，就是一种典型的应用场景。如果只是预估卖得"好"还是"不好"，明显太粗糙，不利于商品的排序。如果预估值是其转化率或者绝对销量，就相对合理了。再回到水果的案例，重新设想一个场景，我们邀请的果农都是久经沙场的老将，对于水果稍加评估就能预测有多少概率能卖出去。将 1000 个水果放入一个黑箱，每次随机摸出一个，这次我们不再让果农判断它是属于苹果、甜橙还是西瓜，而是让他们根据水果外观、分量等因素预估其被卖出去的可能性有多大，可能性取 $0\sim100\%$ 的任何一个实数值。这就是最基本的因变量连续回归分析。

因变量连续回归的训练与测试流程大体相当，但采用的具体技术有所不同，它使用的是研究一个或多个随机变量 $y_1, y_2, \cdots, y_i$ 与另一些变量 $x_1, x_2, \cdots, x_k$ 之间关系的统计方法，又称多重回归分析。我们将 $y_1, y_2, \cdots, y_i$ 称为因变量，$x_1, x_2, \cdots, x_k$ 称为自变量。通常情况下，因变量的值可以分解为两部分：一部分是由自变量影响，即表示为自变量的相关函数，其中函数形式已知，可能是线性也可能是非线性函数，含有一些未知参数；另一部分是由其他未被考虑的因素和随机性影响，即随机误差。

按照不同的维度，回归可以分为几种。

- 按照自变量数量：当自变量 $x$ 的个数大于 1 时称为多元回归。
- 按照因变量数量：当因变量 $y$ 的个数大于 1 时称为多重回归。
- 按照模型：如果因变量和自变量为线性关系时，就称为线性回归模型；如果因变量和自变量为非线性关系，则称为非线性回归模型。举个例子，最简单的情况是一个自变量和一个因变量，且它们有线性关系，称为一元线性回归，模型为 $Y = a + bX + \varepsilon$，这里 $X$ 是自变量，$Y$ 是因变量，$\varepsilon$ 是随机误差，通常假定随机误差的均值为 0。

假设在果案例中，每个水果有 6 个特征维度，包括形状、颜色、重量等。这 6 维就是自变量，最终卖出的概率是一重因变量。通过 6 元自变量预测最终卖出概率的这个因变量，称为 6 元一重回归分析。至于是否是线性回归，需要看训练过程中，线性回归模型是否能很好地拟合学习样本，使得随机误差足够小。如果不能，就需要尝试非线性回归模型。图 5-4 展示了二维空间中的拟合程度，图中离散的点是训练数据实例，直线是回归学习后确定的拟合线。从图 5-4（a）可以看出，实例点和学习的直线非常接近，误差比较小。而图 5-4（b）却相反，实例点和学习得出的直线距离都比较远。我们就认为图 5-4（a）的拟合度要好于图 5-4（b），而且图 5-4（a）学习出的函数参数更可信。而图 5-4（b）可能需要考虑更换其他非线性的回归函数。

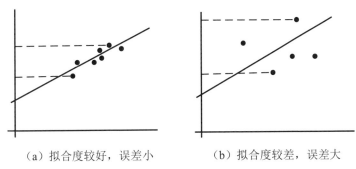

（a）拟合度较好，误差小　　　　　（b）拟合度较差，误差大

图 5-4　二维空间中的拟合度

假设在水果案例中我们足够幸运，最基本的线性回归效果很好，获得了如下的预测函数：

$$
\begin{aligned}
\text{conversion}(o) &= w_0 + w_1 \times \text{Shape} + w_2 \times \text{Color} + w_3 \times \text{Texture} + w_4 \times \text{Weight} + \\
& \quad w_5 \times \text{Feel} + w_6 \times \text{Taste} \\
&= 0.32 + 0.15 \times \text{Shape} + 0.28 \times \text{Color} + 0.03 \times \text{Texture} - 0.08 \times \\
& \quad \text{Weight} - 0.12 \times \text{Feel} + 0.75 \times \text{Taste}
\end{aligned} \tag{5-15}
$$

在预测的时候，我们将新的数据对象各个维度的特征值带入式（5-15），就可以得到预估的转化率。这时，可能很好奇为什么线性回归能够根据标注过的样本数据，获得每个因素的权重？另外，如何评估拟合的好坏？下面我们就来详细介绍。

## 5.3.2　线性回归的求解和拟合度的评估

在理解线性回归的求解方法之前，先来回顾一下求解方程所用的高斯消元法。

对于回归分析来说，最简单的情形是只有一个自变量和一个因变量，且它们大体上是有线性关系的，这就是一元线性回归。对应的模型很简单，就是 $Y = a + bX + \varepsilon$。这里的 $X$ 是自变量，$Y$ 是因变量，$a$ 是截距，$b$ 是自变量的系数。$\varepsilon$，表示随机误差，我们通常假定随机误差的均值为 0。如果我们暂时不考虑 $a$ 和 $\varepsilon$，把它扩展为多元的形式，就可以得到如下这种形式的方程：

$$b_1 \times x_1 + b_2 \times x_2 + \cdots + b_{n-1} \times x_{n-1} + b_n \times x_n = y \qquad (5\text{-}16)$$

假设我们有多个这样的方程，就能构成线性方程组，这里列出一个例子。

$$\begin{cases} 2x_1 + x_2 + x_3 = 0 \\ 4x_1 + 2x_2 + x_3 = 56 \\ 2x_1 - x_2 + 4x_3 = 4 \end{cases}$$

对于这个方程组，如果存在至少一组 $x_1$、$x_2$ 和 $x_3$ 使得三个方程都成立，那么就称方程有解；如果不存在，我们就说方程无解。如果方程有解，那么解可能是唯一的，也可能是不唯一。我们通常关心方程组是不是有解，以及 $x_1, x_2, \cdots, x_n$ 分别是多少。人们想了很多方法来求解方程组，这些方法看起来多种多样，其实主要归为两大类：直接法和迭代法。直接法就是通过有限次的算术运算，计算精确解。而迭代法是一种不断用变量的旧值递推新值的过程。我们可以用迭代法不断地逼近方程的精确解。我们从上面这个方程组的例子出发，阐述最常见的高斯消元法，以及如何使用矩阵操作来实现它。

高斯消元法主要分为两步，消元（Forward Elimination）和回代（Back Substitution）。所谓消元，就是要减少某些方程中元的数量。如果某方程中的元只剩一个 $x_m$ 了，那么自变量 $x_m$ 的解就知道了。所谓的回代，就是把已知的解 $x_m$ 代入到方程中，求出其他未知的解。我们先从消元开始，来求解前面提到的方程组。首先保持第 1 个方程不变，消除第 2 个和第 3 个方程中的 $x_1$。方法是让第 2 个方程减去第 1 个方程的 2 倍，方程的左侧变为

$$\left(4x_1 + 2x_2 + x_3\right) - 2\left(2x_1 + x_2 + x_3\right) = -x_3$$

方程的右侧变为

$$56 - 2 \times 0 = 56$$

第 2 个方程变为

$$-x_3 = 56$$

这样方程组就变为

$$\begin{cases} 2x_1 + x_2 + x_3 = 0 \\ -x_3 = 56 \\ 2x_1 - x_2 + 4x_3 = 4 \end{cases}$$

对于第 3 个方程同样如此，我们需要去掉其中的 $x_1$。方法是让第 3 个方程减去第 1 个方程，方程组变为

$$\begin{cases} 2x_1 + x_2 + x_3 = 0 \\ -x_3 = 56 \\ -2x_2 + 3x_3 = 4 \end{cases}$$

至此，我们使用第 1 个方程作为参照，消除了第 2 个和第 3 个方程中的 $x_1$，我们就称这里的第 1 个方程为"主元行"。

接下来，我们要把第 2 个方程作为"主元行"，来消除第 3 个方程中的 $x_2$。可以发现，第 2 个方程中的 $x_2$ 已经没有了，失去了参照，这时候我们需要把第 2 个方程和第 3 个方程互换，变为

$$\begin{cases} 2x_1 + x_2 + x_3 = 0 \\ -2x_2 + 3x_3 = 4 \\ -x_3 = 56 \end{cases}$$

此时，由于第 3 个方程已经没有 $x_2$ 了，所以无须再消元。如果还有 $x_2$，那么就需要参照第 2 个方程以消除第 3 个方程中的 $x_2$。观察一下现在的方程组，第 1 个方程有 3 个自变量，第 2 个方程有 2 个自变量，第 3 个方程只有 1 个自变量。这时，我们就可以从第 3 个方程开始回代了。通过第 3 个方程，我们可以得到 $x_3 = -56$，把这个值代入第 2 个方程，就可以得到 $x_2 = -86$。最后把 $x_2$ 和 $x_3$ 的值代入第 1 个方程，可以得到 $x_1 = 71$。

如果方程和元的数量很少，高斯消元法并不难理解。可是如果方程和元的数量很多，整个过程就变得比较烦琐了。实际上，我们可以把高斯消元法转化为矩阵的操作，以便

于理解和记忆。为了进行矩阵操作，首先我们要把方程中的系数 $b_i$ 转成矩阵，我们把这个矩阵记为 $B$。对于上面的方程组示例，系数矩阵为

$$B = \begin{pmatrix} 2 & 1 & 1 \\ 4 & 2 & 1 \\ 2 & -1 & 4 \end{pmatrix}$$

最终我们通过消元，把系数矩阵 $B$ 变为

$$B = \begin{pmatrix} 2 & 1 & 1 \\ 0 & -2 & 3 \\ 0 & 0 & -1 \end{pmatrix}$$

可以看出，消元的过程就是把原始的系数矩阵变为上三角矩阵。这里的上三角矩阵表示矩阵中只有主对角线以及主对角线以上的三角部分里有数字。我们用 $U$ 表示上三角矩阵。通过回代，我们最终得到的结果如下：

$$\begin{cases} x_1 = 71 \\ x_2 = -86 \\ x_3 = -56 \end{cases}$$

可以把结果看作：

$$\begin{cases} 1 \times x_1 + 0 \times x_2 + 0 \times x_3 = 71 \\ 0 \times x_1 + 1 \times x_2 + 0 \times x_3 = -86 \\ 0 \times x_1 + 0 \times x_2 + 1 \times x_3 = -56 \end{cases}$$

再把系数写成矩阵的形式，就是：

$$\begin{pmatrix} 1 & 0 & 0 \\ 0 & 1 & 0 \\ 0 & 0 & 1 \end{pmatrix}$$

这就是一个单位矩阵。所以说，回代的过程是把上三角矩阵变为单位矩阵的过程。为了便于后面的回代计算，我们也可以把方程式等号右边的值加入到系数矩阵，我们称这个新的矩阵为增广矩阵，将这个矩阵记为 $A$。现在让我们来观察一下这个增广矩阵 $A$。

$$A = \begin{pmatrix} 2 & 1 & 1 & 0 \\ 4 & 2 & 1 & 56 \\ 2 & -1 & 4 & 4 \end{pmatrix}$$

对于此矩阵，我们的最终目标是把除最后一列之外的部分变成单位矩阵。而此时最后一列中的每个值，就是每个自变量所对应的解。我们使用矩阵相乘的方法来进行消元。首先保持第 1 个方程不变，然后消除第 2 个和第 3 个方程中的 $x_1$。这就意味着要把 $A_{2,1}$ 和 $A_{3,1}$ 变为 0。对于第 1 个方程，如果要保持它不变，我们可以让向量 $[1,0,0]$ 左乘 $A$。对于第 2 个方程，具体操作是让第 2 个方程减去第 1 个方程的 2 倍，达到消除 $x_1$ 的目的。我们可以让向量 $[-2,1,0]$ 左乘 $A$。对于第 3 个方程，具体操作是让第 3 个方程减去第 1 个方程，达到消除 $x_1$ 的目的。我们可以让向量 $[-1,0,1]$ 左乘 $A$。使用这 3 个行向量组成一个矩阵 $E_1$。

$$E_1 = \begin{pmatrix} 1 & 0 & 0 \\ -2 & 1 & 0 \\ -1 & 0 & 1 \end{pmatrix}$$

我们可以用矩阵 $E_1$ 和 $A$ 的点乘，来实现消除第 2 个和第 3 个方程中 $x_1$ 的目的。

$$E_1 A = \begin{pmatrix} 1 & 0 & 0 \\ -2 & 1 & 0 \\ -1 & 0 & 1 \end{pmatrix} \begin{pmatrix} 2 & 1 & 1 & 0 \\ 4 & 2 & 1 & 56 \\ 2 & -1 & 4 & 4 \end{pmatrix} = \begin{pmatrix} 2 & 1 & 1 & 0 \\ 0 & 0 & -1 & 56 \\ 0 & -2 & 3 & 4 \end{pmatrix}$$

可以发现，由于使用了增广矩阵，矩阵中最右边的一列，也就是方程等号右边的数值也会随之发生改变。下一步是消除第 3 个方程中的 $x_2$。依照之前的经验，我们要把第 2 个方程作为"主元行"，以消除第 3 个方程中的 $x_2$。可是第 2 个方程中的 $x_2$ 已经没有了，失去了参照，这时候我们需要把第 2 个方程和第 2 个方程互换。这种互换的操作如何使用矩阵来实现呢？其实不难，可以使用矩阵 $E_2$ 左乘增广矩阵 $A$。

$$E_2 = \begin{pmatrix} 1 & 0 & 0 \\ 0 & 0 & 1 \\ 0 & 1 & 0 \end{pmatrix}$$

上面这个矩阵第一行 $[1\ 0\ 0]$ 的意思就是只取第一行方程，而第二行 $[0\ 0\ 1]$ 的意思是只取第 3 个方程，而第三行 $[0\ 1\ 0]$ 表示只取第 2 个方程。我们先让 $E_1$ 左乘 $A$，然后再让 $E_2$ 左乘 $E_1 A$，就得到消元后的系数矩阵。

$$E_2(E_1A) = \begin{pmatrix} 1 & 0 & 0 \\ 0 & 0 & 1 \\ 0 & 1 & 0 \end{pmatrix} \begin{pmatrix} 2 & 1 & 1 & 0 \\ 0 & 0 & -1 & 56 \\ 0 & -2 & 3 & 4 \end{pmatrix} = \begin{pmatrix} 2 & 1 & 1 & 0 \\ 0 & -2 & 3 & 4 \\ 0 & 0 & -1 & 56 \end{pmatrix}$$

我们把 $E_1$ 点乘 $E_2$ 的结果记做 $E_3$，并把 $E_3$ 称为消元矩阵。

$$E_2(E_1A) = (E_2E_1)A = \left[ \begin{pmatrix} 1 & 0 & 0 \\ -2 & 1 & 0 \\ -1 & 0 & 1 \end{pmatrix} \begin{pmatrix} 1 & 0 & 0 \\ 0 & 0 & 1 \\ 0 & 1 & 0 \end{pmatrix} \right] \begin{pmatrix} 2 & 1 & 1 & 0 \\ 4 & 2 & 1 & 56 \\ 2 & -1 & 4 & 4 \end{pmatrix}$$

$$= \begin{pmatrix} 1 & 0 & 0 \\ -1 & 0 & 1 \\ -2 & 1 & 0 \end{pmatrix} \begin{pmatrix} 2 & 1 & 1 & 0 \\ 4 & 2 & 1 & 56 \\ 2 & -1 & 4 & 4 \end{pmatrix} = E_3A$$

$$E_3 = \begin{pmatrix} 1 & 0 & 0 \\ -1 & 0 & 1 \\ -2 & 1 & 0 \end{pmatrix}$$

对于目前的结果矩阵来说，除了最后一列，它已经变成了一个上三角矩阵，也就是说消元步骤已经完成了。接下来，我们要使最后一列之外的部分变成一个单位矩阵，才能得到最终的方程组解。与消元不同的是，我们将从最后一行开始。对于最后一个方程，我们只需要把所有系数取反，使用矩阵 $S_1$ 实现。

$$S_1 = \begin{pmatrix} 1 & 0 & 0 \\ 0 & 1 & 0 \\ 0 & 0 & -1 \end{pmatrix}$$

$$S_1(E_3A) = \begin{pmatrix} 1 & 0 & 0 \\ 0 & 1 & 0 \\ 0 & 0 & -1 \end{pmatrix} \begin{pmatrix} 2 & 1 & 1 & 0 \\ 0 & -2 & 3 & 4 \\ 0 & 0 & -1 & 56 \end{pmatrix} = \begin{pmatrix} 2 & 1 & 1 & 0 \\ 0 & -2 & 3 & 4 \\ 0 & 0 & 1 & -56 \end{pmatrix}$$

接下来要去掉第 2 个方程中的 $x_3$，我们要用第二个方程减去 3 倍的第 3 个方程，然后除以-2。首先是减去 3 倍的第 3 个方程。

$$\begin{pmatrix} 1 & 0 & 0 \\ 0 & 1 & -3 \\ 0 & 0 & 1 \end{pmatrix} \begin{pmatrix} 2 & 1 & 1 & 0 \\ 0 & -2 & 3 & 4 \\ 0 & 0 & 1 & -56 \end{pmatrix} = \begin{pmatrix} 2 & 1 & 1 & 0 \\ 0 & -2 & 0 & 172 \\ 0 & 0 & 1 & -56 \end{pmatrix}$$

然后用第 2 个方程除以-2，得

$$\begin{pmatrix} 1 & 0 & 0 \\ 0 & -\dfrac{1}{2} & 0 \\ 0 & 0 & 1 \end{pmatrix} \begin{pmatrix} 2 & 1 & 1 & 0 \\ 0 & -2 & 0 & 172 \\ 0 & 0 & 1 & -56 \end{pmatrix} = \begin{pmatrix} 2 & 1 & 1 & 0 \\ 0 & 1 & 0 & -86 \\ 0 & 0 & 1 & -56 \end{pmatrix}$$

最后，对于第 1 个方程，我们要用第 1 个方程减去第 2 个和第 3 个方程，再除以 2，将这几步合并列在下方。

$$\begin{pmatrix} \dfrac{1}{2} & 0 & 0 \\ 0 & 1 & 0 \\ 0 & 0 & 1 \end{pmatrix} \begin{pmatrix} 1 & -1 & -1 \\ 0 & 1 & 0 \\ 0 & 0 & 1 \end{pmatrix} \begin{pmatrix} 2 & 1 & 1 & 0 \\ 0 & 1 & 0 & -86 \\ 0 & 0 & 1 & -56 \end{pmatrix} = \begin{pmatrix} \dfrac{1}{2} & -\dfrac{1}{2} & -\dfrac{1}{2} \\ 0 & 1 & 0 \\ 0 & 0 & 1 \end{pmatrix} \begin{pmatrix} 2 & 1 & 1 & 0 \\ 0 & 1 & 0 & -86 \\ 0 & 0 & 1 & -56 \end{pmatrix} = \begin{pmatrix} 1 & 0 & 0 & 71 \\ 0 & 1 & 0 & -86 \\ 0 & 0 & 1 & -56 \end{pmatrix}$$

最终，结果矩阵的最后一列就是方程组的解。我们把回代部分的矩阵都点乘起来，得到矩阵 $\boldsymbol{S}$。

$$\boldsymbol{S} = \begin{pmatrix} \dfrac{1}{2} & -\dfrac{1}{2} & -\dfrac{1}{2} \\ 0 & 1 & 0 \\ 0 & 0 & 1 \end{pmatrix} \begin{pmatrix} 1 & 0 & 0 \\ 0 & -\dfrac{1}{2} & 0 \\ 0 & 0 & 1 \end{pmatrix} \begin{pmatrix} 1 & 0 & 0 \\ 0 & 1 & -3 \\ 0 & 0 & 1 \end{pmatrix} \begin{pmatrix} 1 & 0 & 0 \\ 0 & 1 & 0 \\ 0 & 0 & -1 \end{pmatrix} = \begin{pmatrix} \dfrac{1}{2} & \dfrac{1}{4} & \dfrac{5}{4} \\ 0 & -\dfrac{1}{2} & -\dfrac{3}{2} \\ 0 & 0 & -1 \end{pmatrix}$$

而消元矩阵 $\boldsymbol{E}_3$ 为

$$\boldsymbol{E}_3 = \begin{pmatrix} 1 & 0 & 0 \\ -1 & 0 & 1 \\ -2 & 1 & 0 \end{pmatrix}$$

可以让矩阵 $\boldsymbol{S}$ 右乘矩阵 $\boldsymbol{E}_3$，就会得到下面的结果。

$$\boldsymbol{SE}_3 = \begin{bmatrix} \dfrac{1}{2} & \dfrac{1}{4} & \dfrac{5}{4} \\ 0 & -\dfrac{1}{2} & -\dfrac{3}{2} \\ 0 & 0 & -1 \end{bmatrix} \begin{bmatrix} 1 & 0 & 0 \\ -1 & 0 & 1 \\ -2 & 1 & 0 \end{bmatrix} = \begin{bmatrix} -\dfrac{9}{4} & \dfrac{5}{4} & \dfrac{1}{4} \\ \dfrac{7}{2} & -\dfrac{3}{2} & -\dfrac{1}{2} \\ 2 & -1 & 0 \end{bmatrix}$$

我们把这个矩阵记作 $\boldsymbol{SE}$，把它乘以最初的系数矩阵 $\boldsymbol{B}$，就得到了一个单位矩阵。根据逆矩阵的定义，**SE** 就是 **B** 的逆矩阵。实际上，使用消元法进行线性方程组求解的过程，就是在求系数矩阵的逆矩阵的过程。

我们已经对方程组求解做了一个回顾，并用矩阵的操作实现了高斯消元求解法。前述提到了求解线性回归和普通线性方程组最大的不同在于误差 $\varepsilon$。在求解线性方程组的时候，我们并不考虑误差的存在，因此存在无解的可能。而线性回归允许误差 $\varepsilon$ 的存在，这是因为现实中的数据一定存在由于各种原因所导致的误差。因此即使自变量和因变量之间存在线性关系，也不可能完全符合线性关系。而我们要做的就是尽量把 $\varepsilon$ 最小化，并控制在一定范围之内。这样我们就可以求方程的近似解了。这种近似解对于海量的大数据分析来说是非常重要的。多元线性回归写作：

$$y = b_0 + b_1 \times x_1 + b_2 \times x_2 + \cdots + b_{n-1} \times x_{n-1} + b_n \times x_n + \varepsilon \qquad (5\text{-}17)$$

这里的 $x_1, x_2, \cdots, x_n$ 是自变量，$y$ 是因变量，$b_0$ 是截距，$b_1, b_2, \cdots, b_n$ 是自变量的系数，$\varepsilon$ 是随机误差。在线性回归中，为了实现 $\varepsilon$ 最小化的目标，我们可以使用最小二乘法进行直线的拟合。最小二乘法通过最小化误差的平方和，来寻找和观测数据匹配的最佳函数。这些内容有些抽象，下面会结合一些例子来解释最小二乘法的核心思想，以及如何使用这种方法进行求解。

假设我们有两个观测数据，对应二维空间中的两个点，这两个点可以确定唯一的一条直线，两者呈线性关系，如图 5-5 所示。

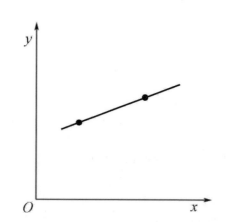

图 5-5    二维空间中的两个点确定了一条直线

之后，我们又加入了一个点，这个点不在原来的那条直线上，如图 5-6 所示。

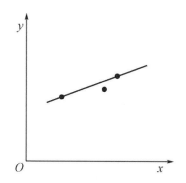

图 5-6　二维空间中，一条直线无法同时穿过 3 个点

　　这时，从线性方程的角度来看，就不存在精确解了。因为没有哪条直线能同时穿过这三个点。这张图片也体现了线性回归分析和求解线性方程组是不一样的，线性回归并不需要求精确解。如果我们加入更多的观察点，就更是如此了，如图 5-7 所示。

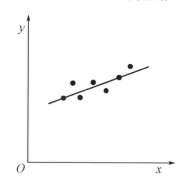

图 5-7　二维空间中，一条直线无法同时穿过多个点

　　从图 5-7 中可以看出，这根直线不是完全精准地穿过这些点，而只经过了其中两个，大部分点和这根直线有一定距离。这时，线性回归就有用武之地了。由于我们假设了 $\varepsilon$ 的存在，因此在线性回归中，允许某条直线只穿过其中少量的点。既然我们允许这种情况发生，就存在无穷多这样的直线。如图 5-8 所示，随便画几条，都是可以的。

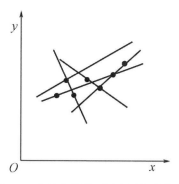

图 5-8　多条直线都可以穿过部分的点

我们一定不会选取那些远离这些点的直线，而是会尽可能选取靠近这些点的那些线，如图 5-9 所示的两条直线。

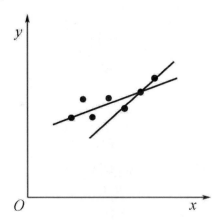

图 5-9　两条更接近所有点的直线

既然这样，我们就需要定义哪根线是最优的。在给出最优的定义之后，如何求解出这条最优的直线呢？最小二乘法可以回答这两个问题。最小二乘法的核心思想就是求解未知参数，使理论值与观测值之差的平方和达到最小。可以使用式（5-18）来描述。

$$\varepsilon = \sum_{i=1}^{m}\left(y_i - \hat{y}_l\right)^2 \tag{5-18}$$

其中，$y_i$ 表示来自数据样本的观测值；而 $\hat{y}_l$ 是假设函数的理论值；$\varepsilon$ 就是我们之前提到的误差，在机器学习中也常被称为损失函数，它是观测值和真实值之差的平方和。最小二乘法里的"二乘"就是指平方操作。有了式（5-18），我们的目标就很清楚了，就是要求出使 $\varepsilon$ 最小化时的参数。那么最小二乘法是如何利用最小化 $\varepsilon$ 的这一条件来求解的呢？让我们从矩阵的角度出发以理解整个过程。有了式（5-18）定义之后，我们就可以写出最小二乘问题的矩阵形式。

$$\min\|XB - Y\|_2^2 \tag{5-19}$$

其中，$B$ 为系数矩阵；$X$ 为自变量矩阵；$Y$ 为因变量矩阵；$\|\ \|_2$ 表示 $L2$ 范数，也就是欧式距离。换句话说，我们要在向量空间中，找到一个 $B$，使向量 $XB$ 与 $Y$ 之间欧氏距离的平方数最小。结合之前所讲的矩阵点乘知识，我们把式（5-19）改写为

$$\|XB - Y\|_2^2 = \mathrm{tr}\left[\left(XB - Y\right)^{\mathrm{T}}\left(XB - Y\right)\right] \tag{5-20}$$

其中，$\left(XB - Y\right)^{\mathrm{T}}$ 表示矩阵 $\left(XB - Y\right)$ 的转置。$\mathrm{tr}[\ ]$ 函数表示取对角线上所有元素的和，

对于某矩阵 $A$ 来说，$\mathrm{tr}(A)$ 的值计算如下：

$$\mathrm{tr}(A) = \sum_{i=1}^{m} a_{ij} \tag{5-21}$$

根据矩阵的运算法则，有

$$\begin{aligned}
\|XB - Y\|_2^2 &= \mathrm{tr}\left[(XB - Y)^{\mathrm{T}}(XB - Y)\right] \\
&= \mathrm{tr}\left[\left(B^{\mathrm{T}}X^{\mathrm{T}} - Y^{\mathrm{T}}\right)(XB - Y)\right] \\
&= \mathrm{tr}\left[B^{\mathrm{T}}X^{\mathrm{T}}XB - B^{\mathrm{T}}X^{\mathrm{T}}Y - Y^{\mathrm{T}}XB + Y^{\mathrm{T}}Y\right]
\end{aligned} \tag{5-22}$$

求最极值问题对应的是导数为 0 的情况，因此对式（5-22）进行求导，得

$$\begin{aligned}
\frac{\partial \|XB - Y\|_2^2}{\partial B} &= \frac{\partial\left[\mathrm{tr}\left(B^{\mathrm{T}}X^{\mathrm{T}}XB - B^{\mathrm{T}}X^{\mathrm{T}}Y - Y^{\mathrm{T}}XB + Y^{\mathrm{T}}Y\right)\right]}{\partial B} \\
&= X^{\mathrm{T}}XB + X^{\mathrm{T}}XB - X^{\mathrm{T}}Y - X^{\mathrm{T}}Y \\
&= 2X^{\mathrm{T}}XB - 2X^{\mathrm{T}}Y
\end{aligned} \tag{5-23}$$

如果要使 $\|XB - Y\|_2^2$ 最小，需满足两个条件。

第一个条件是 $\dfrac{\partial \|XB - Y\|_2^2}{\partial B}$ 为 0，也就是 $2X^{\mathrm{T}}XB - 2X^{\mathrm{T}}Y = 0$。第二个条件是 $\dfrac{\partial\left(2X^{\mathrm{T}}XB - 2X^{\mathrm{T}}Y\right)}{\partial B} > 0$。由于 $\dfrac{\partial\left(2X^{\mathrm{T}}XB - 2X^{\mathrm{T}}Y\right)}{\partial B} = 2X^{\mathrm{T}}X > 0$，所以，第二个条件是满足的。也就是说，只要保证 $2X^{\mathrm{T}}XB = 2X^{\mathrm{T}}Y$，我们就能获得 $\varepsilon$ 的最小值。从这个条件出发，就能求出矩阵 $B$：

$$2X^{\mathrm{T}}XB = 2X^{\mathrm{T}}Y$$

$$X^{\mathrm{T}}XB = X^{\mathrm{T}}Y$$

$$\left(X^{\mathrm{T}}X\right)^{-1}X^{\mathrm{T}}XB = \left(X^{\mathrm{T}}X\right)^{-1}X^{\mathrm{T}}Y$$

$$IB = \left(X^{\mathrm{T}}X\right)^{-1}X^{\mathrm{T}}Y$$

$$B = \left(X^{\mathrm{T}}X\right)^{-1}X^{\mathrm{T}}Y$$

其中，$\left(X^{\mathrm{T}}X\right)^{-1}$ 表示 $X^{\mathrm{T}}X$ 的逆矩阵，两者的乘积为单位矩阵 $I$，而单位矩阵 $I$ 和矩阵 $B$

相乘还是矩阵 $\boldsymbol{B}$。所以，最终的系数矩阵 $\boldsymbol{B}$ 为 $\left(\boldsymbol{X}^{\mathrm{T}}\boldsymbol{X}\right)^{-1}\boldsymbol{X}^{\mathrm{T}}\boldsymbol{Y}$。以上为最小二乘法的核心思想和具体推导过程。下面我会使用几个具体的例子，演示如何使用最小二乘法，通过观测到的自变量和因变量值推算系数，并使用这个系数来进行新的预测。

假设我们有一个数据集，里面有 3 条数据记录。每条数据记录有二元特征，即 2 个自变量和 1 个因变量，如表 5-5 所示。

表 5-5 数据示例

| 数据记录 ID | 特征 1（自变量 $x_1$） | 特征 2（自变量 $x_2$） | 因变量 |
| --- | --- | --- | --- |
| 1 | 0 | 1 | 1.5 |
| 2 | 1 | −1 | −0.5 |
| 3 | 2 | 8 | 14 |

如果我们假定这些自变量和因变量都是线性关系，那么就可以使用如下线性方程来表示数据集中的样本：

$$b_1 \times 0 + b_2 \times 1 = 1.5$$

$$b_1 \times 1 - b_2 \times 1 = -0.5$$

$$b_1 \times 2 + b_2 \times 8 = 14$$

我们通过观察数据已知自变量 $x_1, x_2$ 和因变量 $y$ 的值，而要求解的是 $b_1$ 和 $b_2$ 这两个系数。如果我们能求出 $b_1$ 和 $b_2$，在处理新数据的时候，就能根据新的自变量 $x_1$ 和 $x_2$ 的取值，预测 $y$ 的值。由实际项目中的数据集构成的方程组在绝大多数情况下，都没有精确解。所以我们没法使用之前介绍的高斯消元法，而是要考虑用最小二乘法。根据 5.3.1 节的结论，我们知道对于系数矩阵 $\boldsymbol{B}$，有

$$\boldsymbol{B} = \left(\boldsymbol{X}^{\mathrm{T}}\boldsymbol{X}\right)^{-1}\boldsymbol{X}^{\mathrm{T}}\boldsymbol{Y} \qquad (5\text{-}24)$$

有了式（5-24），要求 $\boldsymbol{B}$ 就不难了，让我们从最基本的几个矩阵开始。

$$\boldsymbol{X} = \begin{pmatrix} 0 & 1 \\ 1 & -1 \\ 2 & 8 \end{pmatrix}$$

$$\boldsymbol{Y} = \begin{pmatrix} 1.5 \\ -0.5 \\ 14 \end{pmatrix}$$

$$\boldsymbol{X}^{\mathrm{T}} = \begin{pmatrix} 0 & 1 & 2 \\ 1 & -1 & 8 \end{pmatrix}$$

$$\boldsymbol{X}^{\mathrm{T}}\boldsymbol{X} = \begin{pmatrix} 0 & 1 & 2 \\ 1 & -1 & 8 \end{pmatrix}\begin{pmatrix} 0 & 1 \\ 1 & -1 \\ 2 & 8 \end{pmatrix}\begin{pmatrix} 5 & 15 \\ 15 & 66 \end{pmatrix}$$

矩阵 $\left(\boldsymbol{X}^{\mathrm{T}}\boldsymbol{X}\right)^{-1}$ 的求解稍微烦琐一点。前述我们说过在线性方程组中，高斯消元和回代的过程就是把系数矩阵变为单位矩阵的过程，我们可以利用这点来求解 $\boldsymbol{X}^{-1}$。把原始的系数矩阵 $\boldsymbol{X}$ 列在左边，把单位矩阵列在右边，比如像 $[\boldsymbol{X}|\boldsymbol{I}]$ 这种形式，其中 $\boldsymbol{I}$ 表示单位矩阵。我们对左侧的矩阵进行高斯消元和回代，把矩阵 $\boldsymbol{X}$ 变为单位矩阵。同时，也把相应的矩阵操作运用在右侧的矩阵。这样当矩阵 $\boldsymbol{X}$ 变为单位矩阵之后，右侧的矩阵就是原始矩阵 $\boldsymbol{X}$ 的逆矩阵 $\boldsymbol{X}^{-1}$，具体证明如下：

$$\left[\boldsymbol{X}|\boldsymbol{I}\right]$$

有

$$\left[\boldsymbol{X}^{-1}\boldsymbol{X}|\boldsymbol{X}^{-1}\boldsymbol{I}\right]$$

则

$$\left[\boldsymbol{I}|\boldsymbol{X}^{-1}\boldsymbol{I}\right]$$
$$\left[\boldsymbol{I}|\boldsymbol{X}^{-1}\right]$$

给定 $\boldsymbol{X}^{\mathrm{T}}\boldsymbol{X}$ 矩阵之后，我们使用上述方法来求 $\left(\boldsymbol{X}^{\mathrm{T}}\boldsymbol{X}\right)^{-1}$。具体的推导过程如下：

$$\begin{pmatrix} 5 & 15 & \mathrm{I} & 1 & 0 \\ 15 & 66 & \mathrm{I} & 0 & 1 \end{pmatrix} = \begin{pmatrix} 5 & 15 & \mathrm{I} & 1 & 0 \\ 0 & 21 & \mathrm{I} & -3 & 1 \end{pmatrix} = \begin{pmatrix} 5 & 15 & \mathrm{I} & 1 & 0 \\ 0 & 1 & \mathrm{I} & -\dfrac{1}{7} & \dfrac{1}{21} \end{pmatrix}$$

$$= \begin{pmatrix} 5 & 0 & \mathrm{I} & \dfrac{22}{7} & -\dfrac{5}{7} \\ 0 & 1 & \mathrm{I} & -\dfrac{1}{7} & \dfrac{1}{21} \end{pmatrix} = \begin{pmatrix} 1 & 0 & \mathrm{I} & \dfrac{22}{35} & -\dfrac{1}{7} \\ 0 & 1 & \mathrm{I} & -\dfrac{1}{7} & \dfrac{1}{21} \end{pmatrix}$$

$$\left(\boldsymbol{X}^{\mathrm{T}}\boldsymbol{X}\right)^{-1} = \begin{pmatrix} \dfrac{22}{35} & -\dfrac{1}{7} \\ -\dfrac{1}{7} & \dfrac{1}{21} \end{pmatrix}$$

求出 $\left(X^{\mathrm{T}}X\right)^{-1}$ 之后，我们就可以使用 $B = \left(X^{\mathrm{T}}X\right)^{-1}X^{\mathrm{T}}Y$ 来计算矩阵 B 了。

$$\left(X^{\mathrm{T}}X\right)^{-1}X^{\mathrm{T}} = \begin{pmatrix} \dfrac{22}{35} & -\dfrac{1}{7} \\ -\dfrac{1}{7} & \dfrac{1}{21} \end{pmatrix}\begin{pmatrix} 0 & 1 & 2 \\ 1 & -1 & 8 \end{pmatrix} = \begin{pmatrix} -\dfrac{1}{7} & \dfrac{27}{35} & \dfrac{4}{35} \\ \dfrac{1}{21} & -\dfrac{4}{21} & \dfrac{2}{21} \end{pmatrix}$$

$$B = \left(X^{\mathrm{T}}X\right)^{-1}X^{\mathrm{T}}Y = \begin{pmatrix} -\dfrac{1}{7} & \dfrac{27}{35} & \dfrac{4}{35} \\ \dfrac{1}{21} & -\dfrac{4}{21} & \dfrac{2}{21} \end{pmatrix}\begin{pmatrix} 1.5 \\ -0.5 \\ 14 \end{pmatrix} = \begin{pmatrix} 1 \\ 1.5 \end{pmatrix}$$

最终，我们求出系数矩阵为 $\begin{pmatrix} 1 \\ 1.5 \end{pmatrix}$，也就是说 $b_1 = 1$，$b_2 = 1.5$。实际上，这两个数值是精确解。用高斯消元也能获得同样的结果。接下来，修改一下 $y$ 值，使这个方程组没有精确解。

$$\begin{cases} b_1 \times 0 + b_2 \times 1 = 1.4 \\ b_1 \times 1 - b_2 \times 1 = -0.48 \\ b_1 \times 2 + b_2 \times 8 = 13.2 \end{cases}$$

可以用高斯消元法对这个方程组求解，会发现只需要两个方程就能求出解，但是无论是其中哪两个方程求出的解，都无法满足第三个方程。那么通过最小二乘法，我们能不能求一个近似解并保证 $\varepsilon$ 足够小呢？下面，让我们依照之前求解 $\left(X^{\mathrm{T}}X\right)^{-1}X^{\mathrm{T}}Y$ 的过程，计算 $B$。

$$Y = \begin{pmatrix} 1.4 \\ -0.48 \\ 13.2 \end{pmatrix}$$

$$B = \left(X^{\mathrm{T}}X\right)^{-1}X^{\mathrm{T}}Y = \begin{pmatrix} -\dfrac{1}{7} & \dfrac{27}{35} & \dfrac{4}{35} \\ \dfrac{1}{21} & -\dfrac{4}{21} & \dfrac{2}{21} \end{pmatrix}\begin{pmatrix} 1.4 \\ -0.48 \\ 13.2 \end{pmatrix} = \begin{pmatrix} 0.938 \\ 1.415 \end{pmatrix}$$

计算完毕后，会发现两个系数 $b_1$ 和 $b_2$ 的值分别变为了 0.938 和 1.415。由于这不是精确解，让我们看看有了系数矩阵 $B$ 之后，原有的观测数据中真实值和预测值的差别。首先我们通过系数矩阵 $B$ 和自变量矩阵 $X$ 计算出预测值。

$$\hat{Y} = XB = \begin{pmatrix} 0 & 1 \\ 1 & -1 \\ 2 & 8 \end{pmatrix} \begin{pmatrix} 0.938 \\ 1.415 \end{pmatrix} = \begin{pmatrix} 1.415 \\ -0.477 \\ 13.196 \end{pmatrix}$$

然后是样本数据中的观测值。这里假设这些值是真实值。

$$Y = \begin{pmatrix} 1.4 \\ -0.48 \\ 13.2 \end{pmatrix}$$

根据误差 $\varepsilon$ 的定义，可以得到

$$\varepsilon = \sum_{i=1}^{m}(y_i - \hat{y})^2 = \sqrt{(1.4-1.415)^2 + (-0.48+0.477)^2 + (13.2-13.196)^2} = 0.0158$$

可能会怀疑，通过最小二乘法所求得的系数 $b_1 = 0.949$ 和 $b_2 = 1.415$，是不是能令 $\varepsilon$ 最小呢？我们随机地修改一下这两个系数，取 $b_1 = 0.95$ 和 $b_2 = 1.42$，然后再次计算预测的 $y$ 值和 $\varepsilon$。

$$\hat{Y} = XB = \begin{pmatrix} 0 & 1 \\ 1 & -1 \\ 2 & 8 \end{pmatrix} \begin{pmatrix} 0.95 \\ 1.42 \end{pmatrix} = \begin{pmatrix} 1.42 \\ -0.47 \\ 13.26 \end{pmatrix}$$

$$\varepsilon = \sum_{i=1}^{m}(y_i - \hat{y})^2 = \sqrt{(1.4-1.42)^2 + (-0.48+0.47)^2 + (13.2-13.26)^2} = 0.064$$

0.064 大于 0.0158。前后两次计算预测值 $y$ 的过程，也是我们使用线性回归对新的数据进行预测的过程。总结一下，线性回归模型是根据大量的训练样本，推算出系数矩阵 $B$，再根据新数据的自变量 $X$（向量或者矩阵），计算出因变量的值，作为对新数据的预测。

## 5.3.3　线性回归的 Python 实战

下面我们将使用 Python 代码来实现上述过程，并验证一下手动的推算结果是否正确，并比较最小二乘法和 Python sklearn 库中的线性回归。

首先，使用 Python numpy 库中的矩阵操作以实现最小二乘法，主要的函数操作涉及矩阵的转置、点乘和求逆。具体代码和注释如下：

```
from numpy import *

x = mat([[0,1],[1,-1],[2,8]])
y = mat([[1.4],[-0.48],[13.2]])

# 分别求出矩阵 X'、X'X、(X'X)的逆
# 注意，这里的 I 表示逆矩阵而不是单位矩阵
print("X 矩阵的转置 X'：\n", x.transpose())
print("\nX'点乘 X：\n", x.transpose().dot(x))
print("\nX'X 矩阵的逆\n", (x.transpose().dot(x)).I)

print("\nX'X 矩阵的逆点乘 X'\n", (x.transpose().dot(x)).I.dot(x.transpose()))
print("\n 系数矩阵 B：\n", (x.transpose().dot(x)).I.dot(x.transpose()).dot(y))
```

通过上述代码，可以看到每一步的结果以及最终的矩阵 **B**。将输出结果与之前手动推算的结果进行对比，看是否一致。

除此之外，我们还可把最小二乘法的线性拟合结果与 sklearn 库中 LinearRegression().fit()函数的结果相比较，具体的代码和注释如下：

```
import pandas as pd
from sklearn.linear_model import LinearRegression
from pathlib import Path

df = pd.read_csv(str(Path.home()) + '/Coding/data/test.csv')
# Dataframe 中除了最后一列，其余列都是特征，或者说自变量
df_features = df.drop(['y'], axis=1)

# Dataframe 最后一列是目标变量，或者说因变量
df_targets = df['y']

print(df_features, df_targets)

# 使用特征和目标数据，拟合线性回归模型
regression = LinearRegression().fit(df_features, df_targets)

# 获取拟合程度的好坏
print(regression.score(df_features, df_targets))

# 输出各个特征所对应的系数
print(regression.intercept_)
print(regression.coef_)
```

其中，test.csv 文件的内容如下：

```
x1,x2,y
0,1,1.4
1,-1,-0.48
2,8,13.2
```

这样写是为了方便我们使用 pandas 读取 csv 文件并加载为 dataframe。运行上述代码，在输出的结果中，1.0 表示拟合程度非常好，而 -0.014545454545452863 表示一个截距，[0.94909091 1.41454545] 表示系数 $b_1$ 和 $b_2$ 的值。这个结果和最小二乘法的结果有差别，主要原因是 LinearRegression().fit() 默认考虑函数存在截距的情况。那么我们使用最小二乘法是不是也可以考虑有截距的情况呢？答案是肯定的，首先要修改一下方程组和矩阵 $X$。假设有截距存在，线性回归方程改写为

$$b_0 + b_1 \times x_1 + b_2 \times x_2 + \cdots + b_{n-1} \times x_{n-1} + b_n \times x_n = y \qquad (5\text{-}25)$$

其中，$b_0$ 表示截距，方程组用例改写为

$$b_0 + b_1 \times 0 + b_2 \times 1 = 1.4$$
$$b_0 + b_1 \times 1 - b_2 \times 1 = -0.48$$
$$b_0 + b_1 \times 2 + b_2 \times 8 = 13.2$$

而矩阵 $X$ 要改写为

$$X = \begin{pmatrix} 1 & 0 & 1 \\ 1 & 1 & -1 \\ 1 & 2 & 8 \end{pmatrix}$$

然后我们再执行以下代码。

```
from numpy import *

x = mat([[1,0,1],[1,1,-1],[1,2,8]])
y = mat([[1.4],[-0.48],[13.2]])

print("\n 系数矩阵 B：\n", (x.transpose().dot(x)).I.dot(x.transpose()).dot(y))
```

就会得到系数矩阵 $B$：

[[-0.01454545]

 [ 0.94909091]

 [ 1.41454545]]

以上结果和 LinearRegression().fit() 的结果就一致了。我们再次回到问答系统的实际

应用。对于不同的问答场景，我们需要提炼出不同的特征因子，然后使用回归的方法来发现哪些特征更为重要，并在检索的时候加以更多的权重。比如对于新闻事实的问答，常见的重要特征包括新闻的标题、时间和发生地点。我们通过收集用户行为的样本数据，再进行回归，会发现新闻的时效性是非常重要的。因此，基于时间的因素就会对结果产生更大的影响，在检索排序的时候就需要加大时间维度的权重，具体实现可以参照Elasticsearch 根据字段的加权。

## 5.3.4　聚类模型和算法

我们再来看另一个关于搜索结果的常见问题：如何去除重复的信息。后面会介绍如何使用聚类算法和向量空间模型，以减少向用户返回的冗余信息。我们已经讲过信息检索领域中的向量空间模型。向量空间模型提供了衡量向量之间的距离和相似度的机制，而这种机制可以衡量查询和被查询数据之间的相似程度。而对于文本检索来说，查询和文档之间的相似程度可作为文档的相关性。实际上，除了文档的相关性，距离和相似度还可以用在机器学习的算法中。下面我们就来讲解如何在聚类算法中使用向量空间模型，并最终过滤掉重复性较高的文章。

分类和回归这两种技术都属于"监督式学习"（Supervised Learning）。监督式学习是通过训练资料学习并建立一个模型，并依此模型对新的实例进行预测。然而，在实际场景中，我们常常会遇到另一种更为复杂的情况。比如不存在任何关于样本的先验知识，需要机器在无人指导的情形下，将很多东西进行归类。缺乏训练样本的学习被称为"非监督学习"（Unsupervised Learning），也就是我们通常所说的聚类（Clustering）。在这种学习体系中，系统必须通过一种有效的方法发现样本之间的内在相似性，并把数据对象以群组（Cluster）的形式进行划分。谈到相似性，可能会想到利用特征向量和向量空间模型，这确实是可行的方法。不过，为了全面了解在整个非监督式学习中，如何运用向量空间，我们先从一个具体的聚类算法开始。

### 1. K 均值聚类

第一个聚类算法的名称是 K 均值（K-Means）聚类算法，它让我们可以在任意多的数据上，得到一个事先定好群组数量（K）的聚类结果。这种算法的中心思想是：尽量最大化总的群组内相似度，同时尽量最小化群组之间的相似度。群组内或群组间的相似度是通过各个成员与群组质心相比较来确定的。想法很简单，但在样本数量达到一定规模后，通过排列组合所有的群组划分以找到最大总群组内的相似度几乎是不可能的。于是人们提出如下求近似解的方法。

（1）从 N 个数据对象中随机选取 k 个对象作为质心。群组质心的定义是群组内所有成员对象的平均值。因为是第一轮，所以第 i 个群组的质心就是第 i 个对象，这时候我们只有这一个组员。

（2）对剩余的对象，测量它和每个质心的相似度，并把其归到最近的质心所属的群组。距离和相似度呈现反比关系。

（3）重新计算已经得到的各个群组的质心。质心的计算是关键，如果使用特征向量来表示数据对象，最基本的方法是取群组内成员的特征向量，将它们的平均值作为质心的向量表示。

（4）迭代步骤（2）和步骤（3），直至新的质心与原质心相等或相差值小于指定阈值，算法结束。

以二维空间为例，图 5-10 展示了数据对象聚类的过程。

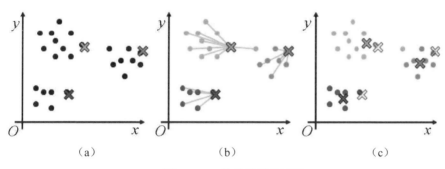

图 5-10　$K$ 均值聚类的过程

在图 5-10 中分别展示了质心和群组逐步调整的过程。下面一一来看。图 5-10（a）是选择初始质心，质心用不同颜色的 x 表示；图 5-10（b）开始进行聚类，把点分配到最近的质心所在的组；图 5-10（c）重新计算每个群组的质心，会发现 x 的位置发生了改变。重复此过程，进入下一轮聚类。综上所述，$K$ 均值算法是通过不断迭代调整 $k$ 个聚类质心的算法。而质心是通过求群组所包含的成员的平均值来计算的。

### 2．层次型聚类

还有一种聚类算法被称为层次型的聚类，具体又可分为分裂和融合两种方案。分裂的层次聚类采用自顶向下的策略，它首先是将所有对象置于同一个群组中，然后逐渐细分为越来越小的群组，直到每个对象自成一组或者达到了某个阈值条件而终止。融合的层次聚类与分裂的层次聚类相反，是一种自底向上的策略，首先将每个对象作为一个群组，然后将这些原始组合并成为越来越大的群组，直到所有的对象都在一个群组中，或者达到某个阈值条件而终止。融合的方式在计算上更为简单快捷，因此绝大多数层次聚类的方法属于这一类，只是在群组间相似度的定义上有所不同。其流程如下：

（1）最初给定 $n$ 个数据对象，将每个对象看成一个群组。共得到 $n$ 个组，每组仅包含一个对象，组与组之间的相似度就是它们所包含的对象之间的相似度。

（2）找到最接近的两个组，合并成一个组，于是总的组数减少 1 个。

（3）计算新的组与所有旧组之间的距离。

（4）重复步骤（2）和步骤（3），直到最后合并成一个组为止。如果设置了组数，或者设置了组间相似度的阈值，也可以提前结束聚合。

（5）图 5-11 展示了融合聚类的概念。比如，第一层中，B 和 C 相似度很高，优先聚为一组{B, C}。同理，D 和 E 聚为一组{D, E}，F 和 G 聚为一组{F, G}。而在第二层中，A 和{B,C}聚为另外一组，{D,E}和{F,G}聚为一组。第三层中，再次查找群组间的相似度，群组{A, B, C}和{D，E, F, G}会再次融合。

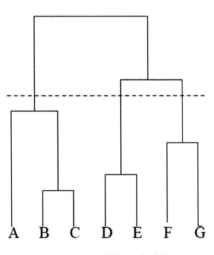

图 5-11　聚类的层次结构

接下来一个有趣的问题是，如何计算群组之间的相似度呢？在 $K$-Means 聚类中，计算的是单个数据对象和质心间的相似度，也就是 2 个向量间的比较。而现在计算的是 2 个群组之间的相似度，是 2 组向量的比较。2 组向量之间的比较工作量肯定更大，常见的方式有三种，分别是单一连接（Single Linkage）、完全连接（Complete Linkage）和平均连接（Average Linkage）。

（1）单一连接。

群组间相似度使用两组对象之间的最大相似度表示。

$$\text{sim}\left(c_i, c_j\right) = \arg \max_{x \in c_i, y \in c_j} \text{sim}\left(x, y\right) \qquad （5-26）$$

其中，$\text{sim}\left(c_i, c_j\right)$ 表示群组 $i$ 和群组 $j$ 之间的相似度；$x$ 和 $y$ 分别是群组 $i$ 和 $j$ 内的数据对象。单一连接对 2 组对象间相似度的要求不高，只要 2 组对象间存在较大的相似值就能够使 2 组优先融合。单一连接会产生链式效应，通过这种连接方式来融合可以得到丝状结构。

（2）完全连接。

群组间相似度使用两组对象间的最小相似度表示。

$$\text{sim}\left(c_i, c_j\right) = \arg\min_{x \in c_i, y \in c_j} \text{sim}(x, y) \qquad （5\text{-}27）$$

只有在 2 组对象间的相似度很高时，才能优先考虑融合。当各个群组聚集得比较紧密，不太符合丝状结构时，使用单一连接的效果不佳。这时可以考虑完全连接。

（3）平均连接。

群组间相似度使用两组对象间的平均相似度表示。

$$\text{sim}\left(c_i, c_j\right) = \arg\underset{x \in c_i, y \in c_j}{\text{average}}\,\text{sim}(x, y) \qquad （5\text{-}28）$$

相对而言，这种计算对于各类形状而言都是比较有效的。

### 3. 聚类效果的评估

聚类最终的目标是将相似度高的数据对象聚集到同一个群组，而将不够相似的分隔在不同群组。那么在实际应用中不同相似度标准下的结果质量是否足够高呢？是否能符合用户的预期呢？最为直接的衡量方法是让用户试用并给出反馈，但是这需要耗费大量的时间和人力。与此同时，聚类本身又缺乏分类中的标注数据。即便如此，我们还是有一些迂回的方法可以尝试，这里介绍最为常用的外部准则（External Criterion）法。

所谓的外部准则法，其实就是借鉴分类问题中的标注数据和评价指标，计算聚类结果和已有标准分类的吻合程度。其基本假设是：对于每个聚出来的群组，希望其组员来自同一个分类，尽量"纯净"。举个例子，我们对水果案例中的 10 个水果进行聚类，2 个聚类算法在结束后分别得到下面的分组。

算法 A：

{1, 8, 10}, {4, 7}, {2, 3, 5, 6, 9}

算法 B：

{1, 8}, {10}, {4, 7}, {2, 5, 6}, {3, 9}

评估之前无法知道它们的标签，需要评估的时候，拿出分类的标签作为参考答案。

算法 A：

{苹果 a, 西瓜 b, 西瓜 d}, {甜橙 a, 西瓜 a}, {苹果 b, 苹果 c, 甜橙 b, 甜橙 c, 西瓜 c}

算法 B：

{苹果 a, 西瓜 b}, {西瓜 d}, {甜橙 a, 西瓜 a}, {苹果 b, 甜橙 b, 甜橙 c0}, {苹果 c, 西瓜 c}

这样就能衡量每个群组的纯度。在此之前，首先介绍一下熵（Entropy）的概念：它是用来刻画给定集合的纯度的，如果一个集合里的元素全部来自同一个分类，那么熵就为 0，表示最纯净。如果元素分布在不同的分类里，那么熵是大于 0 的值，而且随着分类的增多，元素的分布也就越均匀，熵值也越大，表示混乱程度越高。其计算如下：

$$\text{Entropy}(P) = -\sum_{i=1}^{n} p_i \times \log_2 p_i \qquad (5\text{-}29)$$

其中，$n$ 表示集合中分类的数量；$p_i$ 表示属于第 $i$ 个分组的元素在集合中的占比。有了用于分类的训练数据以及熵的定义，就可以计算每个聚类的纯度了。对于群组{苹果 b，苹果 c，甜橙 b，甜橙 c，西瓜 c}而言，共 5 个对象，苹果有 2 个占 0.4，甜橙有 2 个也占 0.4，西瓜占 0.2，其熵值约是 1.52。

$$\text{Entropy}(P) = -\left(0.4 \times \log_2 0.4 + 0.4 \times \log_2 0.4 + 0.2 \times \log_2 0.2\right) \approx 1.52$$

由于聚类结果有多个群组，进行加和平均：

$$\text{Entropy}(P) = \frac{1}{N} \sum_{i=1}^{n} \text{Entropy}(P_i) \qquad (5\text{-}30)$$

那么，算法 A 聚类结果的最终整体熵值为

$$\text{Entropy}(P) = \frac{(0.92 + 1 + 1.52)}{3} \approx 1.15$$

算法 B 聚类结果的最终整体熵值为

$$\text{Entropy}(P) = \frac{(1 + 0 + 1 + 0.92 + 1)}{5} \approx 0.78$$

由于聚类并不会像分类那样指定类的个数，因此这种最基础的熵值评估存在一个明显的问题：它会偏向于聚出更多的群组，评测出的结论是算法 B 优于算法 A。但果真如此吗？西瓜 b 和 d 被算法 A 聚集了，但被算法 B 拆分了。最极端的情况就是每个数据对象就是一个群组，这样全体的熵为 0。但是这并没有实际意义，因为没有产生任何的聚类效果。所以将整体熵的计算修正为如下形式。

$$\text{Entropy}(P) = \text{Entropy}(C) \times \frac{1}{N} \sum_{i=1}^{n} \text{Entropy}(P_i) \qquad (5\text{-}31)$$

这里假设聚类的划分是合理的，$\text{Entropy}(C)$是基于这个划分计算的熵值，如果一个算

法聚出来很多细小的群组，那么 Entropy(*C*)一定很大，会进行惩罚。这样一来，算法 A 的 Entropy(*C*)计算就会化为如下形式：

$$\text{Entropy}(C) = -\left(0.3 \times \log_2 0.3 + 0.2 \times \log_2 0.2 + 0.5 \times \log_2 0.5\right) \approx 1.49$$

$$\text{Entropy}(P) = 1.15 \times 1.49 = 1.71$$

算法 B 的 Entropy(*C*)计算则化为如下形式：

$$\begin{aligned}\text{Entropy}(C) = -\big(&0.2 \times \log_2 0.2 + 0.1 \times \log_2 0.1 + 0.2 \times \log_2 0.2 + \\ &0.3 \times \log_2 0.3 + 0.2 \times \log_2 0.2\big)\\ \approx\ & 2.25\end{aligned}$$

$$\text{Entropy}(C) = 0.78 \times 2.25 = 1.76$$

除了标注数据，聚类还可以借鉴分类中的评价指标，例如准确率、精度和召回率等。前提是需要将聚出的群组和某个标注的分类对应起来，最基本的方法是看组员中的大多数属于哪类，然后以这个分类作为答案，群组作为"分类的预测"。这样，问题就转化为分类的离线评估了。

## 5.3.5　向量空间模型上的聚类

介绍完聚类算法的核心思想，我们再来看看如何结合向量的空间模型和聚类模型。这里还是以新闻为例，讲讲如何使用向量空间模型和 *K* 均值聚类算法以去除重复的内容。

我们在看新闻的时候，通常都希望看到新的内容。可是由于现在的报道渠道非常丰富，经常会出现热点新闻霸占版面的情况。假如我们不想总看到重复的新闻，应该怎么办呢？有一种做法就是对新闻进行聚类，内容非常类似的文章就会被聚到同一个分组，然后对每个分组我们只选择显示一两篇就够了。基本思路确定后，我们可以把整个方法分为三个主要步骤。

（1）把文档集合都转换成向量的形式。

（2）使用 *K* 均值聚类算法对文档集合进行聚类。这个算法的关键是如何确定数据对象和分组质心之间的相似度。我们有两点需要关注：

● 使用向量空间中的距离或者夹角余弦度量，计算两个向量的相似度。

● 计算质心的向量。*K* 均值中质心是分组里成员的平均值。所以，我们需要求分组里所有文档向量的平均值。求法非常直观，就是分别为每维分量求平均值，具体的计算如下：

$$x_i = \arg \operatorname{avg}_{j=1}^{n} \left( x_{ij} \right) \tag{5-32}$$

其中，$x_i$ 表示向量的第 $i$ 个分量；$x_{ij}$ 表示第 $j$ 个向量的第 $i$ 个分量，而 $j = 1, 2, \cdots, n$ 表示属于某个分组的所有向量。

（3）在每个分类中，选出和质心最接近的几篇文章作为代表。把其他的文章作为冗余的内容过滤掉。下面我们使用 Python 里的 sklearn 库和一个非常小的测试数据集来展示使用欧氏距离的 $K$ 均值聚类算法。

首先，使用 sklearn 库中的 CountVectorizer 对一个测试的文档集合构建特征，也就是词典。这个测试集合有 7 句话，其中 2 句关于篮球，2 句关于电影，还有 3 句关于游戏。具体代码如下：

```python
from sklearn.feature_extraction.text import CountVectorizer

# 模拟文档集合
corpus = ['I like great basketball game',
          'This video game is the best action game I have ever played',
          'I really really like basketball',
          'How about this movie? Is the plot great?',
          'Do you like RPG game?',
          'You can try this FPS game',
          'The movie is really great, so great! I enjoy the plot']

# 将文本中的词语转换为词典和相应的向量
vectorizer = CountVectorizer()
vectors = vectorizer.fit_transform(corpus)

# 输出所有的词条（所有维度的特征）
print('所有的词条（所有维度的特征）')
print(vectorizer.get_feature_names())
print('\n')

# 输出(文章ID, 词条ID) 词频
print('(文章ID, 词条ID) 词频')
print(vectors)
print('\n')
```

从运行的结果中可以看到，整个词典里包含了哪些词以及每个词在每个文档里的词频。这里我们希望使用比词频 tf 更好的 TF-IDF 机制，TfidfTransformer 可以做到这点，代码和注释如下：

```
from sklearn.feature_extraction.text import TfidfTransformer

# 构建 tfidf 的值
transformer = TfidfTransformer()
tfidf = transformer.fit_transform(vectorizer.fit_transform(corpus))

# 输出每个文档的向量
tfidf_array = tfidf.toarray()
words = vectorizer.get_feature_names()

for i in range(len(tfidf_array)):
    print ("*********第", i + 1, "个文档中，所有词语的 tf-idf*********")
    # 输出向量中每个维度的取值
    for j in range(len(words)):
        print(words[j], ' ', tfidf_array[i][j])
    print('\n')
```

运行结果展示了在每个文档中每个词的 tf-idf 权重。最后，我们就可以进行 $K$ 均值聚类了。由于有篮球、电影和游戏 3 个类别，此处选择的 $K$ 是 3，并在 $K$-Means 的构造函数中设置 n_clusters 为 3。

```
from sklearn.cluster import KMeans

# 进行聚类，在这个版本里默认使用的是欧氏距离
clusters = KMeans(n_clusters = 3)
s = clusters.fit(tfidf_array)

# 输出所有质心点，可以看到质心点的向量是组内成员向量的平均值
print('所有质心点的向量')
print(clusters.cluster_centers_)
print('\n')

# 输出每个文档所属的分组
print('每个文档所属的分组')
print(clusters.labels_)

# 输出每个分组内的文档
```

```
dict = {}
for i in range(len(clusters.labels_)):
    label = clusters.labels_[i]
    if label not in dict.keys():
        dict[label] = []
        dict[label].append(corpus[i])
    else:
        dict[label].append(corpus[i])
print(dict)
```

为帮助理解，此处输出了每个群组的质心，也就是其中成员向量的平均值。最后，我们输出了 3 个群组中所包含的句子。运行结果显示如下，系统把属于 3 个话题的句子区分开。

```
{2: ['I like great basketball game', 'I really really like basketball'], 0: ['This video game is the best
action game I have ever played', 'Do you like RPG game?', 'You can try this FPS game'], 1:
['How about this movie? Is the plot great?', 'The movie is really great, so great! I enjoy the
plot']}
```

不过，由于 *K*-Means 具体的实现可能不一样，初始质心的选择也有一定随机性，所以看到的结果可能稍有不同。接下来，我们使用上述方法来预处理 THUCNews。假设新闻中存在比较多冗余的内容，我们可以通过聚类，将过于相似的文档集中在一起，然后只挑出一篇作为代表。其主要过程的代码如下：

```
# 获取 THUCNews 数据集目录下所有分类的子目录
from os import listdir
from os.path import isfile, isdir, join
from pathlib import Path

data_path = str(Path.home()) + '/Coding/data/chn_datasets/THUCNews'
categories = [f for f in listdir(data_path) if isdir(join(data_path, f))]

from os import makedirs

i = 0
sample_fraction = 0.01     # 采样比例
cluster_size = 100         # 聚类的数量

import jieba
for category in categories:
    corpus = []
```

```
for doc in listdir(join(data_path, category)):

    # 如果进入采样
    if (i % (1/sample_fraction) == 0):

        # 读取这篇新闻的内容
        doc_file = open(join(data_path, category, doc), encoding = 'utf-8')
        # 采用隐马尔可夫模型分词
        corpus.append(' '.join(jieba.cut(doc_file.read().replace('    \n', ''').strip(),
HMM=True)))
        doc_file.close()

    i += 1

if len(corpus) == 0:
    continue

from sklearn.feature_extraction.text import CountVectorizer, TfidfTransformer
# 将文本中的词语转换为词典和相应的向量，权重使用 tfidf 值
vectorizer = CountVectorizer()
transformer = TfidfTransformer()
tfidf = transformer.fit_transform(vectorizer.fit_transform(corpus))
tfidf_array = tfidf.toarray()

from sklearn.cluster import KMeans
# 进行聚类，在这个版本里默认使用的是欧氏距离
clusters = KMeans(n_clusters = cluster_size)
s = clusters.fit(tfidf_array)

# 我们认为每个聚类内部的所有文档都是相似的，因此只取出第一篇作为代表
dict = {}
for i in range(len(clusters.labels_)):
    label = clusters.labels_[i]
    if label not in dict.keys():
        dict[label] = []
        dict[label].append(corpus[i][0:100]) # 这里为了显示的简洁性，只取前 100 个字符

print(dict)
```

上述基本步骤和聚类的例子差不多，只是需要注意中文分词的处理。同样，基于运

行时间和硬件的考虑，这里也使用了 1% 的采样。由于文档索引和查询之前已有讲述，这里不再重复，可以在聚类结果的基础上尝试建立索引和问答系统。比外，$K$ 均值聚类中 $k$ 的选择也是有讲究的。这里我们只是简单地设置为 10，很可能不是最佳设置，可以尝试层次型聚类的方法，为每条新闻找到一个合适的 $k$ 值。

在本章里，我们讲述了很多有关机器学习的知识，以及如何用这些知识服务基于检索的问答系统。第 6 章将会介绍另一种聊天机器人：基于社区和推荐的问答系统。

# 第 6 章 基于社区和推荐的问答系统

## 6.1 什么是社区和推荐?

第 4 章和第 5 章介绍的问答系统是架构在最基础的信息检索系统之上的。而这种检索系统处理的是最简单的文档。有时候我们的问答系统可以充分利用一些额外的信息,例如社区论坛中不同用户的提问和回答。在这些社区论坛中,有人提问,有人回答,还有人对别人的回答进行评论。用户的回答本身对问答系统是非常有价值的。不过,社区中的问题很多,我们首先要找到问答系统中与用户所提问题足够类似的那些,才能找到可能的答案。针对同一个问题可能有很多回答,每个回答的质量也不尽相同,所以还需要进一步地甄别。在本章,我们就来说说怎样合理地利用社区问答这类问题。我们会从一个简单的数据集及其对应的案例分析开始,展示如何合理地发现相关的问题,并对多个答案进行总结和归纳。

此外,社区问答这种形式的数据以及我们的处理方式,很容易扩展到推荐系统的核心。基于此,我们还会介绍推荐系统相关的知识以及常见的推荐系统算法,最终将它们应用到问答系统中。

## 6.2 基于社区的问答系统

为了清楚地理解如何利用社区问答数据,其流程如图 6-1 所示。

从图 6-1 可以看出,当聊天系统的用户提出问题后,我们可以在社区论坛中查找相似的问题,然后提取出针对这些问题的答案,再进行汇总,最终作为答案返回给聊天系统的用户。这里假设社区论坛的用户所给出的答案大部分都是准确的。下面我们使用一个真实的中文论坛数据以展示整个实现的过程。

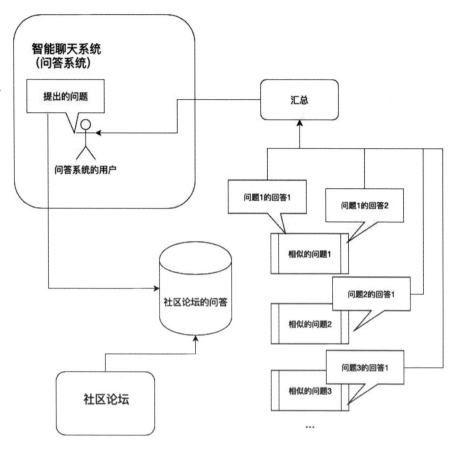

图 6-1　利用社区论坛数据的问答系统

　　这里的数据来自 https://github.com/SophonPlus/ChineseNlpCorpus 中的"安徽电信知道"，一共有 15.6 万条与电信有关的问答记录，每条记录包括用户提问、网友回答以及是否为最佳回答。在查找相似问题时，可以使用向量空间等模型，为了提高效率，使用 Elasticsearch 及其对应的 OKAPI BM25 模型。我们使用如下代码预处理该数据集并生成用于 Elasticsearch 索引的文件。

```
import json
from pathlib import Path

qa_data_path = str(Path.home()) +
'/Coding/data/chn_datasets/ChineseNlpCorpus/anhuidianxinzhidao_filter.csv'
output_path = str(Path.home()) +
'/Coding/data/chn_datasets/ChineseNlpCorpus/anhuidianxinzhidao_filter_for_es.txt'

output = open(output_path, 'w')
```

```
with open(qa_data_path, 'r', encoding='utf-8') as qa_data:
    # 跳过第一行的 header
    next(qa_data)

    for line in qa_data:
        tokens = line.split(',')

        # 由于数据格式问题，忽略多于 4 个字段的记录
        if len(tokens) != 4:
            continue

        # 构造每篇 Elasticsearch 文档的 JSON 结构，便于格式化输出
        qa_doc = {}
        qa_doc['title'] = tokens[0]
        qa_doc['question'] = tokens[1]
        qa_doc['reply'] = tokens[2]
        qa_doc['is_best'] = int(tokens[3])

        output.write('{ "index" : { "_index" : "qa_index", "_type" : "_doc" } }\n')
        output.write('{0}\n'.format(json.dumps(qa_doc, ensure_ascii = False))) # 这里设置参
            # 数 ensure_ascii 为 False，是为了输出中文

output.close()
```

由于需要中文分词，我们手动设置 Elasticsearch 的映射，具体代码如下：

```
{
    "settings": {
        "analysis": {
            "analyzer": {
                "ik": {
                    "tokenizer": "ik_smart"
                }
            }
        }
    },
    "mappings": {
        "properties": {
            "title": {
                "type": "text",
```

```
                "analyzer": "ik",
              "search_analyzer": "ik"
          },
          "question": {
              "type": "text",
              "analyzer": "ik",
          "search_analyzer": "ik"
          },
          "reply": {
              "type": "text",
                "analyzer": "ik",
            "search_analyzer": "ik"
          },
          "is_best": {
              "type": "short"
          }
        }
      }
    }
}
```

使用下述命令行进行索引。

```
curl -s -XPOST "localhost:9200/_bulk" -H "Content-Type: application/json" --data-binary
"@/<Home_Directory>/Coding/data/chn_datasets/ChineseNlpCorpus/anhuidianxinzhidao_
filter_for_es.txt" -o "/<Home_Directory>/Coding/data/chn_datasets/ChineseNlpCorpus/
anhuidianxinzhidao_filter_for_es_curl_output.txt"
```

索引完毕之后，我们利用搜索函数，实现图 6-1 中的逻辑。

```
# 搜索函数
def search(question, max_res_num):
    from urllib import request as req
    from sys import stdin
    import json

    postdata = {}
    postdata['query'] = {}
    postdata['query']['bool'] = {}
    postdata['query']['bool']['must'] = []
    postdata['query']['bool']['must'].append({'multi_match': {'query': question,
'minimum_should_match': '100%', 'fields': ['title', 'question']}})
    postdata = json.dumps(postdata).encode('utf-8')
```

```
# 这里使用了集群的查询端点
url = 'http://localhost:9200/qa_index/_doc/_search'

# 构建 POST 请求
request = req.Request(url, data=postdata)
request.add_header("Content-Type","application/json; charset=UTF-8")

# 发送请求并解析查询结果，注意这次我们返回的是相应的答复（reply），作为答案
with req.urlopen(request) as response:
    results = json.loads(response.read().decode('utf-8'))
    results_num = int(results['hits']['total']['value'])
    if results_num == 0:
        print('没有找到相关内容，请换个问题')
    else:
        for i in range(0, min(results_num, max_res_num)):
            print('回答：%d' % (i + 1), results['hits']['hits'][i]['_source']['reply'])


# 主体函数
while True:
    question = input('请告诉我你关于电信的问题：')
    if question == '退出':
        break

    search(question, 3)    # 最多显示 3 个答复
    print()
```

　　需要注意的是，目前这段代码注重的是找到相似的提问，然后返回若干个答案，没有涉及如何汇总答案。从另一个角度来看，发现相似问题并返回答案的过程已经体现了最基本的协同过滤算法思想，而协同过滤是推荐系统中最常见的算法之一。所以，基于社区的问答与推荐系统关系紧密，下面我们来说说推荐系统以及如何使用推荐技术和社区论坛数据，以实现问答系统。

# 6.3　推荐系统的原理和算法

## 6.3.1　推荐系统

　　我们从推荐系统最基本的概念开始介绍。广义上来讲，推荐是一种为用户提供建议，帮助其挑选物品并做出最终决策的技术。例如，为用户展示热销商品排行榜就是一种推荐。当然，推荐热门物品的技术难度不高，用户转化率也不一定理想，

所以这里将重点探讨个性化的推荐。个性化推荐系统会根据用户所处的情景以及用户的兴趣特点，向用户推荐可能感兴趣的信息和商品。推荐引擎的系统和算法发展至今，已经有 20 多年的历史，各种方法层出不穷。为了让读者有整体上的理解，我们从推荐系统的要素、类型和架构 3 个方面来讲解。

### 1. 系统要素

为了让读者更好地理解主流趋势，先归纳一下推荐的 3 大要素：系统角色、相似度和相似度传播框架。

抽象地看，推荐系统中一般有 4 个重要的角色：用户、物品、情景和匹配引擎。用户是系统的使用者，物品就是将要被推荐的候选对象，情景是推荐时所处的环境，而引擎就是用于匹配用户和物品的核心技术。例如，亚马逊网站的顾客就是用户，网站所销售的商品就是物品，浏览的地理位置和时间就是情景，而研发团队提供的关键算法就是匹配引擎。因此，推荐系统可以认为是在一定情景下，比较用户的信息需求和物品特征信息，使用相应的匹配算法进行计算筛选，最终给用户推荐可能感兴趣的物品。值得注意的是，这里的用户都是现实中的自然人。同时，某些场景下被推荐的物品可能也是现实中的自然人。例如，一个招聘网站会给企业雇主推荐合适的人才，这时候应聘者担当的是物品角色。如果是向应聘者推荐合适的企业雇主，那么雇主担当的是物品角色。针对这种特殊的情况，我们不会做单独说明，这里并不是将人或者企业当作物品来买卖，而是为了区分推荐系统中的不同角色，便于后面的解释。

推荐一般是基于这样两个假设：

- 假设用户对物品 a 感兴趣，那么和 a 相似的物品 b、c、d 也会引起他/她的兴趣。
- 假设用户 B 和用户 A 相似，那么 B 感兴趣的物品也会引起 A 的兴趣。

因此，推荐很大程度上要关注如何衡量物品之间的相似度，以及用户之间的相似度。这里的"相似度"和搜索引擎的"相关性"有什么区别？主要是应用场景不同。在搜索里是将用户输入的条件和待查询数据匹配，两者是不对等的，因此业界称为相关性；推荐里没有用户的主动输入，而是通过研究物品和物品之间、用户和用户之间存在多少相似的特征，来达到建议的目的。相比较的对象都是对等的，因此业界称为相似度。从技术实现的角度来理解，相似度和相关性是互通的，因此相似度同样可以利用向量空间模型、概率模型等来刻画。

相似度传播的框架同现实生活中的推荐类似，常常来源于"口口相传"。我们可以利用相似度的传播性，进一步帮助用户发现更多潜在的兴趣。例如，如果物品 a 和 b 相似，b 和 c 相似，那么 a 和 c 也可能存在一定的相似度。

## 2．类型的划分

在了解了系统要素后，就可以对推荐系统进行划分了。首先，按照推荐依据，可以划分为基于物品、基于用户和基于情景。基于物品是指给定物品 a 后，按照其他物品和 a 相似度的高低来推荐。典型的应用场景就是在浏览商品详情页时，左侧的"看了此商品还看了""买了此商品还买了"等推荐栏位。如图 6-2 中粗线框标出的列表，推荐了和当前苹果类似的其他水果。

图 6-2　基于物品的推荐示例，针对某款苹果的推荐栏位

基于用户是指给定用户 A 后，按照其历史行为所构建的用户模型来推荐。典型的应用场景就是个性化首页中的"猜你喜欢"模块，如图 6-3 所示，此顾客一定是位时尚达人。

基于情景（Scenario），这里的情景也可以翻译为场景、情境，业界还有人称为上下文（Context），其本身并没有严格的定义，简单来说是指用户所处的信息环境。用户浏览的网页、所处的地理位置、当时的季节和气温等，都可以算在这个范畴内。在很多推荐应用中，只考虑用户和物品很可能是不够的。在某些特定场景下，将环境信息整合到推荐流程也是必要的，例如对于度假旅行的线路，夏季建议承德避暑山庄是很棒的主意，而冬季最好建议海南沙滩狂欢节。还有，中午饭点到了，在寻找餐厅的时候当然希望就近解决，对于需要 1h 才能到达的饭店，你可不会乐意去选。如图 6-4 所示，在上海天山路附近的美食，排名前几位的离当前的距离都没有超过 700m。不难看出，移动端的应用更符合情景模式下的推荐。

图 6-3　基于用户的推荐示例，针对　　　　图 6-4　基于场景的示例，针对
　　　　某位用户喜欢的推荐　　　　　　　　　　　当前地理位置的推荐

　　按照相似度的定义来划分推荐，可以分为基于内容的、基于知识的和基于用户
行为的。基于内容是指通过人工运营或自动抽取的特征进行推荐。以博客的文章作
为示例，假设它是物品角色，那么它的内容特征可以包括文章的标题、文体、作者、
时间等。而对于用户角色，内容特征一般是人口统计学信息，比如年龄、性别、地
区、职业、爱好等。因此，基于内容的推荐需要考虑是否有自动化的技术能帮助运
营人员来便捷地获取这些特征。要考虑如何维护并持续更新以及如何通过这些数据
进行相似度的计算。基于内容的推荐有着明显的优势：无须任何用户的访问行为，
可以仅根据内容特征进行基于物品或基于用户的推荐。此外，在特定的领域中人工
的标注会提供更有价值的线索，即提升推荐的满意度。

　　基于知识的推荐和基于内容的推荐比较相近，不过是多了一些通过人类知识定
义的逻辑规则，因此需要人为提供大量专业领域的知识，构建成体系的知识库，并
和用户产生交互。根据用户交互的形式，又可以细分为基于约束的和基于实例的。
两者的形式比较类似，都是让用户指定需求，然后推荐系统给出答案。如果找不到
合理的，用户需要再次修改需求。这个方式和搜索更为接近，需要用户付出较多的

精力。可是在互联网时代，用户都是偷懒的，很少有人愿意这么做。综合建立知识体系和用户参与的成本的方法更多限于学术研究。当然，它也是更为精准的。

　　基于用户行为的推荐是通过用户和物品之间的关系（有别于人与人之间的交互）进行推荐。物品和物品之间的相似度，可以不再通过内容特征来计算，而是通过用户访问来刻画。例如，物品 a 经常被用户 A、B、C 访问，而物品 b 同样也经常被用户 A、B、C 访问，那么我们认为物品 a 和 b 之间有相似度。著名的协同过滤（Collaborative Filtering）就是这一类中的经典模型。需要注意的是，协同过滤虽然最早是利用用户访问物品这种行为关系的，但时至今日，已经有很多其他的方式也整合到其中。协同过滤更偏向于一种推荐的框架，后面在介绍相似度传播时会详细介绍。相对于基于内容和知识的方式，基于行为的推荐前期运营成本很低，甚至只要累积用户流量就能达到推荐的目的，不过精准度往往不如前两者高。

　　如果按照相似度传播的方式来划分，可以分为无传播和协同过滤。这里的传播是指通过物品和用户两种角色之间的交互关系进行扩散。无传播通常是指基于内容和知识的推荐，没有考虑用户对物品的访问行为。而协同过滤是基于最直观的"口口相传"，假设我们愿意接受他人的建议，尤其在很多人都向你建议的时候。其主要思路就是利用已有用户群过去的行为或意见，预测当前用户最可能喜欢哪些东西。根据推荐依据和传播的路径，又可以进一步细分为基于用户的过滤和基于物品的过滤。

　　基于用户的协同过滤是指给定一个用户访问（假设访问就表示有兴趣）物品的数据集合，找出和当前用户历史行为有相似偏好的其他用户，将这些用户组成"近邻"。然后对于当前用户没有访问过的物品，利用其近邻的访问记录来预测。根据访问关系图 6-5 来看，用户 A 访问了物品 a 和 c，用户 B 访问了物品 b，用户 C 访问了物品 a、c 和 d。从而计算出来用户 C 是 A 的近邻，而 B 不是。因此系统会向用户 A 推荐 C 访问过的物品 d。

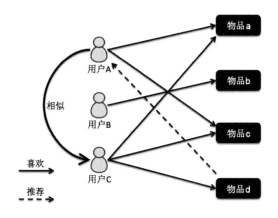

图 6-5　基于用户的协同过滤示意图

基于物品的协同过滤是指利用物品相似度，而不是用户间的相似度来计算预测值。在图 6-6 中，物品 a 和 c 因为被用户 A 和 B 同时访问，因此它们被认为相似度更高。当用户 C 访问过物品 a 后，物品 c 也会被推荐给他/她。

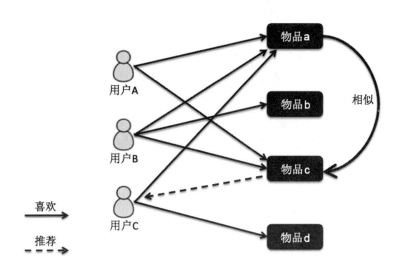

图 6-6　基于物品的协同过滤示意图

看了如此多的推荐分类，它们在不同的应用领域表现出的效果各有千秋。因此，业界也试图构造一种混合的体系，结合不同应用场景下算法和模型的优点，尽量克服单一方法所面临的缺陷和问题。混合的方式大体上可以分为微观混合和宏观混合。微观混合是指将不同的特征混合起来使用，例如将基于内容和基于用户行为的相似度计算结合起来。这样基于内容的方式也可以加入协同过滤的传播框架，解决其面临的冷启动问题。或者是将用户社交的信息加入用户近邻的选择，增加协同过滤推荐的可信任度。而宏观混合相对于微观混合，宏观的方式不关心特征的合并，而是注重将不同推荐系统的结果有机结合起来。只要是能推送结果的系统，都可以加入进来，因此它更为灵活。例如，我们可以让基于用户、基于物品和基于情景的三个系统同时工作，然后使用合并、加权、轮播等方式混合。

### 3．系统架构

综合上述内容来看，推荐系统的主要模块包括数据收集、用户建模、物品建模、推荐算法、混合模块、结果存储、前端展示和查询引擎，又可根据操作方式，分为离线处理和在线处理两部分。

离线处理部分涉及如下内容。

- 用户建模：根据用户的人口统计学信息和用户行为数据，建立用户画像等模型，刻画其短期和中长期的兴趣。

- 物品建模：根据物品的领域属性以及用户访问这些物品的数据，建立物品画像模型，刻画其本质特征。
- 推荐算法：根据用户和物品的建模，通过不同的推荐方式进行演算，最终找到和用户及物品输入所匹配的推荐物品。
- 混合模块：根据不同的混合策略将多种方式的推荐结果合并。因为考虑到实时性，一般都放入离线处理。当然，如果系统足够轻量级，混合逻辑不复杂，数据量也足够小，是可以放入在线部分来处理的。
- 结果存储：将推荐算法的挖掘结果保存下来，便于在线的实时访问，倒排索引同样是不错的选择。当这些结果数据达到一定规模，或者包含了比较复杂的商业逻辑，可以考虑直接使用搜索引擎来协助。

在线处理部分涉及如下内容。

- 数据收集：用户行为会作为很多推荐算法的数据来源。当然，用户在使用推荐引擎本身的数据也会被记录，以进一步优化之后的算法。
- 前端展示：这部分是接收网页或者移动设备发过来的推荐请求，经过必要的初步处理之后，向推荐后端引擎传递。并在拿到后端返回的结果之后返回给前端用户。
- 查询引擎：推荐系统的复杂逻辑基本上都是在离线部分完成的，通常情况下在线查询只需要使用搜索这样的高效检索系统完成。

常见系统框架示意图如图 6-7 所示。

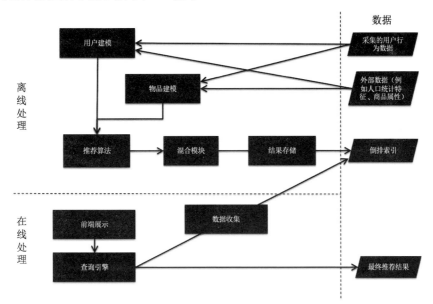

图 6-7　常见系统框架示意图

我们同样可以使用信息检索中的倒排索引结构以提升查询的效率。至此，对推荐系统已经有了大致的了解。下面我们使用 Python 的矩阵操作，在一个经典的数据集上，实践两个最基本的推荐算法：协同过滤和奇异值分解。

## 6.3.2  协同过滤

前面我们已经介绍了协同过滤的基本思想，这里从二元关系出发，展示如何使用矩阵计算以实现协同过滤推荐算法。矩阵中的二维关系，可以用于表达推荐系统中用户和物品的关系。比如矩阵 $X$，它可以表示用户对物品的喜好程度。

$$\text{用户} \quad X = \begin{pmatrix} 0.11 & 0.20 & 0.0 \\ 0.81 & 0.0 & 0.0 \\ 0.0 & 0.88 & 0.74 \\ 0.0 & 0.0 & 0.42 \end{pmatrix}$$

其中，第 $i$ 行是第 $i$ 个用户的数据，而第 $j$ 列是用户对第 $j$ 个物品的喜好程度（$i$ 和 $j$ 是坐标变量）。我们用 $x_{i,j}$ 表示这个数值，取值范围为 0～1。这里的喜好程度可以是用户购买商品的次数、对书籍的评分等，有了矩阵 $X$，我们就可以通过矩阵操作，充分挖掘用户和物品之间的关系。下面使用经典的协同过滤算法，来讲解矩阵在其中的运用。

### 1. 基于用户的过滤

首先，我们来看基于用户的协同过滤。参考图 6-5，从图中可以看出，基于用户的过滤是指给定一个用户访问（我们假设有访问就表示有兴趣）物品的数据集合，找出与当前用户历史行为有相似偏好的其他用户，将这些用户组成"近邻"。对于当前用户没有访问过的物品，利用其近邻的访问记录来预测。理解了这个算法的基本概念，我们来看看如何使用公式表述它。假设有 $m$ 个用户，$n$ 个物品，我们就能使用一个 $m \times n$ 矩阵 $X$ 来表示用户对物品喜好程度的二元关系。基于这个二元关系，我们可以得到

$$us_{i1,i2} = \frac{X_{i1,} \cdot X_{i2,}}{\|X_{i1,}\|_2 \times \|X_{i2,}\|_2} = \frac{\sum_{j=1}^{n} x_{i1,j} \times x_{i2,j}}{\sqrt{\sum_{j=1}^{n} x_{i1,j}^2} \sqrt{\sum_{j=1}^{n} x_{i2,j}^2}} \tag{6-1}$$

$$p_{i,j} = \frac{\sum\limits_{k=1}^{m} us_{i,k} \times x_{k,j}}{\sum\limits_{k=1}^{m} us_{i,k}} \tag{6-2}$$

其中，式（6-1）比较容易理解，它的核心思想是使用夹角余弦，计算用户和用户之间的相似度。其中 $us_{i1,i2}$ 表示用户 $i1$ 和 $i2$ 的相似度，而 $X_{i1}$，表示矩阵中第 $i1$ 行的行向量，$X_{i2}$，表示矩阵中第 $i2$ 行的行向量。分子是两个表示用户的行向量的点乘，而分母是这两个行向量 $L2$ 范数的乘积。完成了这一步，我们就能找到给定用户的"近邻"。

式（6-2）利用式（6-1）所计算的用户间相似度，以及用户对物品的喜好程度，预测用户对任意物品的喜好程度。其中 $p_{i,j}$ 表示第 $i$ 个用户对第 $j$ 个物品的喜好程度，$us_{i,k}$ 表示用户 $i$ 和 $k$ 之间的相似度，$x_{k,j}$ 表示用户 $k$ 对物品 $j$ 的喜好程度。最终需要除以 $\sum us_{i,k}$ 是为了进行归一化。从式（6-2）可以看出，$us_{i,k}$ 越大，$x_{k,j}$ 对最终 $p_{i,j}$ 的影响越大；反之如果 $us_{i,k}$ 越小，$x_{k,j}$ 对最终 $p_{i,j}$ 的影响越小，这充分体现了"基于相似用户"的推荐。

下面我们通过喜好程度矩阵 $X$ 把式（6-1）和式（6-2）逐步拆解，并对应矩阵的操作。首先，我们来看第一个关于夹角余弦的公式。在介绍向量空间模型的时候，我们提到夹角余弦可以通过向量的点乘来实现，这对矩阵同样适用。它是通过矩阵点乘自身的转置来实现，也就是 $XX^T$。矩阵 $X$ 的每一行是某个用户的行向量，其每个分量表示用户对某个物品的喜好程度。而矩阵 $X^T$ 的每一列是某个用户的列向量，其每个分量表示用户对某个物品的喜好程度。我们假设 $XX^T$ 的结果为矩阵 $Y$，那么 $y_{i,j}$ 就表示用户 $i$ 和用户 $j$ 两者喜好程度向量的点乘结果，它就是夹角余弦公式中的分子。如果 $i$ 等于 $j$，那么此计算值也是夹角余弦公式分母的一部分。从矩阵的角度看，$Y$ 中任何一个元素都可能用于夹角余弦公式的分子，而对角线上的值会用于夹角余弦公式的分母。这里我们仍然使用之前的喜好程度矩阵示例，计算矩阵 $Y$ 和用户相似度矩阵 $US$。

首先我们来看 $Y$ 的计算。

$$X = \begin{pmatrix} 0.11 & 0.20 & 0.0 \\ 0.81 & 0.0 & 0.0 \\ 0.0 & 0.88 & 0.74 \\ 0.0 & 0.0 & 0.42 \end{pmatrix}$$

$$X^T = \begin{pmatrix} 0.11 & 0.81 & 0.0 & 0.0 \\ 0.20 & 0.0 & 0.88 & 0.0 \\ 0.0 & 0.0 & 0.74 & 0.42 \end{pmatrix}$$

$$Y = X \cdot X^{\mathrm{T}} = \begin{pmatrix} 0.11 & 0.20 & 0.0 \\ 0.81 & 0.0 & 0.0 \\ 0.0 & 0.88 & 0.74 \\ 0.0 & 0.0 & 0.42 \end{pmatrix} \begin{pmatrix} 0.11 & 0.81 & 0.0 & 0.0 \\ 0.20 & 0.0 & 0.88 & 0.0 \\ 0.0 & 0.0 & 0.74 & 0.42 \end{pmatrix}$$

$$= \begin{pmatrix} 0.0521 & 0.0891 & 0.176 & 0 \\ 0.0891 & 0.6561 & 0 & 0 \\ 0.176 & 0 & 1.322 & 0.3108 \\ 0 & 0 & 0.3108 & 0.1764 \end{pmatrix}$$

然后我们使用 $Y$ 来计算 $US$。图 6-8 表示矩阵中的元素和夹角余弦计算的对应关系。

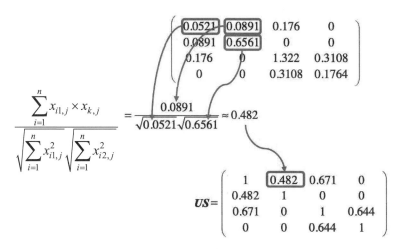

图 6-8    矩阵 $Y$ 和余弦夹角的关系

理解了上面这个对应关系，我们就可以利用矩阵 $Y$ 获得任意两个用户之间的相似度，并得到一个 $m \times m$ 相似度矩阵 $US$。矩阵 $US$ 中 $us_{i,j}$ 的取值为第 $i$ 个用户与第 $j$ 个用户的相似度。这个矩阵是一个沿对角线对称的矩阵。根据夹角余弦的定义，$us_{i,j}$ 和 $us_{j,i}$ 是相等的。通过示例矩阵 $Y$，我们可以计算矩阵 $US$，相应的结果如下：

$$US = \begin{pmatrix} 1 & 0.482 & 0.671 & 0 \\ 0.482 & 1 & 0 & 0 \\ 0.671 & 0 & 1 & 0.644 \\ 0 & 0 & 0.644 & 1 \end{pmatrix}$$

接下来，我们再来看归一化的公式。从矩阵的角度来看，我们已经得到用户相似度矩阵 $US$ 和用户对物品的喜好程度矩阵 $X$，现在需要计算任意用户对任意物品的喜好程度推荐矩阵 $P$。为了求式（6-2）的分子部分，我们可以使用 $US$ 和 $X$ 的点乘。设点乘后的结果矩阵为 $USP$。这里列出了根据示例计算得到的矩阵 $USP$。

$$USP = US \cdot X = \begin{pmatrix} 1 & 0.482 & 0.671 & 0 \\ 0.482 & 1 & 0 & 0 \\ 0.671 & 0 & 1 & 0.644 \\ 0 & 0 & 0.644 & 1 \end{pmatrix} \begin{pmatrix} 0.11 & 0.20 & 0.0 \\ 0.81 & 0.0 & 0.0 \\ 0.0 & 0.88 & 0.74 \\ 0.0 & 0.0 & 0.42 \end{pmatrix} = \begin{pmatrix} 0.500 & 0.790 & 0.496 \\ 0.863 & 0.096 & 0 \\ 0.074 & 1.014 & 1.010 \\ 0 & 0.566 & 0.896 \end{pmatrix}$$

分母部分可以使用 $US$ 矩阵的按行求和来实现。设按行求和的矩阵为 $USR$，根据示例计算，则

$$USR = \begin{bmatrix} 2.153 & 2.153 & 2.153 \\ 1.482 & 1.482 & 1.482 \\ 2.315 & 2.315 & 2.315 \\ 1.644 & 1.644 & 1.644 \end{bmatrix}$$

最终，我们使用 $USP$ 和 $USR$ 的元素对应除法，就可以求得矩阵 $P$。

$$P = \begin{pmatrix} 0.500 & 0.790 & 0.496 \\ 0.863 & 0.096 & 0 \\ 0.074 & 1.014 & 1.010 \\ 0 & 0.566 & 0.896 \end{pmatrix} \Big/ \begin{pmatrix} 2.153 & 2.153 & 2.153 \\ 1.482 & 1.482 & 1.482 \\ 2.315 & 2.315 & 2.315 \\ 1.644 & 1.644 & 1.644 \end{pmatrix} = \begin{pmatrix} 0.232 & 0.367 & 0.230 \\ 0.582 & 0.065 & 0 \\ 0.032 & 0.438 & 0.436 \\ 0 & 0.344 & 0.545 \end{pmatrix}$$

既然已经有 $X$ 这个喜好程度矩阵了，为什么还要计算 $P$ 呢？实际上，$X$ 是已知的、有限的喜好程度。来自用户已经看过的、购买过的、评过分的物品。而 $P$ 是我们使用推荐算法预测出来的喜好程度。即使一个用户对某个物品从未看过、买过或评过分，我们依然可以通过矩阵 $P$，知道这位用户对这个物品大致的喜好程度，从而根据这个预估的分数进行物品推荐，这也是协同过滤的基本思想。从根据示例计算的结果也可以看出这点，在原始矩阵 $X$ 中第 1 个用户对第 3 个物品的喜好程度为 0。可是在最终的喜好程度推荐矩阵 $P$ 中，第 1 个用户对第 3 个物品的喜好程度为 0.230，明显大于 0，因此我们就可以把物品 3 推荐给用户 1。

上面这种基于用户的协同过滤还有个问题，那就是没有考虑到用户的喜好程度是不是具有可比性。假设用户的喜好是根据其对商品的评分来决定的，有些用户比较宽容，给所有的商品都打了很高的分，而有些用户比较严苛，给所有商品的打分都很低。分数没有可比性，就会影响相似用户查找的效果，最终影响推荐结果。这时，我们可以按照用户的维度，对用户所有的喜好程度进行归一化或者标准化处理，然后再进行基于用户的协同过滤。一种常见的方法是基于正态分布的 $z$ 分数（$z$-score）标准化。$z$ 分数标准化是利用标准正态分布的特点，计算一个给定分数距离的平均数有多少个标准差。它的具体转换公式如下：

$$x' = \frac{(x - \mu)}{\sigma} \quad\quad\quad (6\text{-}3)$$

其中，$x$ 为原始值；$\mu$ 为均值；$\sigma$ 为标准差；$x'$是变换后的值。经过 $z$ 分数的转换，高于平均数的分数会得到一个正的标准分数，而低于平均数的分数会得到一个负的标准分数。转换后的数据是符合标准正态分布的。通过具体的数值推导一下，就会发现转换后的数据均值为 0，标准差为 1。数据标准化之后，剩下的协同过滤步骤和之前的基本保持一致。不同的是，由于进行了标准化，用户对于物品的打分可能变为负数，而相应的夹角余弦也会产生[-1,0)的数。基于这种情况下，在进行 **USR** 计算的时候，需要进行移位操作，让每一行中所有的数字都先减去这一行的最小值，转换为大于或等于 0 的数字，然后再进行加和。

### 2. 基于物品的过滤

与基于用户的协同过滤有所不同，基于物品的协同过滤是指利用物品相似度来计算预测值。回顾一下图 6-6，物品 a 和 c 因为被用户 A 和 B 同时访问，因此它们被认为相似度高。当用户 C 访问过物品 a 后，系统会更多地向其推荐物品 c，而不是其他物品。基于用户的协同过滤同样有以下两个公式：

$$is_{j1,j2} = \frac{X_{,j1} \cdot X_{,j2}}{\left\| X_{,j1} \right\|_2 \times \left\| X_{,j2} \right\|_2} = \frac{\sum_{i=1}^{m} x_{i,j1} \times x_{i,j2}}{\sqrt{\sum_{i=1}^{m} x_{i,j1}^2}\sqrt{\sum_{i=1}^{m} x_{i,j2}^2}} \quad\quad (6\text{-}4)$$

$$p_{i,j} = \frac{\sum_{k=1}^{n} x_{i,k} \times is_{k,j}}{\sum_{k=1}^{n} is_{k,j}} \quad\quad\quad (6\text{-}5)$$

如果弄清楚了基于用户的过滤，这两个公式也就不难理解了。式（6-4）的核心思想是计算物品和物品之间的相似度，在这里仍然使用夹角余弦。其中 $is_{j1,j2}$ 表示物品 $j1$ 和 $j2$ 的相似度，$X_{,j1}$ 表示 $X$ 中第 $j1$ 列的列向量，$X_{,j2}$ 表示 $X$ 中第 $j2$ 列的列向量。分子表示两个物品的列向量之点乘，而分母是这两个列向量 L2 范数的乘积。式（6-5）利用式（6-4）所计算的物品间相似度和用户对物品的喜好程度，预测任一用户对任一物品的喜好程度。其中 $p_{i,j}$ 表示第 $i$ 个用户对第 $j$ 个物品的喜好程度，$x_{i,k}$ 表示用户 $i$ 对物品 $k$ 的喜好程度，$is_{k,j}$ 表示物品 $k$ 和 $j$ 之间的相似度，注意这里除以 $\sum is_{k,j}$ 是为了进行归一化。从式（6-5）可以看出，如果 $is_{k,j}$ 越大，$x_{i,k}$ 对最终 $p_{i,j}$ 的影响越大；反之如果 $is_{k,j}$ 越小，$x_{i,k}$ 对最终 $p_{i,j}$ 的影响越小，这充分体现了"基于相似物品"的推荐。类似地，用户喜好程度的不一致性，同样会影响相似物品查找的效果，并最终影响推荐结果。我们也需要对原始的喜好程度矩阵按照用户的维度，对用户的所有喜好度进行归一化或者标准化处理。可以参照基于用户过滤的矩阵计算，尝试在矩阵 $X$ 上使用基于物品过滤，然后看看会产生怎样的结果。

## 6.3.3　使用 Python 实现协同过滤

在这一节我们使用 Python 实现协同过滤中的矩阵运算。我们先来认识一个知名的数据集，MovieLens。可以在它的主页 http://files.grouplens.org/datasets/movielens/ 查看详细的信息。这个数据集最核心的内容是多位用户对不同电影的评分。此外，它也包含了一些电影和用户的属性信息，便于我们研究推荐结果是否合理。因此，这个数据集经常被用来做推荐系统或者其他机器学习算法的测试集。目前，这个数据集已经延伸出几个不同的版本，有不同的数据规模和更新日期。此处使用的是一个最新的小规模数据集，包含了 600 位用户对于 9000 部电影的 10 万条评分，最后更新于 2018 年 9 月。可以在 http://files.grouplens.org/datasets/movielens/ml-latest-small.zip 下载。

解压 zip 压缩包，会看到 readme 文件和 4 个 csv 文件（ratings、movies、links 和 tags）。其中最重要的是 ratings，它包含了 10 万条评分，每条记录有 4 个字段，包括 userId、movieId、rating、timestamp。userId 表示每位用户的 id，movieId 是每部电影的 ID，rating 是某位用户对某部电影的评分，取值为 0~5 分。timestamp 是时间戳。movies 包含了电影的主要属性信息，title 和 genres 分别表示电影的标题和类型，一部电影可以属于多种类型。links 和 tags 则包含了电影的其他属性信息。我们的实验主要使用 ratings 和 movies 里的数据。

准备好数据，接下来就是具体的实现。我们根据基于用户的协同过滤算法，将整个过程分为 3 个步骤：

（1）使用 $z$ 分数方法，对用户评分进行标准化。

（2）衡量某个用户和其他用户之间的相似度，通过矩阵操作来实现。

（3）根据相似的用户，给出预测的得分 $p$。

下面笔者列出了主要的步骤和注释。需要注意的是，在实现上述三个步骤之前，我们需要把解压后的 csv 文件加载到数组并转为矩阵。由于这个数据集中的用户和电影 ID 都是从 1 开始而不是从 0 开始，所以需要先减去 1，才能和 Python 数组中的索引保持一致。

```python
import pandas as pd
from numpy import *
from pathlib import Path

# 加载用户对电影的评分数据
```

```
df = pd.read_csv(str(Path.home()) + '/Coding/data/ml-latest-small/ratings.csv')

# 获取用户的数量和电影的数量
user_num = df['userId'].max()
movie_num = df['movieId'].max()

# 构造用户对电影的二元关系矩阵
user_rating = [[0.0] * movie_num for i in range(user_num)]

i = 0
for index, row in df.iterrows():     # 获取每行的 index、row

    # 由于用户和电影的 ID 都是从 1 开始，为了和 Python 的索引一致，减去 1
    userId = int(row['userId']) - 1
    movieId = int(row['movieId']) - 1

    # 设置用户对电影的评分
    user_rating[userId][movieId] = row['rating']

    # 显示进度
    i += 1
    if i % 10000 == 0:
        print(i)

# 把二维数组转化为矩阵
x = mat(user_rating)
print(x)
```

加载数据后，步骤（1）就是对矩阵中的数据，以行为维度，进行标准化。

```
# 标准化每位用户的评分数据
from sklearn.preprocessing import scale

# 对每一行的数据，进行标准化
x_s = scale(x, with_mean=True, with_std=True, axis=1)
print('标准化后的矩阵：', x_s)
```

步骤（2）是计算表示用户之间相似度的矩阵 $US$。其中，$y$ 变量保存了矩阵 $X$ 右乘转置矩阵 $X^T$ 的结果。利用 $y$ 变量中的元素，我们很容易就可以得到不同向量之间的夹角余弦。

```
# 获取 XX^T
y = x_s.dot(x_s.transpose())
print(' XX^T 的结果是：', y)


# 获得用户相似度矩阵 US
import sys
us = [[0.0] * user_num for i in range(user_num)]
for userId1 in range(user_num):
    for userId2 in range(user_num):
        # 通过矩阵 Y 中的元素，计算夹角余弦
        us[userId1][userId2] = y[userId1][userId2] / (sqrt((y[userId1][userId1] *
y[userId2][userId2])) + sys.float_info.min)
```

　　在计算夹角余弦的时候，我们在分母中加入一个最小的 float 值，避免除以 0 的情况发生。最后，我们就可以进行基于用户的协同过滤推荐了。需要注意的是，我们还需要使用元素对应的除法以实现归一化。

```
# 通过用户之间的相似度，计算 USP 矩阵
usp = mat(us).dot(x_s)


# 求用于归一化的分母，由于存在负数，所以还需要记录最小值进行移位
mins = [] # 记录每行的最小值
usr = []
    for userId in range(usp.shape[0]):
    min_value = usp[userId].min()
    mins.append([min_value] * usp[userId].shape[1])
    usr.append([(usp[userId].sum() - usp[userId].min() * usp[userId].shape[1])] *
usp[userId].shape[1])


# 进行元素对应的除法，完成归一化。先减去每一行最小值完成移位，然后再除以每一行的和
p = divide(subtract(usp, mat(mins)), mat(usr))
```

　　我们来看一个展示推荐效果的例子。在原始的评分数据中，我们看到 ID 为 1 的用户并没有对 ID 为 2 的电影进行评分。而在最终的矩阵 $P$ 中，我们可以看到系统对用户 1 给电影 2 的评分做出了较高的预测（矩阵 $P$ 在 0、1 位置的元素 $P[0,1]$ 的值较高）。换句话说，系统认为用户 1 很可能会喜欢电影 2。进一步研究电影的标题和类型，我们会发现用户 1 对《玩具总动员》（1995 年）这种冒险类和动作类的题材更感兴趣，所以向其推荐电影 2《勇敢者的游戏》（1995 年）也是合理的。

# 6.4 基于推荐的问答系统

理解了协同过滤推荐算法的核心思想之后，我们来看看如何在问答数据集上运用该算法。这里还使用"安徽电信知道"数据（https://github.com/SophonPlus/ChineseNlpCorpus），需要注意的是，在这个数据集中，我们无法还原最原始的数据。我们假设文字上完全一致的问题是来自某位用户的同一个问题，而文字上完全一致的答案是同一个答案。为此，在协同过滤之前我们会进行一个数据预处理，将文字上相同的问题合并，并分配一个唯一的 ID。类似地，将文字上相同的答案合并，并分配一个唯一的 ID，具体的代码如下：

```python
# 预处理数据的函数，包括：1）数据采样；2）合并重复的问题和答案
def preprocess_data(qa_data_path, sample_fraction, q2id_dict, id2q_dict, a2id_dict, id2a_dict):

    import numpy as np

    # 预估问题和答案关系的矩阵大小，并开辟相应的二维数组
    estimated_array_size = int(200000 * sample_fraction)
    qa_array = [[0 for x in range(estimated_array_size)] for y in range(estimated_array_size)]

    valid = 0
    q_id = 0
    a_id = 0
    with open(qa_data_path, 'r', encoding='utf-8') as qa_data:
        # 跳过第一行的 header
        next(qa_data)

        for line in qa_data:
            tokens = line.split(',')

            # 由于数据格式问题，忽略多于 4 个字段的记录
            if len(tokens) != 4:
                continue

            # 数据采样
            valid += 1
            if valid % (1/sample_fraction) != 0:
                continue
```

```
                   # 将内容和标题合并，作为完整的问题
                   q = '%s_%s' % (tokens[0], tokens[1])
                   a = tokens[2]

                   # 合并重复的问题，为相同的问题设置相同的 ID
                   if q not in q2id_dict.keys():
                       # 设置从问题内容到问题 ID 的映射
                       q2id_dict[q] = q_id

                       # 设置从问题 ID 到问题内容的映射
                       id2q_dict[q_id] = q

                       q_id += 1

                   # 合并重复的答案，为相同的答案设置相同的 ID
                   if a not in a2id_dict.keys():
                       # 设置从答案内容到答案 ID 的映射
                       a2id_dict[a] = a_id

                       # 设置从答案 ID 到答案内容的映射
                       id2a_dict[a_id] = a

                       a_id += 1

                   # 如果 is_best 得分为 0，设置得 5 分，如果 is_best 得分为 1，设置得 10 分
                   qa_array[q2id_dict[q]][a2id_dict[a]] = (int(tokens[3]) + 1) * 5


          # 根据合并后的问题和答案，重新设置矩阵的大小
          qa_matrix = np.asarray(qa_array)
          qa_matrix = qa_matrix[0:len(q2id_dict), 0:len(a2id_dict)]

      return qa_matrix
```

其中需要注意以下方面：

（1）为了节省运行时间，代码仍然使用数据采样。

（2）我们融合了问题的标题和主体内容，并用融合后的内容进行对比。

（3）我们认为 is_best 为 0 的答案仍然有价值，只是价值比较低，所以将 is_best 为 0 的答案之分值设置为 5，将 is_best 为 1 的答案之分值设置为 10。这样既可以保证 is_best 为 0 的答案得分大于 0，同时其得分也明显低于 is_best 为 1 的答案。

接下来就可以参照之前的步骤进行矩阵操作，实现基于用户的协同过滤。

```python
# 进行基于用户之协同过滤的函数
def do_user_based_cf(qa_matrix):
    import numpy as np
    import sys

    # 把二维数组转化为矩阵
    x = np.mat(qa_matrix)

    # 标准化每位用户的评分数据
    from sklearn.preprocessing import scale

    # 对每一行的数据,进行标准化
    x_s = scale(x, with_mean=True, with_std=True, axis=1)

    # 获得用户问题相似度的矩阵 US
    y = x_s.dot(x_s.transpose())
    user_q_num = len(q2id_dict)
    us = [[0.0] * user_q_num for i in range(user_q_num)]
    for qId1 in range(user_q_num):
        for qId2 in range(user_q_num):
            # 通过矩阵 Y 中的元素,计算夹角余弦
            us[qId1][qId2] = y[qId1][qId2] / (np.sqrt((y[qId1][qId1] * y[qId2][qId2])) +
sys.float_info.min)

    # 通过用户之间的相似度,计算 USP 矩阵
    usp = np.mat(us).dot(x_s)
    # 进行归一化
    p = normalize(usp)

    return p


# 归一化函数
def normalize(usp):
    import numpy as np

    # 求用于归一化的分母,由于存在负数,所以还需要记录最小值进行移位
    mins = [] # 记录每行的最小值
    usr = []
    for userId in range(usp.shape[0]):
        min_value = usp[userId].min()
```

```
        mins.append([min_value] * usp[userId].shape[1])
        usr.append([[(usp[userId].sum() - usp[userId].min() * usp[userId].shape[1])] *
usp[userId].shape[1])

        # 进行元素对应的除法，完成归一化。先减去每一行的最小值完成移位，然后再除以每一行
        # 的和
        p = np.divide(np.subtract(usp, np.mat(mins)), np.mat(usr))

        return p
```

这里单独将归一化封装成函数，便于模块化处理。最后使用一个主体函数，将所有的步骤串联起来。

```
# 获取推荐答案的函数
def get_recommendation(p, q_id, id2q_dict, id2a_dict, threshold):

    # 针对提出的问题，找到推荐度大于一定阈值的答案
    for a_id in range(0, p[q_id].shape[1]):
        value = p[q_id, a_id]
        if value >= threshold:
            print(id2q_dict[q_id], ': ', id2a_dict[a_id])
            print('--------------')
    print('-----------------------------')

# 主体函数
from pathlib import Path

qa_data_path = str(Path.home()) +
'/Coding/data/chn_datasets/ChineseNlpCorpus/anhuidianxinzhidao_filter.csv'
sample_fraction = 0.01

q2id_dict = {}
id2q_dict = {}
a2id_dict = {}
id2a_dict = {}

qa_matrix = preprocess_data(qa_data_path, sample_fraction, q2id_dict, id2q_dict, a2id_dict,
id2a_dict)

p = do_user_based_cf(qa_matrix)
```

```
# 测试几个问题的答案推荐
get_recommendation(p, 0, id2q_dict, id2a_dict, 0.001)
get_recommendation(p, 1, id2q_dict, id2a_dict, 0.001)
get_recommendation(p, 2, id2q_dict, id2a_dict, 0.001)
get_recommendation(p, 3, id2q_dict, id2a_dict, 0.001)
get_recommendation(p, 4, id2q_dict, id2a_dict, 0.001)
```

通过协同过滤，我们的答案不再仅限于文字上的相似。可以将协同过滤的结果也保存到 Elasticsearch 的索引之中，将基于文本的相似度和协同过滤结合起来，达到更好的答案推荐效果。

## 6.5　答案的摘要

协同过滤等推荐技术可以帮助我们找到更多的答案，可同时也产生了另外一个问题：信息的过载。对于聊天和问答来说，系统需要提供简洁的信息。在之前的章节中介绍过如何使用聚类技术去除重复的内容，这里再来介绍另一个技术：文本的摘要。与聚类去重相似的是，摘要技术可以去除一些相对不重要的信息。不同的是，摘要技术侧重的是发现重点的内容，而不是重复的内容。

## 6.5.1　文本摘要原理和算法

文本摘要的主要目的是从大段的文章中提炼重要的信息，根据用户的提问或指定的任务，生成可读的缩略内容。从所分析的数据源来看，可分为从单篇文档进行摘要和从多篇文档进行摘要。从摘要的产生方式来看，可分为抽取式和生成式，抽取式只依赖文章原有的内容，而生成式需要计算机更好地理解自然语言，进而模拟人的行为，难度更大。从机器学习的方法来看，同样可以分为非监督式和监督式。在这里我们重点介绍对于多篇文档，如何使用非监督式学习中一种常见的抽取式算法——基于 TF-IDF 机制。

对于多篇文档的摘要来说，主要步骤包括内容选择和信息排序。内容选择是指从文档中选择重要的句子。信息排序是指将选择出来的句子，按照更合理的顺序进行排放。句子实现是指整理来自不同文档的内容，包括使用新的人称代词除去不必要的短语等。

### 1．内容选择

第 3 章我们介绍了 TF-IDF 机制，回顾一下其具体的公式：

$$\text{tf} - \text{idf} = \text{tf} \times \text{idf} = \text{tf} \times \log \frac{N}{\text{df}} \qquad (6\text{-}6)$$

其中，tf 表示单词 $t$ 在文档 $d$ 中的词频；idf 表示单词 $t$ 在文档集合中的逆文档频率。如果单词 $t$ 的 tf 和 idf 都很高，那么它对于文档 $d$ 而言就很重要。如果要计算一句话的 tf-idf，可以使用求和或者求平均来进行聚合。越高的 tf-idf 值意味着某个词或者某句话越适合作为摘要的内容，即越应该被选择成为最终的摘要。

从多篇文档进行摘要的时候，由于选择的内容来自不同的文档，所以我们更容易碰到重复的内容。这个时候可以考虑用最大边界相关（Maximal Marginal Relevbance，MMR）的方法，尽量避免冗余。这个方法的主要思想是引入一个冗余因子，而这个因子的值取决于候选句子和已摘要句子的相似度。如果一个候选句子和已摘要句子的相似度过高，就会被惩罚，甚至被排除在摘要的内容之外。常见的 MMR 冗余因子计算如下：

$$\text{RedudantFactor}(s) = \lambda \arg \max \text{Sim}(s, s_i) \qquad (6\text{-}7)$$

其中，$s$ 表示候选的句子；$s_i$ 表示已经被选择的句子；$\text{Sim}(s, s_i)$ 表示句子之间的相似度，例如向量空间模型的 tf-idf 夹角余弦。而 $\lambda$ 表示冗余的权重，或者说是惩罚的力度。

### 2. 信息排序

如果我们手头上有来自不同文档的多句话，接下来的问题就是如何将它们按照一个更为合理的顺序排列，使得所有内容读起来更顺畅。这就是信息排序所要解决的，排序的时候我们最关注的是连贯性。从 TF-IDF 的角度来说，这时候我们反而要确保前后句子的相似度足够高。下面我们会使用 Python 语言，实现一个基于 TF-IDF 机制的多文档摘要。

## 6.5.2　文本摘要的 Python 实战

我们再次用图 6-1 中的框架进行设计，新增的模块是在检索出相关答案后进行文档摘要，新框架如图 6-9 所示。图中的右上角是我们设计的基于 TF-IDF 机制的文档摘要模块，过程主要分为 4 个步骤：

（1）根据全体的答案文档，计算每个单词的 tf-idf 值。需要注意的是，tf 词频是和具体的文档有关的，所以我们要同时获知某个单词的内容及其出现的文档，才能得到 tf-idf 值。另外，这种计算只需进行一次，就可以反复利用。

（2）计算搜索结果中每句话的 tf-idf 值。我们需要将每篇搜索返回的文档进行分句，然后根据步骤（1）所计算的每个词的 tf-idf，计算某篇文档中某句话的 tf-idf。

（3）根据句子的 tf-idf 值选取分值最高的那些句子。这里我们将综合考虑来自不同文档的句子，根据每句话的 tf-idf 值，进行从高到低排序，然后从分值最高的句子开始选择。

（4）通过句子之间的夹角余弦相似度，去除冗余信息。这里我们也考虑了信息是否重复。所以在选择每句话之前，我们会先将它和已经选择的句子进行比较，如果它和之前的句子内容重复太多，就不会被选取。

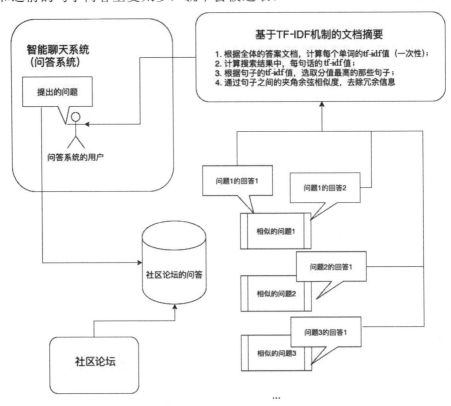

图 6-9　利用社区论坛数据的问答系统，右上角是新增的文档摘要部分

根据这个设计，我们将实现以下几个主要的函数。

- get_tfidf_and_esjson：获取答案文档集合中每个词的 tf-idf 值，并生成用于 Elasticsearch 索引 JSON 文档的函数。
- get_tfidf_for_sentences_in_a_doc：计算某篇文章中某句子 tf-idf 值的函数。这里使用句子中所有词的 tf-idf 值的平均作为这句话的 tf-idf 值。
- summarize：进行文档摘要的函数。
- get_cos 和 get_vector：通过 tf-idf 值构建两句话的向量，并计算它们之间夹角余弦相似度的函数。
- search_with_summarization：搜索并对结果进行摘要的函数。

我们逐一解释以上每个函数。首先是 get_tfidf_and_esjson。这个函数除了使用 sklearn 库计算文档集合的 tf-idf 值，同时还会构建用于 Elasticsearch 索引的 JSON 文档。之所以同时进行这两步，是为了保证在 tf-idf 计算时所用的文档 ID 和 Elasticsearch 索引的文档 ID 保持一致。

```python
# 获取答案文档集合中每个词的 tf-idf 值，并生成用于 Elasticsearch 索引 JSON 文档的函数
def get_tfidf_and_esjson(qa_data_path, output_path):
    import jieba
    import json
    from sklearn.feature_extraction.text import CountVectorizer
    from sklearn.feature_extraction.text import TfidfTransformer

    corpus = []
    with open(qa_data_path, 'r', encoding='utf-8') as qa_data, open(output_path, 'w') as output:
        # 跳过第一行的 header
        next(qa_data)

        doc_id = 0
        for line in qa_data:
            tokens = line.split(',')

            # 由于数据格式问题，忽略多于 4 个字段的记录
            if len(tokens) != 4:
                continue

            segmented_reply = ' '.join(jieba.cut(tokens[2], HMM=True))
            corpus.append(segmented_reply)

            # 构造每篇 Elasticsearch 文档的 JSON 结构，这次需要记录文档的 ID
            qa_doc = {}
            qa_doc['doc_id'] = doc_id
            qa_doc['title'] = tokens[0]
            qa_doc['question'] = tokens[1]
            qa_doc['reply'] = tokens[2]
            qa_doc['is_best'] = int(tokens[3])

            output.write('{ "index" : { "_index" : "qa_docid_index", "_type" : "_doc" } }\n')
            output.write('{0}\n'.format(json.dumps(qa_doc, ensure_ascii = False))) # 这里设
            # 置参数 ensure_ascii 为 False，是为了输出中文
```

```
                doc_id += 1

    # 把文本中的词语转换为字典和相应的向量
    vectorizer = CountVectorizer()

    # 构建 tf-idf 值，不采用规范化，不采用 idf 的平滑
    transformer = TfidfTransformer(norm = None, smooth_idf = False)
    tfidf = transformer.fit_transform(vectorizer.fit_transform(corpus))

    # 输出每个文档的向量
    tfidf_array = tfidf.toarray()
    words = vectorizer.get_feature_names()

    # 记录每篇文章中每个单词的 tf-idf 值，便于后面摘要时所进行的计算
    docIdTerm2tfidf = {}
    for i in range(len(tfidf_array)):
        if i % 10000 == 0:
            print('完成了%d 篇文档的 tf-idf 构建' % i)
        for j in range(len(words)):
            if tfidf_array[i][j] > 0:
                docIdTerm2tfidf['%d_%s' % (i, words[j]) ] = tfidf_array[i][j]

    return docIdTerm2tfidf
```

这个函数运行结束之后，我们就获得了用于 Elasticsearch 索引的 JSON 文档，参照前述内容，使用这个文档构建索引。注意，需要使用中文分词的插件设置映射（Mapping），然后再索引。同时，这里的变量 docIdTerm2tfidf 可以被保存为本地文件，便于之后的重复使用。

get_tfidf_for_sentences_in_a_doc 函数使用了 get_tfidf_and_eslson 函数所用的中文分词，确保分词的一致性。另外，还需要输入每句话所属文档的 ID。

```
# 计算某篇文章中某句子 tf-idf 值的函数。这里使用句子中所有词的 tf-idf 值的平均作为这句话的
# tf-idf 值
def get_tfidf_for_sentences_in_a_doc(docId, docCont, docIdTerm2tfidf):
    import re
    import jieba

    # 简单地分句
    sent2tfidf = {}
```

```
        sents = re.split(', |。 ', docCont)

        for sent in sents:
            sum = 0

            # 对于每个句子，进行分词
            words = jieba.cut(sent, HMM=True)
            num_words = 0
            for word in words:
                key = '%d_%s' % (docId, word)
                num_words += 1

                # 根据文档的 ID 和单词，查找对应的 tf-idf 值
                if key in docIdTerm2tfidf.keys():
                    sum += docIdTerm2tfidf[key]

            if num_words == 0:
                avg = 0
            else:
                avg = sum / num_words

            # 记录每篇文档、每个句子的 tf-idf 值
            sent2tfidf['%d_%s' % (docId, sent.replace('_', ' '))] = avg

    return sent2tfidf
```

summarize 函数的主要思想之前已经解释过了。此处注意候选句子和已选句子之间的比较。

```
# 进行文档摘要的函数
def summarize(docs, docIdTerm2tfidf, sim_threshold):

    selected_sents = []
    sent2tfidf = {}

    for docId in docs.keys():
        sent2tfidf.update(get_tfidf_for_sentences_in_a_doc(docId, docs[docId],
docIdTerm2tfidf))

    sent2tfidf_sorted = sorted(sent2tfidf, key = lambda key: sent2tfidf[key], reverse = True)
```

```
    for id_sent in sent2tfidf_sorted:
        docId, sent = id_sent.split('_')

        # 首次选句，无须比较和之前已选句子的相似度，直接添加
        if len(selected_sents) == 0:
            selected_sents.append({'docId' : docId, 'docCont' : sent})
        else:
            sum_cos_sim = 0
            # 如果某个句子和前面已选的句子相似度不高，那么这句入选。否则这句不入选
            # 之前选取的句子可能有多句，这里使用多个相似度的平均值
            for selected_sent in selected_sents:
                cos_sim = get_cos(selected_sent, {'docId' : docId, 'docCont' : sent})
                sum_cos_sim += cos_sim

            # 当前句子和前面已选的句子相似度不高，入选
            if (sum_cos_sim / len(selected_sents)) < sim_threshold and sent != '':
                selected_sents.append({'docId' : docId, 'docCont' : sent})


    return selected_sents
```

函数 get_vector 和 get_cos，是用于计算夹角余弦相似度的函数。

```
# 通过 tf-idf 值构建向量的函数
def get_vector(docId, docCont):
    import jieba
    vector = {}
    words = jieba.cut(docCont, HMM=True)
    for word in words:
        key = '%d_%s' % (docId, word)

        if key in docIdTerm2tfidf.keys():
            vector[word] = docIdTerm2tfidf[key]
    return vector


# 计算两句话夹角余弦相似度的函数
def get_cos(sent1, sent2):
    import math
    import sys
    # 构建第一句话的 tf-idf 向量
    vector1 = get_vector(int(sent1['docId']), sent1['docCont'])
```

```
# 构建第二句话的 tf-idf 向量
vector2 = get_vector(int(sent2['docId']), sent2['docCont'])

sum1 = 0
sum2 = 0
overlap = 0
for word in vector1.keys():
    sum1 += math.pow(vector1[word], 2)
    if word in vector2.keys():
        overlap += vector1[word] * vector2[word]

for word in vector2.keys():
    sum2 += math.pow(vector2[word], 2)

# 在分母中加入一个极小值，避免除以 0 的情况发生
return overlap / (math.sqrt(sum1 * sum2) + sys.float_info.min)
```

搜索函数 search_with_summarization 和前面章节的 search 函数类似，主要的区别是获得搜索结果后，要构建结果集合，并调用摘要函数 summarize 来分析这个集合。

```
# 搜索并对结果进行摘要的函数
def search_with_summarization(question, max_res_num, docIdTerm2tfidf):
    from urllib import request as req
    import json

    postdata = {}
    postdata['query'] = {}
    postdata['query']['bool'] = {}
    postdata['query']['bool']['must'] = []
    postdata['query']['bool']['must'].append({'multi_match': {'query': question,
'minimum_should_match': '80%', 'fields': ['title', 'question']}})
    postdata = json.dumps(postdata).encode('utf-8')

    # 这里使用了集群的查询端点
    url = 'http://localhost:9200/qa_docid_index/_doc/_search'

    # 构建 POST 请求
    request = req.Request(url, data=postdata)
    request.add_header("Content-Type","application/json; charset=UTF-8")
```

```
# 发送请求并解析查询结果，这次我们返回的是相应的答复（reply）作为答案
with req.urlopen(request) as response:
    results = json.loads(response.read().decode('utf-8'))
    results_num = int(results['hits']['total']['value'])
    if results_num == 0:
        print('没有找到相关内容，请换个问题')
    else:
        docs = {}

        # 选取前若干个答复，并对它们进行摘要
        for i in range(0, min(results_num, max_res_num)):
            docs[results['hits']['hits'][i]['_source']['doc_id']] =
results['hits']['hits'][i]['_source']['reply']
            print(summarize(docs, docIdTerm2tfidf, 0.1))
```

最后使用主体函数，进行简单的演示。

```
# 主体函数
from pathlib import Path

qa_data_path = str(Path.home()) +
'/Coding/data/chn_datasets/ChineseNlpCorpus/anhuidianxinzhidao_filter.csv'
output_path = str(Path.home()) +
'/Coding/data/chn_datasets/ChineseNlpCorpus/anhuidianxinzhidao_filter_docid_for_es.txt'

docIdTerm2tfidf = get_tfidf_and_esjson(qa_data_path, output_path)

while True:
    question = input('请告诉我你关于电信的问题：')
    if question == '退出':
        break

    search_with_summarization(question, 10, docIdTerm2tfidf)    # 最多对 10 个答复进行摘要
    print()
```

　　至此，我们就完成了一个基于社区和推荐的问答系统。加上之前的基于检索系统的问答系统，我们已经理解了问答这种聊天系统的基本原理、应用和实现。不过，这些内容尚未涉及对事物和事物之间关系的理解。第 7 章我们将重点介绍知识图谱以及如何利用知识图谱来打造更为智能的问答和聊天系统。

# 第 7 章　使用深度学习加强问答系统

## 7.1　神经网络

深度学习的基础是神经网络，这项技术可以运用在很多地方。例如，我们可以通过神经网络来训练 Word2Vec、识别语音、抽取命名实体等。这里将重点介绍如何使用端到端的深度学习训练，以实现问题和答案的匹配。由于深度学习需要比较多的基础知识作为铺垫，这里先从最简单的神经网络开始介绍。

### 7.1.1　神经网络的基础知识

很长时间以来，科研人员一直希望使用机器来模拟人的大脑，让机器也能像人类一样思考。而大脑思考的关键环节就是神经元、神经末梢以及它们所组成的网络。外部刺激通过神经末梢，被转化成电信号，而电信号又被传输到神经元。而无数的神经元所构成的神经中枢会综合各种输入信号，做出最终的判断。这也是人体如何根据外部刺激做出反应的基本原理。专家发现神经元是人类思考的基础，所以试图打造"人造神经元"并组成人工的神经网络。在这个大背景下，最早的人造神经元模型"感知器"（Perceptron）于 20 世纪 60 年代诞生。图 7-1 展示了感知器模型的基本结构和原理。

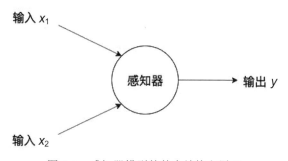

图 7-1　感知器模型的基本结构和原理

图 7-1 中有一个感知器， $x_1$ 和 $x_2$ 是它的两个输入变量，而 $y$ 是它的输出变量。这个过程模拟了神经末梢接受各种外部环境的变化，最后产生一个电波脉冲。也许会有疑问，这样的神经元如何才能帮助计算机进行学习呢？假设这个神经元担当的是布尔与（AND）的功能，那么每种输入只有 0 或 1 两种可能。当两个输入都是 1 的时候，输出为 1，而两个输入都是 0 的时候，输出为 0。为了实现这个功能，我们可以将神经元所进行的计算设为 $y = x_1 + x_2$，并规定输出阈值为 2。如此一来，当两个输入都是 1 的时候，输出值为 2 达到了阈值，最终输出为 1，否则输出为 0。此外，每个输入的权重可以不一样，进而可以写为 $y = w_1 x_1 + w_2 x_2$。假设 $w_1$ 为 0.8，$w_2$ 为 0.2，而输出 $y$ 的阈值为 0.5，那么当 $x_1$ 为 1 的时候，无论 $x_2$ 取值是否为 1，最终输出 $y$ 都会超过阈值 0.5，让最终的输出为 1。

理解了简单的感知器，我们再来看看如何通过多个简单的感知器构建更为复杂的决策系统。通常，这种更复杂的系统是由多个简单的感知器以网络的形式组建而成，如图 7-2 所示。

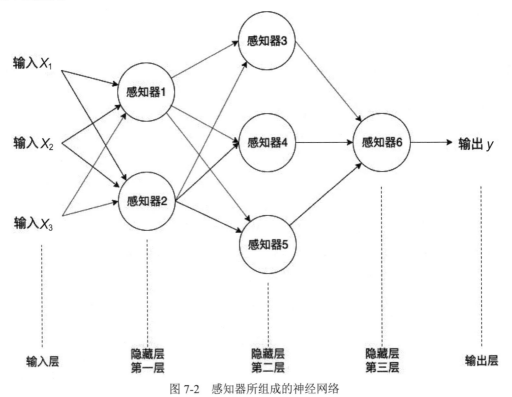

图 7-2　感知器所组成的神经网络

在图 7-2 中，我们使用了更多的感知器。此外，我们将网络分为输入层、隐藏层和输出层。输入和输出层分别对应输入变量和输出变量，而中间的 6 个感知器构成了所谓的"隐藏层"。第一个隐藏层中的感知器接收输入层的输入，进行计算并给出输出，然后这些输出会作为第二个隐藏层的输入，如此循环，直到第三层的感知器给出输出。注意，图 7-2 的输出层只有 1 个输出，实际上输出层可以拥有多个输出。整个过程就好比人体由单个神经元构成了神经中枢，从每个神经元的感知开始，直到最终神经中枢做出决策。其中，隐藏层扮演了重要的角色。在深度学习中所谓的"深度"，其含义之一就是更多的隐藏层、更复杂的神经网络。

我们还可以通过各种激活函数（Activation Function），对神经网络的输出进行变化。第 3 章所介绍的 Word2Vec，就使用了常见的 Softmax 函数：

$$f(y_i) = \frac{e^{y_i}}{\sum e^{y_i}} = \frac{\exp(y_i)}{\sum \exp(y_i)} \tag{7-1}$$

其中 $y_i$ 是第 $i$ 个输出。另外，还有常见的 Sigmoid、Tanh 和 ReLU 等函数。下面是 Sigmoid 函数的公式：

$$f(y) = \frac{1}{(1 + e^{-y})} \tag{7-2}$$

其中，$y$ 为某个感知器的输出；而 $f(y)$ 为变换后的输出。对于 Sigmoid 函数，如果 $y$ 趋向正无穷大，表示感知器接收到了强烈的正向信号，$f(y)$ 就会趋近于 1；如果 $\mu$ 趋向负无穷大，表示感知器接收到了强烈的负向信号，那么 $f(y)$ 趋于 0。同时，我们仍然可以保证输出是一个连续性的函数。对于二元分类来说，我们可以推导出 Softmax 和 Sigmoid 是等价的。

Tanh 函数的公式：

$$f(y) = \frac{2}{(1 + e^{-2y})} - 1 \tag{7-3}$$

ReLU 函数的全称是 Rectified Linear Unit，也叫修正线性单元，它的公式为

$$f(y) = \max(0, y) \tag{7-4}$$

图 7-3 列出了三种函数的分布曲线。

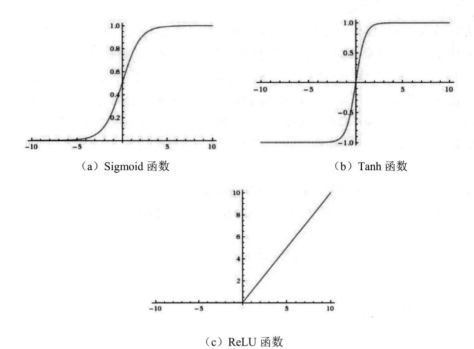

（a）Sigmoid 函数　　　　　　　　　　　　　（b）Tanh 函数

（c）ReLU 函数

图 7-3　Sigmoid，Tanh 和 ReLU 输出（激活）函数曲线

这些输出函数都是非线性的，可以让神经网络学习非线性的函数。

以上我们阐述了感知器所构成的基本神经网络，以及从多个输入到最终输出的流程。这就是前向传播算法（Forward Propagation，FP）的核心思想。假设神经网络有 $n$ 个输入，第一个隐藏层有 $m$ 个输出，那么这 $m$ 个输出可以表示为

$$y_1 = w_{1,1} \times x_1 + w_{2,1} \times x_2 + \cdots + w_{n,1} \times x_n + b_1$$

$$y_2 = w_{1,2} \times x_1 + w_{2,2} \times x_2 + \cdots + w_{n,2} \times x_n + b_2$$

$$\cdots\cdots$$

$$y_m = w_{1,m} \times x_1 + w_{2,m} \times x_2 + \cdots + w_{n,m} \times x_n + b_m \tag{7-5}$$

式（7-5）和线性回归的公式本质上是一致的，其中 $w_{i,j}$ 表示从第 $i$ 个输入到第 $j$ 个感知器的权重，而 $b_j$ 表示第 $j$ 个感知器的截距。为了更简洁地表示，我们可以通过矩阵表示整个计算的过程：

$$\boldsymbol{Y} = \boldsymbol{WX}^{\mathrm{T}} + \boldsymbol{b}^{\mathrm{T}} \tag{7-6}$$

其中，$\boldsymbol{W}$ 是 $m \times n$ 维的权重矩阵；$\boldsymbol{X}^{\mathrm{T}}$ 和 $\boldsymbol{b}^{\mathrm{T}}$ 是 $n$ 维的列向量。以此类推，我们再将这一系列输出 $y$ 作为第二个隐藏层的输入，直到最终的输出层。可能会产生疑问：应该如何确

定权重矩阵中的各种数值呢？对于监督式的机器学习来说，我们有大量的标注数据，完全可以根据历史的输入和输出数据，反向推导最为合理的权重。这时，就轮到反向传播算法发挥作用了。

　　在介绍反向传播（Backward Propagation，BP）算法之前，让我们快速回顾一下梯度下降（Gradient Descent）算法。梯度下降算法使用迭代的优化，向函数上当前点所对应的梯度的反方向，按照规定步长进行搜索，最终发现局部的最小值。假设 $J(w)$ 是一个关于变量 $w$ 的函数，为了求得 $J(w)$ 的最小值 $J_{\min}(w)$，我们为 $w$ 随机选取一个初始值，然后按如下方式更新 $w$：

$$w_{n+1} = w_n - \alpha \frac{\partial J(w)}{\partial w} \tag{7-7}$$

其中，$w_n$ 表示当前的 $w$ 值；而 $w_{n+1}$ 表示新的 $w$ 值；$\alpha$ 是前进的步长。这个过程如图 7-4 所示。

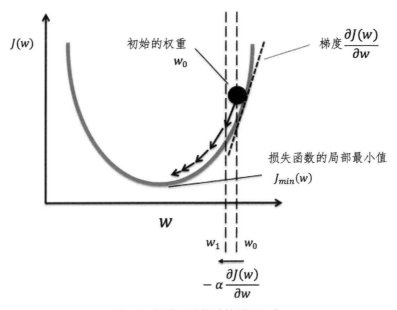

图 7-4　梯度下降算法的原理示意

　　从图 7-4 可以看出，当梯度绝对值较大的时候，权重 $w$ 的修正幅度较大，而当梯度较小的时候，我们认为已经趋近于局部极值了，所以修正幅度较小。另外，步长 $\alpha$ 不能太大，否则更容易错过真实的局部最小值。下面我们用一个通俗易懂的例子来展示该算法是如何工作的。假设函数 $y = wx$，如果输入 $x = 1$ 的时候，输出 $y = 2$，那么如何使用梯

度下降来求解 $w$ 呢？梯度下降会假设一个 $w$ 的初始值，然后不断缩小基于这个初始值所计算出的 $y$ 值与真实的 $y$ 值之差，并不断地逼近 $w$ 的真实值。计算出的 $y$ 值和真实的 $y$ 值之差通过 $J(w) = (wx - y)^2$ 表示，$J(w)$ 也被叫作损失函数。该损失函数对 $w$ 求导，根据求导的链式法，则有

$$\frac{\partial J(w)}{\partial w} = \frac{\partial (wx - y)^2}{\partial w} = 2(wx - y)x \qquad (7\text{-}8)$$

所以有

$$w_{n+1} = w_n - \alpha \frac{\partial J(w)}{\partial w} = w_n - 2\alpha(wx - y)x \qquad (7\text{-}9)$$

第一轮，我们假设 $w$ 为 1，使用 $w_{(0)} = 1$ 来表示。已知 $x = 1$，$y = 2$，并设步长 $\alpha = 0.4$，那么就有

$$w_{(1)} = w_{(0)} - 2\alpha\left(w_{(0)}x - y\right)x = 1 - 2 \times 0.4(1 \times 1 - 2) \times 1 = 1.8$$

接下来在第二轮迭代中，$w$ 已经变为 1.8，以此类推，继续更新。

$$w_{(2)} = w_{(1)} - 2\alpha\left(w_{(1)}x - y\right)x = 1.8 - 2 \times 0.4(1.8 \times 1 - 2) \times 1 = 1.96$$

$$w_{(3)} = w_{(2)} - 2\alpha\left(w_{(2)}x - y\right)x = 1.96 - 2 \times 0.4(1.96 \times 1 - 2) \times 1 = 1.992$$

$$w_{(4)} = w_{(3)} - 2\alpha\left(w_{(3)}x - y\right)x = 1.992 - 2 \times 0.4(1.992 \times 1 - 2) \times 1 = 1.9984$$

$$\cdots$$

最终通过不断地迭代，权重 $w$ 的数组就逐渐逼近其真实值 2 了。这个过程展现了梯度下降法的基本工作原理。值得注意的是，梯度下降算法可以找到局部最小值，但并不能保证找到全局最小值。下面我们来看看反向传播算法是如何利用梯度下降和训练数据，来学习各个感知器的权重的。假设神经网络只有一个隐藏层，我们尝试通过它和一些训练数据，学习式（7-10）中的权重 $w_1$、$w_2$ 和常量 $b$：

$$y = w_1 \times x_1 + w_2 \times x_2 + b \qquad (7\text{-}10)$$

估算权重和常量的主要步骤如下：

（1）和梯度下降算法相似，首先假设 $w_1$、$w_2$ 和 $b$ 的初始值。

（2）通过某个样本的输入值和权重的假设值，进行前向传播的计算。

（3）将前向传播计算后所得到的 $y$ 数值和该样本的 $y$ 数值进行对比，通过梯度下降来修正 $w_1$、$w_2$ 和 $b$ 的现有值。需要注意的是，这里有两个参数 $x_1$ 和 $x_2$，所以要针对这两个变量分别求偏导，并进行对应权重和常量的更新。具体修正的公式如下：

$$\frac{\partial J(w)}{\partial w_1} = \frac{\partial \left(w_1 x_1 + w_2 x_2 + b - y\right)^2}{\partial w_1} = 2\left(w_1 x_1 + w_2 x_2 + b - y\right) x_1 \tag{7-11}$$

$$\frac{\partial J(w)}{\partial w_2} = \frac{\partial \left(w_1 x_1 + w_2 x_2 + b - y\right)^2}{\partial w_2} = 2\left(w_1 x_1 + w_2 x_2 + b - y\right) x_2 \tag{7-12}$$

$$\frac{\partial J(w)}{\partial b} = \frac{\partial \left(w_1 x_1 + w_2 x_2 + b - y\right)^2}{\partial b} = 2\left(w_1 x_1 + w_2 x_2 + b - y\right) \tag{7-13}$$

（4）根据修正后的权重值，重复步骤（2）和步骤（3），直到发现局部最优解，从而确定 $w_1$、$w_2$ 和 $b$ 的值。

另外，如果训练数据和输入值（或者说机器学习的特征）的量很大，人们还会使用随机梯度下降算法（Stochastic Gradient Descent）对这个迭代求解的过程进行优化。这里的"随机"是指每次不会采用所有的训练样本，而只是随机地选取一个样本进行训练。当然，如果只选取一个样本，容易错过局部最优解，因此可以采取折中的方法，每次使用小批量（Mini Batch）的样本进行训练。

如果神经网络有多层，需要使用反向传播算法。其中，"反向"的含义是指从输出层开始，逐层地调整前一层的权重，直到输入层。需要注意的是，当第一轮正向计算结束后，我们只能知道最终输出层和真实值的误差，而无法知道中间每个隐藏层的误差。为了获得这些误差，我们就需要从最终输出层开始，通过第 $n$ 层的误差、第 $n$ 层和第 $(n-1)$ 层之间的当前权重以及第 $(n-1)$ 层的输出，逆向地计算第 $(n-1)$ 层的误差，具体公式为：

$$\delta_{n-1} = (W_n^{\mathrm{T}} \delta_n) y_{n-1} \tag{7-14}$$

其中，$\delta_{n-1}$ 和 $\delta_n$ 分别是第 $(n-1)$ 层和第 $n$ 层的误差；$y_{n-1}$ 是第 $(n-1)$ 层的输出；$W_n^{\mathrm{T}}$ 是第 $n$ 层和第 $(n-1)$ 层之间当前权重的矩阵转置。一旦获得了第 $(n-1)$ 层的误差，我们就能调整第 $(n-1)$ 层的权重，并继续反向推进，获得第 $(n-2)$ 层的误差，调整第 $(n-2)$ 层的权重，直到输入层。图 7-5 是前向传播和反向传播算法的示意图，展示了 FP 和 BP 算法共同工作的基本原理。

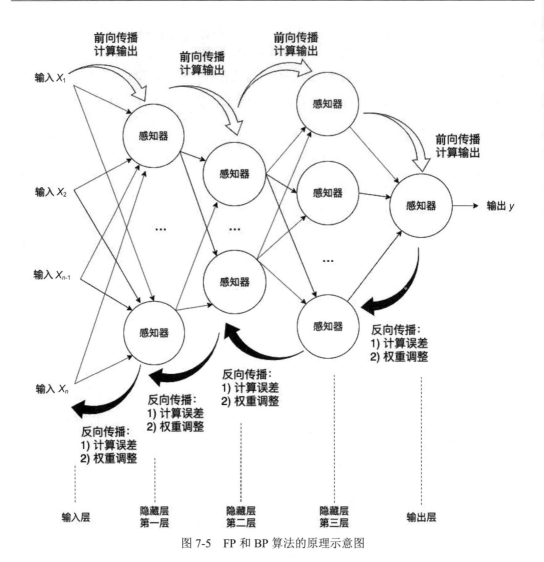

图 7-5　FP 和 BP 算法的原理示意图

## 7.1.2　使用 TensorFlow 实现基本的神经网络

　　了解神经网络的基本原理之后，我们来尝试使用 TensorFlow 进行一些实战，以加深印象。TensorFlow 是谷歌公司发明的机器学习开源软件库，并且特别加入了对深度学习的支持，它的前身是谷歌大脑团队所建立的 DistBelief。TensorFlow 1.0 版本发布于 2017年 2 月，2.0 版本发布于 2019 年 10 月，它可以运行在多个 CPU 和 GPU 上，并适用于不同的操作系统，如 Linux、macOS、Windows、Android 和 iOS 等。TensorFlow 的计算使用有状态的数据流图表示，它的名字来源于神经网络对多维数组执行的操作，这些多维数组被称为张量（Tensor）。由于用户的模型以图的形式展现，使用者可以推迟或者删除不必要的操作，还能够重用一部分中间结果。另外，用户还可以很轻松地实现反向传播的过程。

在 Python 中使用 TensorFlow 之前，需要使用如下命令安装 TensorFlow。

```
pip3 install tensorflow
```

在默认情况下，安装 TensorFlow 2.0 版本。安装完毕，使用下面的代码来实现神经网络中的前向传播。

```
import tensorflow as tf

X = tf.constant([[1.0], [2.0], [3.0]])
W_l1 = tf.constant([[0.1, 0.28], [0.15, 0.22], [0.08, 0.17]])

W_l2 = tf.constant([[0.2, 0.1, 0.3], [0.1, 0.7, 0.6]])

W_l3 = tf.constant([[0.52], [0.18], [0.79]])

Y_l1 = tf.matmul(tf.transpose(W_l1), X)
print('Y_l1\t', Y_l1)
Y_l2 = tf.matmul(tf.transpose(W_l2), Y_l1)
print('Y_l2\t', Y_l2)
Y_l3 = tf.matmul(tf.transpose(W_l3), Y_l2)
print('Y_l3\t', Y_l3)
```

代码中设置了输出层 $x$ 的值，以及从输入层到最终输出层的各级权重，输出的结果如下：

```
Y_l1   tf.Tensor(
[[0.64]
 [1.23]], shape=(2, 1), dtype=float32)
Y_l2   tf.Tensor(
[[0.25100002]
 [0.925     ]
 [0.93000007]], shape=(3, 1), dtype=float32)
Y_l3   tf.Tensor([[1.0317202]], shape=(1, 1), dtype=float32)
```

我们使用图 7-6 来展示整个前向传播的过程。

我们还能用 TensorFlow 实现线性回归。下面的代码根据权重 $w$ 和截距 $b$ 的真实值以及随机的噪音，产生 1000 个样本点。然后通过这些点和梯度下降算法，逐步逼近权重和截距的真实值。

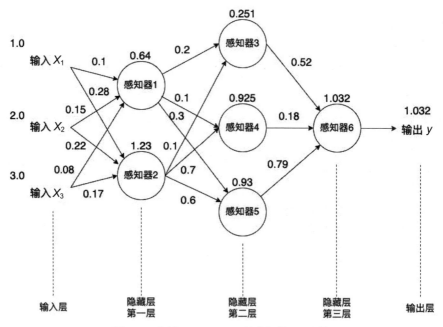

图 7-6  使用 TensorFlow 所进行的 FP 计算

```
import matplotlib.pyplot as plt
import tensorflow as tf
%matplotlib inline

# 设置真实的权重和截距（偏差）
target_w = 2.0
target_b = 0.8
# 设置随机产生样本的数量
num_samples = 1000

# 通过随机数初始化 X 和 Y 的值，注意 X 和 Y 是数组
X = tf.random.normal(shape = [num_samples, 1]).numpy()
# 添加噪声，让数据更具有随机性
noise = tf.random.normal(shape = [num_samples, 1]).numpy()
Y = X * target_w + target_b + noise

plt.scatter(X, Y)

class Fitted_Model(object):
    def __init__(self):
        self.w = tf.Variable(tf.random.uniform([1]))      # 随机产生权重 w 的初始化值
        self.b = tf.Variable(tf.random.uniform([1]))      # 随机产生截距（偏差）b 的初始化值
```

```
    def __call__(self, x):
        return self.w * x + self.b   # 按照目前的 w 和 b，计算 y 的预估值


# 实例化模型
model = Fitted_Model()


# 可视化产生的样本点
plt.scatter(X, Y)


# 展示基于随机初始化的直线
plt.plot(X, model(X), c = 'black', label='guess', linestyle = ':')


# 计算基于方差的损失函数
def loss_function(model, X, Y):
    Y_predicted = model(X)
    return tf.reduce_mean(tf.square(Y_predicted - Y))


# 设置迭代次数和学习率
iteration_cnt = 100
learning_rate = 0.05


# 进行迭代
for iteration in range(iteration_cnt):
    with tf.GradientTape() as tape:
        loss = loss_function(model, X, Y)                # 通过损失函数，计算误差
        dw, db = tape.gradient(loss, [model.w, model.b]) # 根据误差，计算梯度
        model.w.assign_sub(learning_rate * dw)           # 根据梯度更新 w
        model.b.assign_sub(learning_rate * db)           # 根据梯度更新 b
        # 输出中间值，便于理解梯度下降算法的效果
        print('Iteration {}/{}, loss is [{:.3f}], w is {:.3f}, b is {:.3f}'.format(iteration, iteration_cnt,
loss, float(model.w.numpy()), float(model.b.numpy())))


# 展示最终拟合出来的直线，并和初始的直线进行比较
plt.plot(X, model(X), c = 'black', label = 'gradient')
plt.legend()
```
输出的中间结果大致为：
Iteration 0/100, loss is [5.006], w is 0.265, b is 0.523
Iteration 1/100, loss is [4.244], w is 0.444, b is 0.549
Iteration 2/100, loss is [3.627], w is 0.604, b is 0.573

...
Iteration 97/100, loss is [0.997], w is 2.039, b is 0.845
Iteration 98/100, loss is [0.997], w is 2.039, b is 0.845
Iteration 99/100, loss is [0.997], w is 2.039, b is 0.845

梯度下降算法会设置随机的初始值，而且样本的产生也有随机性。因此看到的结果可能稍有不同，但趋势是一致的。权重 $w$ 趋近于真实值 2.0，截距 $b$ 趋近于真实值 0.8。此外，代码也进行了简单的可视化，将拟合后的直线和最初随机猜测的直线进行对比，如图 7-7 所示。显然，进行梯度下降的 100 次迭代之后，拟合的直线更符合数据的分布。

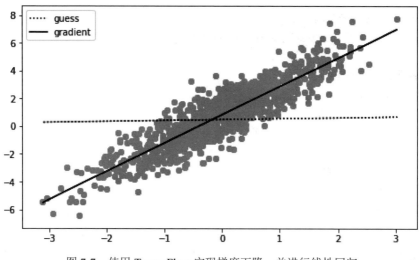

图 7-7　使用 TensorFlow 实现梯度下降，并进行线性回归

TensorFlow 的强大之处在于它可以快速地搭建神经网络。我们使用下面的代码构建一个如图 7-6 所示的神经网络，并实现线性回归。为了展示 TensorFlow 1.0 版的使用，这段代码兼容了 1.0 版本的语法。

```
# 兼容 Tensorflow 1.0 的代码
import tensorflow.compat.v1 as tf
tf.disable_v2_behavior()

import numpy as np
import matplotlib.pyplot as plt
%matplotlib inline

# 设置真实的权重和截距（偏差）
target_w = 2.0
target_b = 0.8
# 设置随机产生样本的数量
```

```python
num_samples = 1000

# 生成分布在-0.5 到 0.5 之间的 1000 个点
X = np.linspace(-0.5, 0.5, 1000)[:, np.newaxis]
# 添加噪音，让数据更具有随机性
noise = np.random.normal(0, 0.1, X.shape)
Y = X * target_w + target_b + noise

# 可视化产生的样本点
plt.figure(figsize=(8, 4.5))
plt.scatter(X, Y)

# 定义两个占位符
x = tf.placeholder(tf.float32, [None, 1]) # 形状为 n 行 1 列，同 x_data 的 shape
y = tf.placeholder(tf.float32, [None, 1])

# 构建神经网络，三个中间层分别拥有 2、2、3 个神经元
# 第一个中间层
W_l1 = tf.Variable(tf.random_normal([1, 2]))
B_l1 = tf.Variable(tf.zeros([1, 2]))
Y_l1 = tf.matmul(x, W_l1) + B_l1

# 第二个中间层
W_l2 = tf.Variable(tf.random_normal([2, 2]))
B_l2 = tf.Variable(tf.zeros([1, 2]))
Y_l2 = tf.matmul(Y_l1, W_l2) + B_l2

# 第三个中间层
W_l3 = tf.Variable(tf.random_normal([2, 3]))
B_l3 = tf.Variable(tf.zeros([1, 3]))
Y_l3 = tf.matmul(Y_l2, W_l3) + B_l3

# 最终输出层
W_l4 = tf.Variable(tf.random_normal([3, 1]))
B_l4 = tf.Variable(tf.zeros([1, 1]))
Y_l4 = tf.matmul(Y_l3, W_l4) + B_l4

# 定义损失函数
loss = tf.reduce_mean(tf.square(Y - Y_l4))
```

```
# 设置迭代次数和学习率
iteration_cnt = 1000
learning_rate = 0.05

# 通过梯度下降，最小化损失函数
optimizer = tf.train.GradientDescentOptimizer(learning_rate)
train_step = optimizer.minimize(loss)

# 全局变量初始化
init = tf.global_variables_initializer()

# 定义会话
with tf.Session() as sess:
    sess.run(init)
    for _ in range(iteration_cnt):
        sess.run(train_step, feed_dict={x:X, y:Y})

    # 获取预测值
    predict = sess.run(Y_l4, feed_dict={x:X})

# 展示最终拟合出来的直线
plt.plot(X, predict, c = 'black')
```

可视化之后，我们得到了如图 7-8 所示的结果，神经网络同样可以提高学习线性函数的能力。

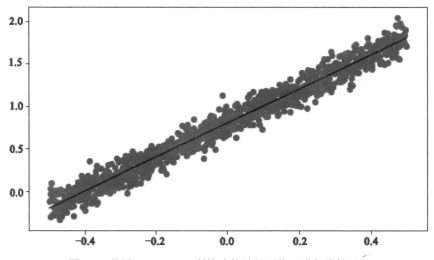

图 7-8　使用 TensorFlow 所构建的神经网络，进行线性回归

如果我们在神经网络中采用了非线性的输出函数，那么这些网络同样可以学习非线性的函数。下列的代码使用 tanh 函数拟合了函数 $y = x^2$。

```python
# 兼容 Tensorflow 1.0 的代码
import tensorflow.compat.v1 as tf
tf.disable_v2_behavior()

import numpy as np
import matplotlib.pyplot as plt
%matplotlib inline

# 设置随机产生样本的数量
num_samples = 1000

# 生成分布在-0.5 到 0.5 之间的 1000 个点
X = np.linspace(-0.5, 0.5, 1000)[:, np.newaxis]
# 添加噪音，让数据更具有随机性
noise = np.random.normal(0, 0.05, X.shape)
Y = X * X + noise

# 可视化产生的样本点
plt.figure(figsize=(8, 4.5))
plt.scatter(X, Y)

# 定义两个占位符
x = tf.placeholder(tf.float32, [None, 1]) # 形状为 n 行 1 列，同 x_data 的 shape
y = tf.placeholder(tf.float32, [None, 1])

# 构建神经网络，三个中间层分别拥有 2、2、3 个神经元
# 第一个中间层
W_l1 = tf.Variable(tf.random_normal([1, 2]))
B_l1 = tf.Variable(tf.zeros([1, 2]))
# 输出进行了非线性的变换
Y_l1 = tf.nn.tanh(tf.matmul(x, W_l1) + B_l1)

# 第二个中间层
W_l2 = tf.Variable(tf.random_normal([2, 2]))
B_l2 = tf.Variable(tf.zeros([1, 2]))
# 输出进行了非线性的变换
Y_l2 = tf.nn.tanh(tf.matmul(Y_l1, W_l2) + B_l2)
```

```
# 第三个中间层
W_l3 = tf.Variable(tf.random_normal([2, 3]))
B_l3 = tf.Variable(tf.zeros([1, 3]))
# 输出进行了非线性的变换
Y_l3 = tf.nn.tanh(tf.matmul(Y_l2, W_l3) + B_l3)

# 最终输出层
W_l4 = tf.Variable(tf.random_normal([3, 1]))
B_l4 = tf.Variable(tf.zeros([1, 1]))
# 输出进行了非线性的变换
Y_l4 = tf.nn.tanh(tf.matmul(Y_l3, W_l4) + B_l4)

# 定义损失函数
loss = tf.reduce_mean(tf.square(Y - Y_l4))

# 设置迭代次数和学习率
iteration_cnt = 1000
learning_rate = 0.05

# 通过梯度下降，最小化损失函数
optimizer = tf.train.GradientDescentOptimizer(learning_rate)
train_step = optimizer.minimize(loss)

# 全局变量初始化
init = tf.global_variables_initializer()

# 定义会话
with tf.Session() as sess:
    sess.run(init)
    for _ in range(iteration_cnt):
        sess.run(train_step, feed_dict={x:X, y:Y})

    # 获取预测值
    predict = sess.run(Y_l4, feed_dict={x:X})

# 展示最终拟合出来的曲线
plt.plot(X, predict, c = 'black')
```

学习的结果如图 7-9 所示。

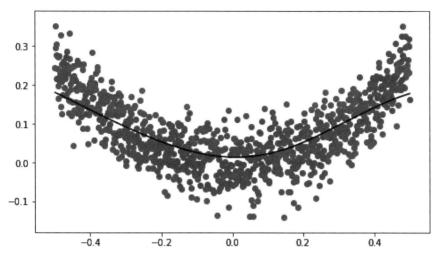

图 7-9　使用 TensorFlow 构建的神经网络，拟合非线性函数

## 7.2　深度学习

### 7.2.1　卷积神经网络

最近 10 多年，基于神经网络的深度学习逐步流行起来。其中的"深度"主要是指更多的神经元数量、更复杂的神经元连接方式、更多的隐藏层等。那么除了前文介绍的全连接，还有什么连接方式呢？下面我们介绍卷积神经网络（Convolutional Neural Network，CNN）以及它是如何运用在问答系统中的。

卷积神经网络常用于图像处理，这是由图像处理的特殊性决定的。图像数据的特点是维度比较高，假设有一张 1024×1024 像素的彩色图片，为了提取其中所有的像素信息，我们需要 1024×1024×3=3 145 728 个神经元。其中前两个 1024 表示图片的宽度和高度，两者的乘积表示像素的个数，而 3 表示每个像素的 RGB 色彩值。也就是说，对于这张彩色图片，普通的神经网络需要超过 300 万个神经元。如果第一个隐藏层有 1000 个神经元，那么全连接的数量是 315 万乘以 1000，超过了 31 亿。可以想象，对于更大的图片，所需要的神经元和全连接的数目就是海量了。如此庞大的数据量，会导致神经网络系统的低效率。另一方面，过多的神经元也会导致过多的机器学习参数，并最终导致过拟合现象的产生。下面简要地解释过监督式机器学习的拟合的原理。

每种学习模型都有自己的假设和参数。在人工神经网络中，其基本假设是模拟人类的神经系统，而参数是神经元之间的权重和对应的截距等这些数据。有了假设和参数，我们就可进行模型的拟合（Model Fitting），即监督式学习经常提到的"训练一个模型"。

拟合模型其实就是指通过模型的假设和训练样本，推导出具体参数的过程。有了这些参数，我们就能对新的数据进行预测。在用神经网络进行线性回归的样例中，系统将随机产生的样本数据作为训练样本。通过前向传播和后向传播算法，估算出最合适的权重和截距，这个过程就是模型的拟合。而拟合的好坏，分为多种情况。这里我们以二维空间中的曲线回归为例。在图 7-10 的二维坐标中，黑色的点表示训练数据所对应的点，$X$ 轴表示唯一的自变量，$Y$ 轴表示因变量。根据这些训练数据拟合回归模型之后，得到的结果是一条黑色的曲线。

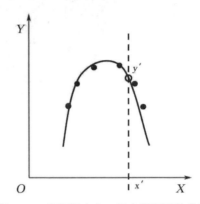

图 7-10　根据样本点，拟合所得到的曲线

有了这条曲线，我们就能根据测试数据的 $X$ 轴取值（图中的 $x'$）来获取 $Y$ 轴的取值（图中的 $y'$），即根据自变量的值来获取因变量的值，以达到预测的效果。这种情况就是适度拟合（Right Fitting）。可是，有时候拟合得到的模型过于简单，与训练样本之间的误差非常大，这种情况就叫欠拟合（Under Fitting）。例如图 7-11 中的曲线（或者说直线）和图 7-10 中的曲线相比，离数据点的距离更大。这种拟合模型和训练样本之间的差异，就称为偏差（Bias）。

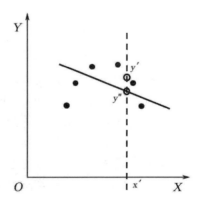

图 7-11　欠拟合所得到的曲线，导致了较大的偏差

欠拟合说明模型还不能很好地表示训练样本，所以其在测试样本上的表现通常也不

好。例如图中预测的值 $y''$ 与测试数据 $x'$ 对应的真实值 $y'$ 相差很大。另一种情况是，拟合得到的模型非常精细和复杂，与训练样本之间的误差非常小，我们称这种情况为过拟合（Over Fitting）。例如图 7-12 中的曲线和图 7-10 中的曲线相比，它离数据点的距离更近，也就是说偏差更小。

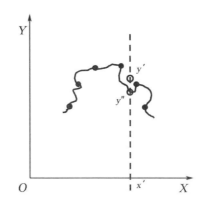

图 7-12　过拟合所得到的曲线，有更小的偏差

初学者通常会觉得过拟合很好，其实并不是这样。过拟合的模型虽然在训练样本中表现得非常优越，但是在测试样本中可能表现不理想。为什么会这样呢？这主要是因为，有时候训练样本和测试样本不太一致。这种训练样本和测试样本之间存在的差异，我们称为方差（Variance）。在过拟合的时候，我们认为模型缺乏泛化的能力，无法很好地处理新的数据。在常见的监督式学习过程中，适度拟合、欠拟合和过拟合这三种状态是逐步演变的，我们可以用图 7-13 来解释这个过程。

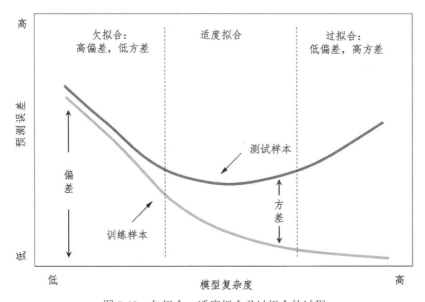

图 7-13　欠拟合、适度拟合及过拟合的过程

在图 7-13 中，$x$ 轴表示模型的复杂程度，$y$ 轴表示预测的误差。上方的曲线表示模型在训练样本上的表现，它和 $x$ 轴之间的距离表示偏差。而下方曲线表示模型在测试样本上的表现，它和上方曲线之间的距离表示方差。从图 7-13 的左侧往右侧看，模型的复杂度由简单逐渐变为复杂。越复杂的模型，越近似训练样本，偏差不断下降。可是如果过于近似训练样本，模型和测试样本间的差距就会加大。因此在模型复杂度达到一定程度之后，在训练样本上的预测误差反而会开始增加，这样就会导致训练和测试样本之间的方差不断增大。图 7-13 中的最左边是高偏差、低方差，就是我们所说的欠拟合。最右边是低偏差、高方差，就是我们所说的过拟合。在靠近中间的位置，我们希望能找到一个偏差和方差都比较均衡的区域，也就是适度拟合的情况。

回到神经网络处理图像的案例，由于图片的信息量很大，作为模型参数的神经元就会非常多，导致模型很容易过拟合。为了解决过多神经元和连接所导致的低效率及过拟合问题，专家们提出了卷积神经网络。CNN 和全连接的神经网络不同，相邻的两层只有部分结点相连。按照具体的连接方式来划分，一般又分为卷积（Convolution）层和池化（Pooling）层。卷积层只分析原始输入层的神经元中的一小部分，并产生更多的维度。对于尺寸为 1024×1024 像素的彩色图片，我们可以定义卷积层每次只看 4×4 的区域，将其转化成 1×1 的区域。而另一方面它将原来的 RGB 三色数据转化为更多的特征，例如 5 个。那么这两个三维矩阵的全连接数量就是 $4×4×3×1×1×5 = 240$ 个。原始图片的宽和高都是 1024 像素，所以一共可以划分为 256 个 4×4 的小方块，所以总连接数量就只有 $240×256 = 61440$ 个，这远比 31 亿个的全连接数小得多。对于这个方块形的小区域，我们采用 TensorFlow 里的术语，将其称为过滤器（Filter）。需要注意的是，在定义过滤器之后，我们可以采用不同的步长来控制过滤器在原始图片中的位置。图 7-14 中展示了以上例子，这种情况下步长为 4。我们也可以使用其他步长，比如 1 或者 2。图 7-15 展示了步长为 2 的时候，会产生更多的过滤器窗口。需要注意的是，如果过滤器窗口走到图片边缘的时候，可能会超出图片原本的范围，这时我们可以选择使用 0 对超出的部分进行数据的填充。

图 7-14    步长为 4 的时候，过滤器如何寻找用于卷积的数据

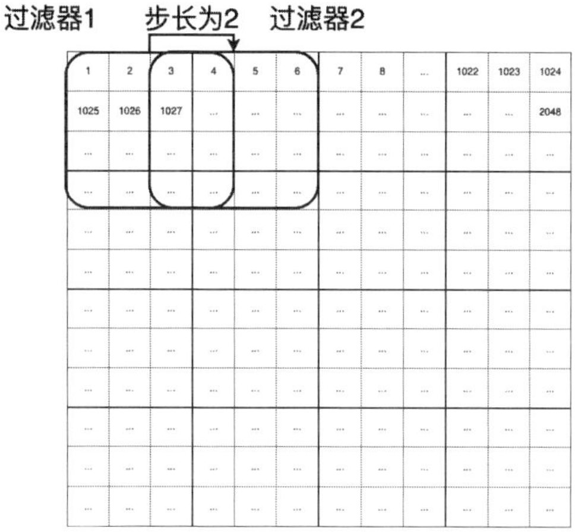

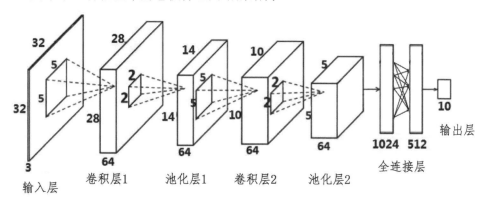

图 7-15　步长为 2 的时候，过滤器如何寻找用于卷积的数据

除了卷积层，池化层也可以大幅缩小矩阵的尺寸以及对应的全连接数量。池化层同样使用过滤器窗口取出局部的数据。而对应的操作主要包括取最大化值或平均值，分别对应了最大池化层（Max Pooling）和平均池化层（Average Pooling）。一般情况下池化层不会改变三维矩阵的深度，而只是缩减矩阵的大小。在图像处理的问题中，池化层就是将高分辨率的图片转变为低分辨率的图片。经过卷积层和池化层的处理之后，神经元及其之间的连接数量被大幅降低，神经网络的结构也被大幅简化，可以减少过拟合的风险。图 7-16 列举了一种很基本的卷积神经网络的结构。

图 7-16　常见的卷积神经网络结构

从图 7-16 可以看出，卷积层会在降低连接数量的同时，提供更多维度的特征，使得三维矩阵变得更"厚"。而池化层是在不改变三维矩阵厚度的情况下，缩小该矩阵的面积。此外，我们还可以利用多个卷积层和池化层进行变换。最终，我们仍然可以通过全连接层进行结果的输出。

## 7.2.2　深度学习在问答系统上的应用

理解了深度学习的基本知识之后,我们来看看如何使用这类神经网络打造问答系统。在问答系统中,神经网络主要解决如何匹配问题和答案的难题。我们之前介绍了不少用于文本匹配的技术,例如余弦相似度、语义模型、潜在语义分析等。而神经网络提供了另一种方式,整体的设计思路如下:

- 建立问题和答案的配对。我们不仅需要建立问题和正确答案的配对,还需要建立问题和非正确答案的配对。问题和正确答案的配对作为正例,而问题和非正确答案的配对作为负例。

- 将问题和答案的配对输入神经网络,输出是问题和答案之间的相似度。理想的情况下,问题和正确答案间的相似度应该高于问题和非正确答案间的相似度。因此,损失函数会通过这两种相似度的差值来计算损失值。我们可以引入 Error Margin 来确保最小的差值。

- 训练结束之后,我们就能够使用这个神经网络对新的问题和答案配对并进行打分,评判答案是否符合问题。

在这个思路下,我们设计了如图 7-17 所示的神经网络结构。

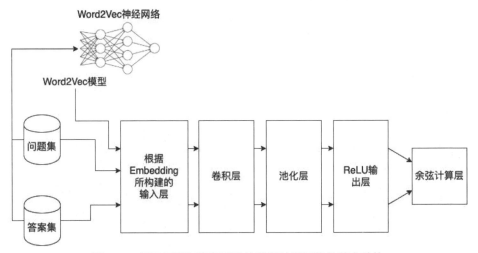

图 7-17　用于问题和答案匹配的卷积神经网络的基本结构

需要注意的是,这里的设计并没有直接使用问题或答案的原始文本,而是使用了 Word2Vec 的词嵌入方式。这个模块在前文的自然语言处理模块中有介绍,因此将其结构简化。图 7-17 主要说明了卷积、池化、ReLU 和余弦计算的步骤。实现这个架构的代码比较复杂,我们将其细分为几个子模块来解释,而实验的数据是"安徽电信知道"数据（https://github.com/SophonPlus/ChineseNlpCorpus）。

首先通过实验数据，构建 Word2Vec 的模型。

```python
import jieba
from gensim.models import Word2Vec
from pathlib import Path
import os

# 安徽电信数据集
qa_raw_data_path = str(Path.home()) +
'/Coding/data/chn_datasets/ChineseNlpCorpus/anhuidianxinzhidao_filter.csv'
print(qa_raw_data_path)
sents_segmented = []

# 加载原始数据
with open(qa_raw_data_path, 'r', encoding = 'utf-8') as qa_data:
    # 跳过第一行的 header
    next(qa_data)

    for line in qa_data:
        tokens = line.split(',')

        # 由于数据格式问题，忽略多于 4 个字段的记录
        if len(tokens) != 4:
            continue

        # 对每个问题的标题、问题、回答进行分词处理。跳过空的行
        title = tokens[0]
        if len(title.strip()) > 0:
            segmented_title = ' '.join(jieba.cut(title, HMM = True)).split(' ')
            sents_segmented.append(segmented_title)

        question = tokens[1]
        if len(question.strip()) > 0:
            segmented_question = ' '.join(jieba.cut(question, HMM = True)).split(' ')
            sents_segmented.append(segmented_question)

        reply = tokens[2]
        if len(reply.strip()) > 0:
            segmented_reply = ' '.join(jieba.cut(reply, HMM = True)).split(' ')
            sents_segmented.append(segmented_reply)
```

```
print('电信问答数据加载完毕')

# 创建 Word2Vec 模型，size 指定了词嵌入向量的维数（默认值为 100），window 指定了跳跃
窗口的大小（上下文的单词数量，默认值为 5），sg=1 指定了算法是 Skip-Gram，如果为 0 则是
CBOW
model = Word2Vec(sents_segmented, min_count = 1, size = 50, workers = 3, window = 3, sg = 1)

# 以二进制格式保存 Word2Vec 模型
qa_data_w2v_model_bin_dir = str(Path.home()) +
'/Coding/data/chn_datasets/ChineseNlpCorpus/word2vec'
os.makedirs(qa_data_w2v_model_bin_dir, exist_ok = True)
qa_data_w2v_model_bin_path = qa_data_w2v_model_bin_dir + '/anhuidianxinzhidao_filter.bin'
model.wv.save_word2vec_format(qa_data_w2v_model_bin_path, binary = True)

# 简单的验证效果
print('和单词"电信"最近似的 5 个单词')
print(model.wv.most_similar('电信')[:5])
```

这里的代码对数据集中的标题、问题和答案分别进行了分析。另外，代码使用文件系统，保存了 Word2Vec 的二进制模型。接下来我们还需要加载 Word2Vec 二进制文件、切分训练和测试数据，生成正负训练样例，每次抽取小批量的训练样本。这里我们使用名为 DATA_COMPOSER 的类来实现这些功能。

```
from gensim.models.keyedvectors import KeyedVectors
import jieba
import random
import numpy as np

# 辅助数据加载的类
class DATA_COMPOSER(object):
    def __init__(self, w2v_model_bin_path):
        self.w2v_model_bin_path = w2v_model_bin_path # 保持二进制模型文件的目录
        self.w2v_model = None              # word2vec 模型
        self.vocab2vocab_id = {}           # 从字典单词到单词 ID 的映射
        self.questions = []                # 问题列表
        self.answers = []                  # 答案列表
        self.training_samples = []         # 训练样本
        self.testing_samples = []          # 测试样本
        self.max_len = 100                 # 每个样例中，最大的单词数量
        self.training_ratio = 0.2          # 用这个值来控制训练和测试样本的比例，这里 0.2
                                           # 表示使用 20%的数据进行训练
```

```python
# 挑选若干个问题及其回答作为训练样本，剩余的作为测试样本
def build_training_dataset(self, qa_raw_data_path, qa_training_data_path,
qa_testing_data_path):

    # 读取所有的问题和答案
    with open(qa_raw_data_path, 'r', encoding = 'utf-8') as qa_data, \
            open(qa_training_data_path, 'w', encoding = 'utf-8') as training_data, \
            open(qa_testing_data_path, 'w', encoding = 'utf-8') as testing_data:
        # 跳过第一行的 header
        next(qa_data)

        for line in qa_data:
            tokens = line.split(',')

            # 由于数据格式问题，忽略多于 4 个字段的记录
            if len(tokens) != 4:
                continue

            # 这里将提问的标题和正文都算作问题的内容
            question = (' '.join([tokens[0], tokens[1]])).strip()
            answer = tokens[2]
            # 跳过问题内容为空，或者答案内容为空的样本
            if len(question) > 0 and len(answer) > 0:
                self.questions.append(question)
                self.answers.append(answer)

        # 使用一部分的问题作为训练
        for i in range(0, len(self.questions)):
            # 作为训练样本
            if i % int(1 / self.training_ratio) == 0:
                neg_i = self.find_neg_sample(i, len(self.questions))
                if neg_i != -1:
                    training_data.write('%s\t%s\t%s\n' % (self.questions[i],
self.answers[i], self.answers[neg_i]))
            # 作为测试样本
            else:
                neg_i = self.find_neg_sample(i, len(self.questions))
                if neg_i != -1:
                    testing_data.write('%s\t%s\t%s\n' % (self.questions[i],
```

```
self.answers[i], self.answers[neg_i]))


    # 通过简单的相似度计算，寻找一个负样本
    def find_neg_sample(self, i, total):
        sim_threshold = 0.1
        neg_i = random.randint(0, total - 1)
        if neg_i != i and self.get_similarity(self.answers[i], self.answers[neg_i]) <
sim_threshold:
            return neg_i
        return -1


    # 通过简单的共同单词数量判断两者是否足够相似
    def get_similarity(self, cont1, cont2):
        list1 = list(jieba.cut(cont1, HMM = True))
        list2 = list(jieba.cut(cont2, HMM = True))

        if len(list1) == 0 and len(list2) == 0:
            return 0.0


        common_cnt = 0
        for token in list1:
            if token in list2:
                common_cnt += 1

        return common_cnt / (len(list1) + len(list2) - common_cnt)


    # 从保存的文件中，加载训练和测试样本到内存
    def load_training_testing_samples(self, qa_training_data_path, qa_testing_data_path):
        with open(qa_training_data_path, 'r') as training_data_file,
open(qa_testing_data_path, 'r') as testing_data_file:
            self.training_samples = [x.strip() for x in training_data_file.readlines()]
            self.testing_samples = [x.strip() for x in testing_data_file.readlines()]

    # 获取小批量的训练样本
    def get_training_batch(self, num_samples):
        batch_ids = random.sample(range(len(self.training_samples)), num_samples)
        training_batch = [self.training_samples[i] for i in batch_ids]
        questions = []
        answers_pos = []
```

```
        answers_neg = []
        for sample in training_batch:
            question, answer_pos, answer_neg = sample.split('\t')
            questions.append(self.get_vocab_ids(question, self.max_len))
            answers_pos.append(self.get_vocab_ids(answer_pos, self.max_len))
            answers_neg.append(self.get_vocab_ids(answer_neg, self.max_len))

        return np.array(questions), np.array(answers_pos), np.array(answers_neg)

    # 加载 word2vec 所构建的字典，并建立单词及其 ID 之间的映射
    def load_w2v_model(self):
        vocab_id = 0

        # 加载 Word2Vec 的二进制模型
        self.w2v_model = KeyedVectors.load_word2vec_format(self.w2v_model_bin_path,
binary = True)

        # 建立单词和单词 ID 之间的映射
        for vocab in self.w2v_model.vocab:
            self.vocab2vocab_id[vocab] = vocab_id
            vocab_id += 1

    # 将句子转换为单词 ID 所组成的数组
    def get_vocab_ids(self, sent, max_len):
        words = jieba.cut(sent, HMM = True)

        # 最大的 id 是 len(self.vocab2vocab_id.keys())，用于空白或者未见过的词
        vocab_ids = [len(self.vocab2vocab_id.keys())] * max_len

        i = 0
        for word in words:
            if word in self.vocab2vocab_id.keys():
                vocab_ids[i] = self.vocab2vocab_id[word]
            i += 1
            if i >= max_len:
                break
        return vocab_ids
```

　　需要注意的是，正例样本的生成是直接来自原始数据的。而负例样本的生成非常棘手，因为原始数据并未提供哪些答案不属于哪些问题的信息。在实际的项目中，我们可

以邀请专家来进行人工标注。这里为了节省资源，对于某个问题，直接从非对应的答案中随机抽取负向答案。只要随机抽取的答案和问题原本对应的答案相差较大，我们就假设这个随机答案是负向答案，并与原来的问题构成了负向样例。之后就是本设计的主体实现 QA_CNN 类，它包括了词嵌入（Embedding）、卷积、池化、ReLU 变化和余弦计算，并采用了兼容 TensorFlow 1.0 的语法。

```python
import tensorflow.compat.v1 as tf
tf.disable_v2_behavior()

class QA_CNN(object):
    def __init__(self, vocab_size, embedding_size, sequence_length, batch_size, filter_size,
filter_dim, l2_reg_lambda, error_margin):

        # 对应于传入的参数
        self.vocab_size = vocab_size
        self.embedding_size = embedding_size
        self.sequence_len = sequence_length
        self.batch_size = batch_size
        self.filter_size = filter_size
        self.filter_dim = filter_dim

        # 用于训练的问题
        self.questions = tf.placeholder(tf.int32, [batch_size, self.sequence_len], name = "q")
        # 用于训练的正向答案
        self.answers_pos = tf.placeholder(tf.int32, [batch_size, self.sequence_len], name = "qp")
        # 用于训练的负向答案
        self.answers_neg = tf.placeholder(tf.int32, [batch_size, self.sequence_len], name = "qn")

        # 使用 dropout_keep_prob，按照特定的概率将一些神经元暂时移出，这也是降低过拟
        # 合风险的方法
        self.dropout_keep_prob = tf.placeholder(tf.float32, name = "dropout_keep_prob")

        # 构建 Embedding 层
        Weight_em = tf.get_variable(initializer = tf.random_uniform(shape = [self.vocab_size + 1,
self.embedding_size], minval = -1.0, maxval = 1.0),name = 'weight_embedding')

        Question_em = tf.nn.embedding_lookup(Weight_em, self.questions)
        Answer_pos_em = tf.nn.embedding_lookup(Weight_em, self.answers_pos)
        Answer_neg_em = tf.nn.embedding_lookup(Weight_em, self.answers_neg)
```

```
    # 为原有的问题增加一个维度，用于偏差 bias
    Question_em = tf.expand_dims(Question_em, -1)
    Answer_pos_em = tf.expand_dims(Answer_pos_em, -1)
    Answer_neg_em = tf.expand_dims(Answer_neg_em, -1)

    # 构建卷积层和池化层
    with tf.variable_scope('conv', reuse = tf.AUTO_REUSE) as scope:
        Question_em = self.do_conv(Question_em)
        Answer_pos_em = self.do_conv(Answer_pos_em)
        Answer_neg_em = self.do_conv(Answer_neg_em)

    # 构建 Cosine 层，计算余弦相似度
    self.Cos_q_a_pos = self.get_cos(Question_em, Answer_pos_em)
    self.Cos_q_a_neg = self.get_cos(Question_em, Answer_neg_em)

    vector_dim = self.Cos_q_a_neg.get_shape().as_list()[0]
    zero = tf.constant(0, shape = [vector_dim], dtype = tf.float32)
    margin = tf.constant(error_margin, shape = [vector_dim], dtype = tf.float32)

    # 使用 L2 正则，这里首先按照 L2 的定义计算损失值
    self.l2_loss = tf.nn.l2_loss(Weight_em)

    # 计算问题和正向答案的 cosine 值 cos_q_q_pos，还有问题和负向答案的 cosine 值
    # cos_q_a_neg。理想状况下，cos_q_a_pos 应该远远大于 cos_q_a_neg
    with tf.name_scope('loss'):
        self.losses = tf.maximum(zero, tf.subtract(margin, tf.subtract(self.Cos_q_a_pos,
self.Cos_q_a_neg)))
        self.loss = tf.reduce_sum(self.losses) + l2_reg_lambda * self.l2_loss    # 总的损
    # 失值包含了基于余弦相似度的差值和基于 L2 的损失值

# 实现卷积和池化的函数
def do_conv(self, Question):
    # pool = []

    with tf.variable_scope('conv'):
        # 定义过滤器的维度，这里使用了 filter_dim 以增加它的深度
        filter_shape = [self.filter_size, self.embedding_size, 1, self.filter_dim]
```

```
        # 初始化权重和偏差
        Weight = tf.get_variable(initializer = tf.truncated_normal(filter_shape, stddev =
0.1), name = "weight-%d" % self.filter_size)
        b = tf.get_variable(initializer = tf.constant(0.1, shape = [self.filter_dim]), name =
"b-%d" % self.filter_size)

        # 定义卷积层，tf.nn.conv2d 提供了卷积层的前向传播。strides 的第二维和第三维
        # 分别对应过滤器长和宽的步长，这里都取 2。padding 表示边缘是否填充，VALID
        # 表示无须填充
        conv = tf.nn.conv2d(Question, Weight, strides = [1, self.filter_size, 1, 1], padding =
'VALID', name = "conv")

        # 卷积后的激活，这里使用 ReLU 激活函数，这样可以减少计算量
        R = tf.nn.relu(tf.nn.bias_add(conv, b), name = "relu")

        # 定义池化层，ksize 定义了用于取最大值的窗口
        output = tf.nn.max_pool(R, ksize = [1, self.filter_size, 1, 1], strides =
[1, self.filter_size, 1, 1], padding = 'VALID', name = "pool")
        # pool.append(output)

        # 后处理，去掉一些学习到的权重，避免过拟合
        pool = tf.reshape(output, [-1, self.filter_dim])
        pool = tf.nn.dropout(pool, rate = 1 - self.dropout_keep_prob)

        return pool

    # 计算余弦值
    def get_cos(self, v1, v2):
        l1 = tf.sqrt(tf.reduce_sum(tf.multiply(v1, v1), 1))
        l2 = tf.sqrt(tf.reduce_sum(tf.multiply(v2, v2), 1))
        a = tf.reduce_sum(tf.multiply(v1, v2), 1)
        cos = tf.math.divide(a, tf.multiply(l1, l2), name='cosine')

        # 避免极小值和极大值
        return tf.clip_by_value(cos, 1E-6, 0.999999)
```

在这段代码中，我们采用了两种机制以降低过拟合的风险：

● 神经网络的 Drop out。这种避免过拟合的方法会在每次迭代之后按照指定的比例，随机地放弃所学到的权重，相当于简化了模型的复杂度。

- L2 正则化。L2 正则化在回归中也称为岭回归，它针对学习到的多个权重，计算 L2 范数，然后将这个值计入损失函数。这样一来，如果学习到的权重都很大，势必会导致很高的损失值，对学习的过程产生负反馈，从而将某些不重要的特征的权重降为 0，最终降低模型的复杂度。

以下就是训练过程的代码，同样兼容 TensorFlow 1.0 的语法。

```python
import tensorflow.compat.v1 as tf
tf.disable_v2_behavior()

from datetime import datetime
import qa_cnn
import data_composer
from pathlib import Path

# 模型的超参数
tf.flags.DEFINE_float("error_margin", 0.2, "卷积神经网络模型中的最小误差间距，默认值为
0.2")
tf.flags.DEFINE_integer("sequence_length", 100, "最大的单词序列（或者说句子）长度，默认
值为 100)")
tf.flags.DEFINE_integer("embedding_dim", 50, "词嵌入的维度，默认值为 50)") # 这里取 50 是
# 为了和之前生成的 word2vec 模型保持一致
tf.flags.DEFINE_integer("filter_size", 2, "过滤器的大小，默认值为 2")
tf.flags.DEFINE_integer("filter_dim", 512, "过滤器的深度，默认值为 512")
tf.flags.DEFINE_float("dropout_keep_prob", 0.9, "Dropout-keep 的概率，默认值为 0.9") # 使用
# Dropout Keep 的机制，降低过拟合风险
tf.flags.DEFINE_float("l2_reg_lambda", 0.01, "L2 正则化的参数，默认值为 0.001)") # L2 正则
# 化，也是为了降低过拟合的风险
# 训练的参数
tf.flags.DEFINE_integer("batch_size", 2000, "小批量中的样本数量，默认值是 5000)") # 这里我
# 们选择了比较大的值，是因为训练样本和字典中的单词量都达到了数万
tf.flags.DEFINE_integer("num_iterations", 1000, "训练的迭代次数，默认值为 1000") #
FLAGS = tf.flags.FLAGS

# 准备训练数据
print("准备数据……")

# 加载之前构建的 word2vec 模型
word2vec_bin_model_dir = str(Path.home()) +
'/Coding/data/chn_datasets/ChineseNlpCorpus/word2vec/anhuidianxinzhidao_filter.bin'
dc = data_composer.DATA_COMPOSER(word2vec_bin_model_dir)
```

```
dc.load_w2v_model()

qa_raw_data_path = str(Path.home()) +
'/Coding/data/chn_datasets/ChineseNlpCorpus/anhuidianxinzhidao_filter.csv'
qa_training_testing_data_dir = str(Path.home()) +
'/Coding/data/chn_datasets/ChineseNlpCorpus/training_testing'

# 划分训练样本和测试样本，这个函数可以只执行一次
dc.build_training_dataset(
    qa_raw_data_path = qa_raw_data_path,
    qa_training_data_path = qa_training_testing_data_dir
+'/anhuidianxinzhidao_filter_training.txt',
    qa_testing_data_path = qa_training_testing_data_dir +
'/anhuidianxinzhidao_filter_testing.txt'
)

# 加载训练样本和测试样本
dc.load_training_testing_samples(
    qa_training_data_path = qa_training_testing_data_dir +
'/anhuidianxinzhidao_filter_training.txt',
    qa_testing_data_path = qa_training_testing_data_dir +
'/anhuidianxinzhidao_filter_testing.txt'
)

# 使用卷积网络进行训练
with tf.Graph().as_default():
    sess = tf.Session()

    with sess.as_default():
        # 实例化用于问答的卷积神经网络
        qa_cnn = qa_cnn.QA_CNN(
            vocab_size = len(dc.vocab2vocab_id.keys()),
            embedding_size = FLAGS.embedding_dim,
            sequence_length = FLAGS.sequence_length,
            batch_size = FLAGS.batch_size,
            filter_size = FLAGS.filter_size,
            filter_dim = FLAGS.filter_dim,
            l2_reg_lambda = FLAGS.l2_reg_lambda,
            error_margin = FLAGS.error_margin
        )
```

```
# 定义训练的过程，由于 step 是不能改变的，所以设定 trainable 为 False
global_step = tf.Variable(0, name = 'global_step', trainable = False)

# 定义学习率和优化器
learning_rate = 0.1
optimizer = tf.train.GradientDescentOptimizer(learning_rate)
train_optimizer = optimizer.minimize(qa_cnn.loss, global_step = global_step)

# 初始化所有 TensorFlow 的变量
sess.run(tf.global_variables_initializer())

# 定义每步训练的数据
def train(questions, answers_pos, answers_neg):
    feed_dict = {
        qa_cnn.questions: questions,
        qa_cnn.answers_pos: answers_pos,
        qa_cnn.answers_neg: answers_neg,
        qa_cnn.dropout_keep_prob: FLAGS.dropout_keep_prob
    }

    # 获取损失函数的值
    _, step, loss, l2_loss, losses = sess.run(
        [train_optimizer, global_step, qa_cnn.loss, qa_cnn.l2_loss, qa_cnn.losses],
        feed_dict
    )

    # 定期输出训练的中间状态
    step_timestamp = datetime.strftime(datetime.now(), '%Y-%m-%d %H:%M:%S.%f')
    if step % 10 == 0:
        print("{}: step {}, loss {:G}".format(step_timestamp, step, loss))

# 迭代式的训练
for i in range(FLAGS.num_iterations):
    try:

        questions, answers_pos, answers_neg =
dc.get_training_batch(FLAGS.batch_size)
        train(questions, answers_pos, answers_neg)
        current_step = tf.train.global_step(sess, global_step)
```

```
except Exception as e:
    print(e)
```

这段代码包含了较多的模型超参数，可以尝试不同的参数值以获得较好的效果。经过上述所有的设置和训练之后，我们就可以获得一个稳定的深度神经网络。当出现新问题，机器人首先通过基本的方法获取一些可能的答案，然后通过训练好的神经网络对问题和候选答案的匹配程度进行打分，最终挑选出更合理的答案。

# 第 8 章 使用知识图谱构建问答系统

## 8.1 什么是知识图谱

在前面的章节里，我们介绍了基于信息检索、社区推荐和深度学习等技术的问答系统，这些系统主要是依靠自然语言处理技术以及一些相似度模型，为用户找到可能的答案。它们通常不会模仿人类的"思考"，也没有太多的"智能"。本章，我们将讨论近些年来非常流行的一个人工智能的研究领域——知识图谱，并介绍如何利用知识图谱为问答系统注入更多的智慧。

为什么问答系统需要知识图谱？知识图谱到底有什么优势？简单地说，使用知识图谱是为了实现更加智能的应用。为了方便理解，我们先来看看什么是知识图谱以及它能为我们提供些什么。

### 8.1.1 知识图谱的起源

实际上对于"知识图谱"这个概念并没有一个很清晰的定义，这主要是因为知识本身就是一个比较模糊的概念。有人认为知识是一种永恒不变的真理，有人认为知识是人类社会发展过程中，总结得出的经验和规律，而还有人认为知识是特定领域中的事实以及它们之间的联系。与知识一样，即使是在学术界，知识图谱也没有非常明确和统一的定义，而在工业界，也有着各种不同的实现方式。现在，它已经演变为数据库、自然语言处理、信息检索和人工智能等众多领域的交叉学科。为了直观地认识知识图谱，让我们回顾一下其发展历史，看看业界的专家们是如何定义、实现并使用知识图谱的。

首先可以确定的是，知识图谱的出现及演变与信息时代的发展是密不可分的。信息技术，尤其是互联网技术，不仅让海量数据的产生、存储和流动成为可能，更为知识的提炼和运用提供了有力的支撑。几十年前，在很多人工智能的研究中就开始探讨如何从庞大的信息中挖掘知识，并为人类提供更有价值的服务。专家们期望计算机系统可以像人类那样思考和推理，因此一开始将重点放在了推理模型的求解，而忽视了特定领域的知识。随着"知识工程"概念的提出和兴起，人们开始大力研究知识工程和专家系统，从不同的知识表示方法到不同知识库的构建等。到了 20 世纪 90 年代，知识工程进入了一个新的时代。一方面，互联网的出现和快速发展使得我们可以更容易地获得数据；另一方面，基于统计的机器学习技术日趋成熟，它将更多的数据转换成我们需要的信息甚至是知识。在这个大背景下，Tim Berners-Lee 等专家于 2001 年提出了语义网（Semantic Web）的概念。目前计算机还无法理解互联网上的数据和信息，大多用以辅助人们进行日常的工作、学习和娱乐。而语义网的愿景是让机器能够"理解"这些内容，这样机器和机器之间，机器和人之间就能更好的互动，进而为我们提供更多的价值。这里的"理解"并非表示让机器像人一样思考，而是指以机器独有的方式更逼真地模拟人类的处理。语义网的实现主要是为互联网上的数据添加更为丰富的、计算机能"理解"的语义标注，让机器能够根据这些标注进行理解、推理并完成更为复杂的任务。语义网的愿景虽好，但它的实现是一条漫长且充满艰辛的道路。当下互联网的规模庞大，数据缺乏统一的标准和规范，要想给其加上语义标注谈何容易。完全靠人工新增和维护是不现实的，而让计算机自己加标注就存在悖论了。尽管如此，语义网还是推动了特定领域的本体（Ontology）工程和模型研究，而本体工程逐步成为当前知识图谱领域常用的技术手段。

　　"本体"概念的提出和发展最早可以追溯到 20 世纪七八十年代。在计算机领域，本体可以理解为一种模型。本体用于描述由一组概念或类以及它们的属性和关系所构成的世界。常见的本体工程强调的是公认的事实、各种实体、实体之间的关系以及在所有这些基础上的基本推理。这里的实体和本书第 3 章所介绍的实体在概念上是一致的，体现了本体工程和知识图谱和自然语言处理、机器学习等其他领域的交叉。不过，互联网和语义网中的实体有着更广泛的范围，我们可以根据不同的专业领域，对其进行自定义。在各种本体工程的实现中，谷歌公司（Google）于 2012 年提出的知识图谱（Knowledge Graph）具有一定的代表性，它也被认为是当今知识图谱兴起的标志之一。谷歌希望通过知识图谱的概念，对互联网上的海量信息，尤其是事实类型的信息加上语义标注。并以此为基础，抽取出实体以及它们之间的关系。实体作为节点，而关系作为节点之间的边，信息就能被转化为图的结构。图 8-1 展示了一个简单的关于"国家"等相关概念的例子。

　　在具体实现环节，谷歌收购了 MetaWeb 公司，并通过这家公司开发的 Freebase 实现了基于知识图谱的搜索引擎服务。Freebase 使用了 Wikipedia 的 Infobox 数据（https://en.wikipedia.org/wiki/Wikipedia:WikiProject_Infoboxes）。当然，谷歌并不是唯一倡导知识图谱理念的公司。在这段时期，有许多其他公司也在积极地朝这个方向努力。早期的有 IBM 的 Waston 系统，它曾经在电视大赛 Jeopardy 中战胜了几名人类选手并获得头名，名噪一时。Waston 系统的后端是 DBpedia 和 Yago，其中 DBpedia 也使用了 Wikipedia 的基础数据。最近几年大火的智能语音助手也使用了知识图谱的技术，例如苹果（Apple）公司 Siri 平台所使用的 Wolfam Alpha、亚马逊（Amazon）公司 Alexa 平台所使用的 True Knowledge 等。

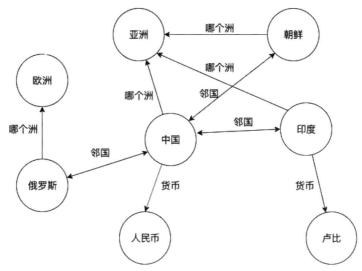

图 8-1　"国家"等相关概念的本体示例

　　浏览完知识图谱发展的简史之后，相信对"什么是知识图谱"这个问题的答案有了感性上的认识。总的来说，知识图谱属于人工智能领域的最新研究热点，它是专家系统、语义网、本体工程、自然语言处理、机器学习等众多技术派生、演变、交叉的产物。那么，知识图谱究竟有什么价值？又可以被运用在哪些领域呢？

## 8.1.2　知识图谱的应用

　　我们先来说说知识图谱常见的应用。实际上，智能的聊天（包括问答）系统是知识图谱中非常重要的应用之一。前文提到的 IBM 的 Waston 系统、苹果公司的 Siri 平台、亚马逊的 Alexa 平台、微软的小冰、百度的度秘等，都使用了海量的知识库作为支撑，对人类所提出的问题进行理解、推理和回答。这些系统都超越了信息检索、推荐等查询匹配的技术，将聊天和问答提升到了一个新的高度。以图 8-1 所示简单的本体为例，我们可以使用其中的国家及相关事实，回答"中国的邻国有哪些，它们分别属于哪个洲，使用什么货币"等问题。相信在不久的将来，随着智能化移动设备和仿生机器人的发展，智能聊天会在智能家居和无人驾驶等领域发挥更为重要的作用，而知识图谱会成为这些技术的核心。

　　和智能聊天相比，语义搜索和推荐对知识图谱的利用更为直接。我们日常所用的一些搜索和推荐引擎，可能大多使用了知识图谱。图 8-2 展示了一个查询的例子，当在搜索引擎中输入"叶问"的时候，知识图谱可以根据人物和事物之间的关系，推导出大师叶问属于武术家，因而在搜索结果的右侧会列出其他著名武术家、武术电影等。如果没有知识图谱，我们需要根据不同的应用，人为地制定规则。有了知识图谱，系统就可以进行自我推理，甚至得到超越人们期望的结果。

图 8-2　　知识图谱在语义搜索中的应用示例

　　知识图谱也常用在智能数据分析和决策中。传统的商业智能（Business Intelligence）使用信息系统的手段，为企业提供多维度的数据分析，让管理者们可以更轻松地做出决策。如今，知识图谱的引入让计算机辅助决策成为可能。我们可以将企业的业务、管理和决策等知识转化成知识库，通过知识图谱的推理为人们提供更为智能的决策依据。

　　大体上看，知识图谱是通过人们预先定义的知识和推理逻辑，给相对传统的应用赋予更多的智能。计算机不再局限于程序代码所定义的逻辑，而是在一定程度上模仿人类的"思考"过程。这对人工智能的研究，乃至人类未来的生活，有着非常深远的影响。当然，知识图谱涉及的面很广，我们需要梳理它所包含的关键要素以及每个要素之间是如何相互关联的。

## 8.1.3　知识图谱的关键要素

　　整体来说，知识图谱包括如下几个关键要素：知识的表示、获取、融合、存储查询和推理。

### 1．知识的表示

　　首先，我们要确定一种知识表示的方式，即如何使用计算机系统的符号来表示人类的知识，这样计算机才能处理从现实世界中所获取的知识。具体来说，知识的表示又细分为语义描述框架、数据 Schema、本体（Ontology）、交换语法和实体命名等。语义描述框架包括数据模型和逻辑结构，例如 W3C 组织提出的资源描述框架 RDF（Resource Description Framework）。而数据 Schema 和本体定义了知识图谱中的概念、属性和关系，交换语法是指知识存储的格式，例如 JSON、AVRO 等。实体命名包括实体、关系、事件、规则等。实体和关系在前文有介绍，而事件通常是实体和关系等的综合，规则用于描述推理的过程。

较早期的知识可以追溯到逻辑表达，包括命题逻辑和谓词逻辑。命题逻辑通过与、或、非、蕴含等逻辑将原子命题组合为符合命题，并确定命题的"真""假"值。例如"如果身高超过 1.3m，而且购买了门票，就能进入嘉年华乐园"。如果在命题逻辑上引入全称量词和存在量词，我们就能获得一阶谓词逻辑，它的基本语法包括对象、关系和函数。和命题逻辑相比，谓词逻辑可以表述对象集合，而不用逐一列举。不过，它们都属于陈述性的表达，计算的时候会产生很多符号的排列组合，导致了运算量的激增。20 世纪 60 年代，人们提出了语义网络（Semantic Network），语义网络是一种概念网络，它通过相互连接的结点来表达知识。结点表示实体和事件等对象，而结点之间的边则表示对象之间的语义关系。例如"机器学习属于一种人工智能技术"，可以表示为"机器学习"和"人工智能技术"两个结点，而"属于"是它们之间的语义关系。语义关系有很多种，包括但不限于实例关系、属性关系、成员关系、分类关系、位置关系等。语义网络最大的优势在于直观，便于人们理解。同时它也非常灵活，可以由自然语言等非结构化数据转换而来。不过，正是由于语义网络过于灵活，缺乏形式化的语法和语义，有时会导致计算机在处理的时候更加复杂。

互联网时代，W3C 组织提出了语义网及其对应的 RDF 框架，并期望通过它们来提供形式化的语义。如今大家对 HTML 和 XML 都已经非常熟悉。HTML 中的标签都有预定义，可是这些标签仅用于页面的渲染和展示，本身并没有太多其他的语义。XML 可以被认为是早期的语义表示语言，它的标签允许我们加入一定的语义，这样人们就可以表示一部电影以及这部电影的各种属性，包括名称、导演、演员、票房等。尽管如此，XML 的语义表示仍然有很大的局限性，不同的应用领域都有自己的 XML 数据，没有统一的标准，导致语义的交换非常困难。这样的背景下，RDF 在 2001 年左右应运而生，它是 XML 的扩展，采用开放世界的假设，并建立了一些国际性的标准。和语义网络类似，RDF 通过对象、属性和值三元组来表示语义。更重要的是，RDF 引入了通用资源表示符（Universal Resource Identifier，URI），这样我们就可以引用公开且通用的资源，例如引入 http://xmlns.com/foaf/0.1/name 来表示人的姓名。2006 年左右，人们开始使用 RDF 等构造知识库，例如 Freebase、DBpedia 和 Yago 等。专家们也为 RDF 设计了查询语言 SPARQL（SPARQL Protocol and RDF Query Language），这种查询语言类似 SQL，可以更方便地获取知识库中的数据。虽然 RDF 解决了普通 XML 无法通用的难题，但是也会使知识缺乏领域性。为了保证专有领域的知识共享，人们又发明了 RDFs（RDF Schema），它主要用于描述类别和属性的层级结构以及继承关系。人们还进一步设计了网络本体语言（Web Ontology Language，OWL），以解决 RDF 和 RDFs 语义表示能力有限的问题。

和网络上的本体工程相比，知识图谱更加简单化、工程化。知识图谱通常更关注概念、事物、属性、关系、函数等内容，因此简化了知识表示的复杂度。此外，知识图谱也不一定要求严格的框架定义，对知识的内容和格式更宽容。知识图谱还可以使用 RDF 等一系列的方式来表示。另外，随着近几年深度学习的快速发展，人们也开始研究如何使用词向量和词嵌入来表达连续型的知识。

### 2. 知识的获取

有了知识的表示，我们就可以从海量的数据中抽取知识，并将这些知识转化成定义好的表示方式，这个过程就是知识的获取。整个抽取过程一般包含识别实体、识别关系、抽取事件等几个方面。在专家系统时代，专业领域的数据量有限，而且格式整齐划一，通常这些步骤都是通过人工方式来完成的。到了互联网时代，我们需要很多自动化的技术来处理结构化、半结构化乃至非结构化的数据。

获取中最基础的是实体的识别，即在第 3 章我们介绍过的命名实体识别。最近几年，专家们也开始尝试使用深度学习的算法来加强实体识别的效果，例如长短期记忆网络 LSTM 和 CRF 算法的结合。人们期望神经网络可以自动地从文本中获取关键的特征。此外，对于互联网这样开放的领域，我们需要找到更多种类的实体，所以往往会给定一些"种子"实体，然后利用上下文找到相似实体，从而完成自动化的扩展。

另一方面，知识库更强调知识的准确性，所以还要进行实体的消歧。例如"黄申最近发布了新书"这句话中，人名"黄申"可能是指某位从事 IT 技术的专家，也可能是指某位从事美容美发行业的网红达人。方法主要包括基于聚类的消歧和基于实体链接的消歧。聚类的方法考虑了上下文的相似度，例如"技术专家黄申最近发布了关于人工智能的新书"和"网红黄申最近发布了美发新专辑"，两者的相似度相差较大，意味着不同的实体。而实体链接是将待消歧的实体和已知的无歧义实体进行关联，从而达到消歧的效果。

为了实现知识的推理，仅仅命名实体是不够的，我们还需要理解实体之间的关系。例如，"技术专家黄申最近发布了关于人工智能的新书《智能聊天机器人》"这句话中包含了人物实体"黄申"和书籍实体"《智能聊天机器人》"，而两者的关系是"出版"。当然，实际应用中的关系可能比这个例子更复杂，其识别也面临更大的挑战性。主要是因为关系通常需要从非结构化的数据中抽取，并且实体的关系可能跨越多个句子，由大段的文字体现。从技术手段来说，主要分为基于规则（模板）的方法和基于机器学习的方法。而机器学习的方法又可细分为基于传统特征工程的监督式学习和基于神经网络的深度学习两种。

最后我们来介绍一下事件的抽取。事件，顾名思义，表达了某件事情发生的时间、地点、人物、前因后果等。比如"2020 年，技术专家黄申于中国大陆发布了关于人工智能的新书《智能聊天机器人》"可以认为是一个完整的事件。显然，自动抽取事件这项任务更具挑战性。特别是在开放式的领域中，除了事件本身，还有事件和事件之间的关系也需要分析。为此，人们将事件细分为事件的指称、事件的触发、事件的元素、事件的类别等，以降低识别的难度。

### 3．知识的融合

有时候我们可以融合来自不同知识库的知识，让知识图谱变得更加完整。在数据模式这一层上，我们需要将来自不同数据源的本体融合到统一的本体中，包括创建新的本体、替换和删除旧的本体等。在数据实例这一层上，我们需要将来自不同本体体系的实体进行融合，包括实体名称、属性、关系等，并解决这些内容中存在的冗余和冲突问题。

数据模式存在的差异主要包括语言的不匹配和模型的不匹配。早期的本体语言包括 Ontolingua，而到了语义网时代以 RDF 和 OWL 等为主。模型的不匹配和语言无关，主要是由不同应用、不同的构建者、不同版本所导致的。针对数据模式的差异，解决方法通常包括映射和集成。映射是寻找不同本体概念之间的匹配关系。集成是将多个本体概念切分、合并，最后形成新的概念。

对于数据实例来说，其规模更庞大，所以其间的差异会导致更多、更难解决的问题。从时间复杂度来说，两两匹配意味着 $O(n^2)$ 的复杂度，这对 CPU 计算能力的要求很高，要尽可能地精简本体的数据结构和字段类型，并采用适当的压缩技术。空间复杂度和时间复杂度类似，好在很多时候我们只关心最匹配的少数几个候选项，而并不需要保存所有 $n$ 到 $n$ 的关系，可以节省大量的内存和磁盘空间。常见的方法包括以人类手动操作为主的规则匹配、非监督式学习的相似度匹配和监督式学习的匹配。

### 4．知识的存储和查询

和其他类型的数据一样，知识也需要按照一定的格式进行存储。目前知识图谱大多数都是基于图的结构来构建的，因此它的存储方式主要包括类 RDF 的三元组和图数据库（Graph Database）两种。RDF 这种方案，以三元组的方式逐个存储关系实例，这种存储方式对搜索并不友好，查询效率比较低，需要采用多重索引。而常见的图数据库实现包括开源的 Neo4j（https://neo4j.com）、OrientDB 和 InfoGrid 等，拥有比较完善的查询语言，支持一些图结构上的挖掘算法。不过在数据更新量很大的时候，Neo4j 等系统的效率并不高。

具体来说，RDF 这种三元组的存储方式也可以细分为多种，包括三元组表、水平表、六重索引表等。三元组表是最直接的表示方式，每条数据记录分别包含 RDF 的主语（S）、谓语（P）和宾语（O）。可是这种结构不利于查找，在这种表格上执行复杂查询时，性能较差。另一种三元组表是采用水平表，将某个主语（实体）的属性全部列在同一行。这种设计很像 Non-SQL 数据库中的宽表设计，在一定程度上提升了查询的性能，不过其代价是数据的冗余。此外，我们还可以通过六重索引来提升查询性能，它采用了"空间换时间"的策略，将三元组中 3 个元素所对应的全部 6 种排列分别进行存储，这样就避免了查询时的 Join 操作。但是，索引会导致更大量的磁盘开销，也让数据的更新变得更复杂、更低效。总的来说，三元组表和传统的关系型数据表更接近，因此我们一般也会使用类似 SQL 的语言（如 SPARQL），来查询这种表格。

图数据库是从图模型出发，来解决知识图谱的存储。图模型中，结点表示实体，边表示实体之间的关系，而不同实体对应的结点可以定义不同的属性。因此，图数据库主要包含了结点、边和属性这几个概念及其对应的实现。结点表示实体、事件等对象，相当于关系数据库中的行记录。边表示人物之间、事物之间的关系等。属性表示结点或边的特性，例如地点实体的名称、雇佣关系的起止时间等。图数据库的查询自然也需要根据图结构的特性来设计，包括子图匹配和筛选。相比三元组表和关系型数据库，图数据库算是后起之秀，还有很多值得探索的领域。

### 5．知识的推理

一般情况下，构建好的知识库，还不能完全满足应用的需求，这时候我们就需要进行推理以获得更多的知识。比如前文提到的智能问答等应用，都需要使用推理来扩展应用程序的能力。此外，每次推理的结果需要得到准确性的确认，我们还能将这些新得到的知识加入现有知识库，不断补全知识图谱。

按照推理的逻辑，人们通常将推理分为以下几种：归纳推理、演绎推理、类比推理和设证推理，其中前两者对于知识图谱的推理来说更为常用。归纳推理是指从特殊情况推广到一般情况的过程，例如根据笔记本电脑有键盘、台式电脑有键盘、平板电脑有键盘的情况，归纳出"电脑都有键盘"的结论。而演绎则恰恰相反，它是从一般情况推理到特殊的情况，例如从"手表都有计时功能"的结论推导出智能手表也有计时功能。

按照推理的方式，推理又可以分为确定性推理和不确定推理。确定性推理也可以称为逻辑推理，它具有严谨的推理过程，完全按照预先定义的规则推导出精确的结论。而不确定推理也叫概率逻辑推理，人们使用概率和逻辑的融合衡量真实世界的随机变量和随机事件。概率逻辑推理并不会严格地按照规则进行推理，而是根据历史数据和经验，结合先验知识构建概率模型，并利用统计和最大似然等统计学技术，对假设进行推测。

至此，我们就介绍完了知识图谱的概念、应用以及组成要素。当然，知识图谱的领域博大精深，这里无法面面俱到。我们回到本书的重点：聊天机器人所涉及的问答系统。下面将会展示知识图谱在智能问答领域中的运用，并通过实战加深对知识图谱问答系统的理解。

# 8.2　基于模板的知识图谱问答

## 8.2.1　基于模板方法的主要步骤

　　基于模板（Template）的知识图谱问答，有时也叫作基于模式（Pattern）的问答。其核心思想是预先定义一组带有变量的模板，然后将自然语言的问题和这些模板匹配，找到最合适的一个或几个。接下来通过这些模板在知识图谱中进行查询，最终将查询结果作为问题的答案返回。

　　这种方法最重要的步骤之一是根据自然语言的问句来定义模板，我们称这一步为模板的生成。通常所定义的模板格式取决于知识图谱的格式。比如，如果我们使用 RDF 家族和 SPARQL 语言构建知识图谱，那么所定义的模板一般就会使用 RDF 和 SPARQL。SPARQL 即 SPARQL Protocol and RDF Query Language 的递归缩写，它由两个部分组成：协议和查询语言。查询语言就像 SQL 是用于查询关系数据库中的数据的，SPARQL 是用于查询 RDF 数据的。协议是指人们可以通过 HTTP 在客户端和 SPARQL 服务器之间传输查询和结果，这也是它和其他查询语言最大的区别之一。SPARQL 查询是基于图匹配的思想，一个 SPARQL 查询本质上是一个带有变量的 RDF 图。系统将一个 SPARQL 查询与 RDF 图进行匹配，找到符合该匹配模式的所有子图，最后得到变量的值。SPARQL 查询通常分为三个主要步骤：

　　（1）构建查询图模式，表现形式就是带有变量的 RDF。

　　（2）匹配到符合指定图模式的子图。

　　（3）将结果绑定到查询图模式对应的变量上。

　　SPARQL 数据的操作主要分为插入、删除、更新和查询。数据插入是指将新的三元组插入到现有的 RDF 图中，基本语法是：

　　INSERT DATA {三元组数据 1.三元组数据 2.…三元组数据 n}

　　其中，多个三元组数据之间使用逗号分隔。默认情况下，如果新插入的三元组已经存在于 RDF 图中，那么这条插入记录会被跳过。数据删除是指从现有的 RDF 图中删除一些三元组，基本语法是：

　　DELETE DATA {三元组数据 1.三元组数据 2.…三元组数据 n }

　　同样，删除的数据也可以是多条记录，如果被删除的三元组原本就不在 RDF 图中，对应的删除操作也不会执行。数据更新是指更新现有 RDF 图中的三元组。实际上 SPARQL 语言并不支持直接的更新操作，而是通过先删除后插入的办法来实现更新。

　　构建模板的时候，我们主要使用的是 SPARQL 查询语言，这里让我们以 RDF 和

DBpedia 的本体（http://dbpedia.org/ontology/）为例，通过 SPARQL 定义下面这个有关电影的模板。

```
模板问题：电影的演员有谁？
模板内容：
SELECT ?x WHERE {
?x rdf:type ?c1.
?y rdf:type ?c2.
?x ?p ?y .
}


?c1 CLASS[actors]
?c2 CLASS[films]
?p PROPERTY [stared]
```

其中，x 和 y 分别表示本体中的两个类，而 p 表示两者之间的关系。根据应用的需要，我们可以在系统中定义很多类似的模板。对于用户提出的自然语言形式的问题，我们找出最相似的模板问题，然后套用对应的模板内容，生成查询语言。为了生成具体的查询语言，系统还需要知道问题中具体的实体和关系及本体中的概念是怎样对应的，我们称这一步为模板的实例化。对于上述这个模板，我们可以找到 DBpedia 的 Actor 类、Film 类和 star 属性，进行模板的填充。

```
?c1 = <http://dbpedia.org/ontology/Actor>
?c2 = <http://dbpedia.org/ontology/Film>
?p = <http://dbpedia.org/property/star>
?y = < http://dbpedia.org/page/Iron_Man_(2008_film)>
如此一来，我们就能获得如下的 SPARQL 查询语句：
SELECT ?x WHERE {
?x rdf:type <http://dbpedia.org/ontology/Actor>.
<http://dbpedia.org/page/Iron_Man_(2008_film)> rdf:type <http://dbpedia.org/ontology/Film>.
?x<http://dbpedia.org/property/star> <http://dbpedia.org/page/Iron_Man_(2008_film)>.
}
```

至此，我们通过模板的匹配，将自然语言的问题转换成 SPARQL 查询。在知识图谱上运行这个查询，就能获得知识库中的答案。整个流程如图 8-3 所示。

这种方法的优劣势都比较明显。优势在于匹配的方法简单明了，容易理解和实现。而劣势在于模板的定义需要大量的人工操作，有些研究试图让计算机从大量已有的模板中学习产生新的模板，或者是让计算机分析自然语言并将语法结构自动转为模板。模板匹配的另一个劣势在于，模板使用的语言、人类提问所用的自然语言和知识库图谱使用的语言，三者之间可能存在比较大的差异，导致匹配效果并不理想。毋庸置疑，模板匹配是值得尝试的可行方法之一，在 8.2.2 节将看到其最基本的实现。

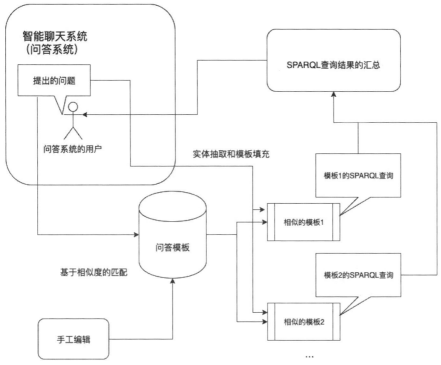

图 8-3　基于模板的知识图谱问答流程

## 8.2.2　使用 SPARQL 和 Python 实战

相比传统的数据系统，知识图谱的实践比较复杂。为了更好地梳理，我们将整个流程分为如下 5 个主要步骤：

（1）数据集的获取和导入。包括获取基于 JSON 格式的电影测试数据集，和将 JSON 数据导入 MySQL 关系型数据库两部分内容。

（2）使用 Protégé 建立自己的本体，该本体是此处知识图谱问答的核心。

（3）生成 RDF 数据，存储到 Neo4j 和 Jena 图数据库。包括通过工具 D2RQ 将关系型数据转为 RDF 数据，然后将自定义的本体和转换好的 RDF 数据进行映射。

（4）在存储的 RDF 数据上进行 SPARQL 查询。

（5）模板的构建、匹配以及查询。包括手工定义若干模板，然后将自然语言和现有的模板进行匹配，查找最合适的前几个；通过最合适的模板，生成 SPARQL 查询语句；以及通过在知识图谱上的 SPARQL 查询，获取问题的答案。

其中，步骤（1）～（3）完成将传统数据转为知识图谱的过程，而步骤（4）和（5）完成了基于模板的知识图谱问答。接下来，我们按照上述的几个主要步骤来进行实战。

### 1. 数据集的获取和导入

本次我们所采用的数据是中文知识图谱 OpenKG 所提供的电影数据。OpenKG 平台的目的是促进中文知识图谱数据的开放与互联，并促进知识图谱和语义技术的普及。而这次提供的电影数据是基于豆瓣电影的信息，抽取评论和电影介绍中的实体以及这些实体之间的关系。它会帮助我们理解如何建立本体等知识工程，并在其基础上进行知识图谱的查询。可以通过如下链接了解该数据集的信息并下载。

http://openkg.cn/dataset/movie-comment。

这个页面列出了两个数据集，我们选择了其中的"电影数据"，下载后文件名为movie.json。数据中的每一行是个 JSON 字符串，下面给出一个示例，从中可以看到它都提供了哪些信息。

{"score": "7.4", "title": "\n 雷神 2：黑暗世界  Thor: The Dark World\n(2013)\n", "summary": "纽约大战后，雷神索尔（克里斯·海姆斯沃斯 Chris Hemsworth 饰）将弟弟洛基（汤姆·希德勒斯顿 Tom Hiddleston 饰）带回仙宫囚禁起来，此外帮助九大国度平定纷争，威名扶摇直上。虽然父王奥丁（安东尼·霍普金斯 Anthony Hopkins 饰）劝其及早即位，但索尔念念不忘地球的美丽女孩简·福斯特（娜塔丽·波特曼 Natalie Portman 饰）。与此同时，简在和黛西及其助手伊安调查某个区域时意外被神秘物质入侵，却也因此重逢索尔，并随其返回仙宫。令人意想不到的是，藏在简体内的物质来自远古的黑暗精灵玛勒基斯（克里斯托弗·埃克莱斯顿 Christopher Eccleston 饰）。在"天体汇聚"的时刻再次到来之际，玛勒基斯企图摧毁九大国度，缔造一个全然黑暗的宇宙。\n                                                          \n 藏匿简的仙宫受到重创，而索尔和洛基这对冤家兄弟也不得不联手迎战……", "directors": ["阿兰·泰勒"], "writer": ["克里斯托弗·约斯特", "克里斯托弗·马库斯", "斯蒂芬·麦克菲利", "唐·佩恩", "罗伯特·罗达特", "斯坦·李", "拉里·利伯", "杰克·科比", "沃尔特·西蒙森"], "actor": ["克里斯·海姆斯沃斯", "娜塔莉·波特曼", "汤姆·希德勒斯顿", "安东尼·霍普金斯", "克里斯托弗·埃克莱斯顿", "杰米·亚历山大", "扎克瑞·莱维", "雷·史蒂文森", "浅野忠信", "伊德里斯·艾尔巴", "蕾妮·罗素", "阿德沃尔·阿吉纽依-艾格拜吉", "凯特·戴琳斯", "斯特兰·斯卡斯加德", "艾丽丝·克里奇", "克里夫·罗素", "乔纳森·霍华德", "克里斯·奥多德", "妲露拉·莱莉", "奥菲利亚·拉维邦德", "本尼西奥·德尔·托罗", "斯坦·李"], "country": " 美国", "minutes": "112 分钟", "type": ["动作", "奇幻", "冒险"], "releasedDate": ["2013-11-08(中国大陆/美国)"], "recommended_urls": ["https://movie.douban.com/subject/1866471/", "https://movie.douban.com/subject/1866471/", "https://movie.douban.com/subject/3066739/", "https://movie.douban.com/subject/3066739/", "https://movie.douban.com/subject/6390823/", "https://movie.douban.com/subject/6390823/", "https://movie.douban.com/subject/10741834/", "https://movie.douban.com/subject/10741834/", "https://movie.douban.com/subject/1866475/", "https://movie.douban.com/subject/1866475/", "https://movie.douban.com/subject/1866473/", "https://movie.douban.com/subject/1866473/", "https://movie.douban.com/subject/10485647/", "https://movie.douban.com/subject/10485647/", "https://movie.douban.com/subject/3025375/", "https://movie.douban.com/subject/3025375/", "https://movie.douban.com/subject/7065154/", "https://movie.douban.com/subject/7065154/", "https://movie.douban.com/subject/6082518/", "https://movie.douban.com/subject/6082518/"], "collected_num": "49023", "wish_num": "1173", "movie_url": "https://movie.douban.com/subject/6560058/", "entities": ["纽约 LOC", "雷神索尔 PER", "克里斯·海姆斯沃斯 PER", "洛基 PER", "汤姆·希德勒斯顿 PER", "奥丁 PER", "安东尼·霍普金斯 PER"], "entity_relation": "洛基 /人物/地点/国籍 汤姆希德勒斯顿 洛基 /人物/人物/家庭成员 奥丁 洛基 /人物/地点/国籍 安东尼霍普金斯 奥丁 /人物/地点/国籍 安东尼霍普金斯"}

可以看出，JSON 字符串主要是从电影的角度出发提供数据，包括电影的名称、发行时间、导演、主演、相关的其他电影等。下面将这个数据集转为知识库，首先将下载的数据导入 MySQL 关系型数据库。MySQL 的免费版可在这里下载：

https://dev.mysql.com/downloads/mysql/。

我们只需下载两个软件包：MySQL Community Server 和 MySQL Workbench。Community Server 是免费的 MySQL 服务器，而 Workbench 提供了便利的可视化访问和操作界面。本次所采用的 Community Server 和 Workbench 的都是 8.0.19 版本。安装之后，启动 MySQL 服务。图 8-4 展示了在 Mac OSX 系统中，如何在"系统设置"的 MySQL 选项中启动该服务。

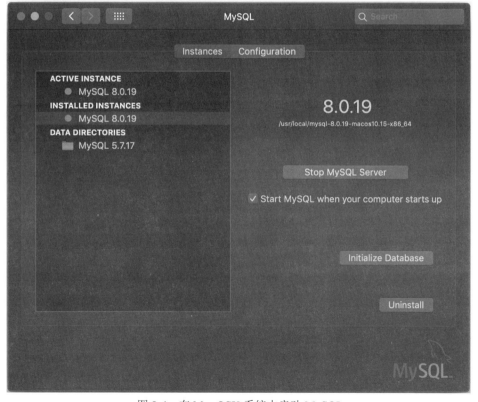

图 8-4　在 Mac OSX 系统中启动 MySQL

之后，就可以通过可视化的界面或者命令行来建立新的数据库表格。我们创建如下若干表格。

- movie：电影表，这张表存放了电影的一些基本属性，包括标题、评分、发布日期等。
- director：导演表，存放了导演的名称。
- actor_actress：演员表，存放了演员的名称。
- director_movie：导演执导电影的关系表。
- actor_actress_movie：演员出演电影的关系表。
- movie_movie：电影推荐的关系表。
- director_actor_actress：导演和演员合作的关系表。

注意，这里的表格是按照本体构建的思路设计和创立的。电影、导演和演员表里只存放基本的属性，而不会存放其他实体。例如，电影表里不会放入导演、演员、其他电影的名称或者属性。他们之间的关系是通过 director_movie、actor_actress_movie 和 movie_movie 这些表格来描述的。

创建上述表格的 SQL 语言分别如下。

（1）movie 表。

```
CREATE TABLE `sys`.`movie` (
  `id` INT NOT NULL,
  `genre` VARCHAR(32) NULL,
  `release_date` VARCHAR(128) NULL,
  `score` DECIMAL(3,1) NULL,
  `summary` VARCHAR(2048) NULL,
  `title` VARCHAR(128) NULL,
  PRIMARY KEY (`id`));
```

（2）director 表。

```
CREATE TABLE `sys`.`director` (
  `id` INT NOT NULL,
  `name` VARCHAR(64) NULL,
  PRIMARY KEY (`id`));
```

（3）actor_actress 表。

```
CREATE TABLE `sys`.`actor_actress` (
  `id` INT NOT NULL,
  `name` VARCHAR(64) NULL,
  PRIMARY KEY (`id`));
```

（4）director_movie 表。

```
CREATE TABLE `sys`.`director_movie` (
  `relation_id` INT NOT NULL,
  `director_id` INT NULL,
  `movie_id` INT NULL,
  PRIMARY KEY (`relation_id`),
  INDEX `director_id_idx` (`director_id` ASC) VISIBLE,
  INDEX `movie_id_idx` (`movie_id` ASC) VISIBLE,
  CONSTRAINT `director_id`
    FOREIGN KEY (`director_id`)
    REFERENCES `sys`.`director` (`id`)
    ON DELETE CASCADE
    ON UPDATE CASCADE,
  CONSTRAINT `d_movie_id`
    FOREIGN KEY (`movie_id`)
    REFERENCES `sys`.`movie` (`id`)
    ON DELETE CASCADE
    ON UPDATE CASCADE);
```

（5）actor_actress_movie 表。

```
CREATE TABLE `sys`.`actor_actress_movie` (
  `relation_id` INT NOT NULL,
  `actor_actress_id` INT NULL,
  `movie_id` INT NULL,
  PRIMARY KEY (`relation_id`),
  INDEX `actor_actress_id_idx` (`actor_actress_id` ASC) VISIBLE,
  INDEX `movie_id_idx` (`movie_id` ASC) VISIBLE,
  CONSTRAINT `actor_actress_id`
    FOREIGN KEY (`actor_actress_id`)
    REFERENCES `sys`.`actor_actress` (`id`)
    ON DELETE CASCADE
    ON UPDATE CASCADE,
  CONSTRAINT `a_movie_id`
    FOREIGN KEY (`movie_id`)
    REFERENCES `sys`.`movie` (`id`)
    ON DELETE CASCADE
    ON UPDATE CASCADE);
```

（6）movie_movie 表。

```
CREATE TABLE `sys`.`movie_movie` (
  `relation_id` INT NOT NULL,
```

```
`movie_id` INT NULL,
`recom_movie_id` INT NULL,
PRIMARY KEY (`relation_id`));
```

（7）diretor_actor_actress 表。

```
CREATE TABLE `sys`.`director_actor_actress` (
  `relation_id` INT NOT NULL,
  `director_id` INT NULL,
  `actor_actress_id` INT NULL,
  PRIMARY KEY (`relation_id`),
  INDEX `a_director_id_idx` (`director_id` ASC) VISIBLE,
  INDEX `d_actor_actress_id_idx` (`actor_actress_id` ASC) VISIBLE,
  CONSTRAINT `a_director_id`
    FOREIGN KEY (`director_id`)
    REFERENCES `sys`.`director` (`id`)
    ON DELETE CASCADE
    ON UPDATE CASCADE,
  CONSTRAINT `d_actor_actress_id`
    FOREIGN KEY (`actor_actress_id`)
    REFERENCES `sys`.`actor_actress` (`id`)
    ON DELETE CASCADE
ON UPDATE CASCADE);
```

这些表格都能通过可视化界面创建，如图 8-5 所示。

图 8-5　通过 MySQL Workbench 的可视化界面创建表

创建表格结束之后，我们使用一段代码，解析 movie.json 文件中的每一行 JSON 字符串，获取电影、导演、演员等各种基本属性以及他们之间的关系属性。为了让 Python 能够访问 MySQL，需要安装 mysql-connector。

```
pip install mysql-connector
```

属性解析和导入的代码如下，首先是一些需要引入的包以及处理字符串的函数。

```python
from mysql.connector import connection, Error, errorcode
import json
import re


def format_str(str):
    # 去除字符串前后的空格以及字符串中多余的空格
    str = re.sub('\s+' , ' ', str.strip())
    # 处理引起语法歧义的单引号
    return re.sub('\'', '\\\'', str)


def format_str_array(str_array):
    # 对于字符串数组中的每个字符串，去除字符串前后的空格以及这个字符串中多余的空格
    # 然后将数组中所有的字符串拼接成一个完整的字符串，以分号为分隔符
    return ';'.join([format_str(str) for str in str_array])
```

然后根据 JSON 文件插入数据库的函数，需要注意数据库用户名和密码的设置。使用用户名和密码替换代码中的"xxx"，如果 MySQL 不是装在本机，替换主机的 IP（名称）。

```python
# 插入数据
def import_json_data(file_path):

    try:
        # 建立 MySQL 的数据库连接
        conn = None
        cursor = None

        conn = connection.MySQLConnection(user='xxx', password='xxx', host='127.0.0.1',
database='sys')
        cursor = conn.cursor()

        # 清空之前的旧数据
        query = ('DELETE FROM movie')
        cursor.execute(query)
        query = ('DELETE FROM director')
        cursor.execute(query)
        query = ('DELETE FROM actor_actress')
        cursor.execute(query)
        query = ('DELETE FROM director_movie')
```

```
cursor.execute(query)
query = ('DELETE FROM actor_actress_movie')
cursor.execute(query)
query = ('DELETE FROM movie_movie')
cursor.execute(query)
query = ('DELETE FROM director_actor_actress')
cursor.execute(query)

# 由于输入的数据是从电影出发，需要两个映射整理唯一的导演和演员。这里假设完全
# 同名的导演或演员为同一个人
director_name2id = {}
actor_actress_name2id = {}

# 记录电影的 url 和 ID 之间的关系
movie_url2id = {}
# 记录电影之间的推荐关系，给定一个电影 ID，找出相关推荐电影的名称
movie_id2recom_urls = {}


# 插入新的数据
with open(file_path, 'r') as json_file:

    movie_id = 0
    director_id = 0
    actor_actress_id = 0
    director_movie_relation_id = 0
    actor_actress_movie_relation_id = 0
    director_actor_actress_relation_id = 0

    for json_line in json_file.readlines():
        movie = json.loads(json_line)
        # 处理异常
        if movie['score'] == '':
            movie['score'] = '0.0'
        # 避免乱码等导致的异常
        try:
            # 插入 movie 表格
            query = ('INSERT INTO movie (id, genre, release_date, score,
summary, title) VALUES(%d, \'%s\', \'%s\', %f, \'%s\', \'%s\')'
                    % (movie_id, format_str_array(movie['type']),
```

```
format_str_array(movie['releasedDate']),
                            float(movie['score']), format_str(movie['summary']),
format_str(movie['title'])))
                    cursor.execute(query)

                    for director in movie['directors']:
                        if director not in director_name2id.keys():
                            # 对于新的导演，将其插入 director 表格，并获取其 ID
                            director_name2id[director] = director_id
                            query = ('INSERT INTO director (id, name) VALUES(%d,
\'%s\')' % (director_id, format_str(director)))
                            cursor.execute(query)
                            director_id_in_relation = director_id
                            director_id += 1
                        else:
                            # 对于之前已经插入的导演，获取其 ID
                            director_id_in_relation = director_name2id[director]

                        # 插入 director_movie 关系表
                        query = ('INSERT INTO director_movie (relation_id, director_id,
movie_id) VALUES(%d, %d, %d)' % (director_movie_relation_id, director_id_in_relation,
movie_id))
                        cursor.execute(query)
                        director_movie_relation_id += 1


                    for actor_actress in movie['actor']:
                        if actor_actress not in actor_actress_name2id.keys():
                            # 对于新的演员，将其插入 actor_actress 表格，并获取其 ID
                            actor_actress_name2id[actor_actress] = actor_actress_id
                            query = ('INSERT INTO actor_actress (id, name) VALUES(%d,
\'%s\')' % (actor_actress_id, format_str(actor_actress)))
                            cursor.execute(query)
                            actor_actress_id_in_relation = actor_actress_id
                            actor_actress_id += 1
                        else:
                            # 对于之前已经插入的演员，获取其 ID
                            actor_actress_id_in_relation =
actor_actress_name2id[actor_actress]
```

```python
                # 插入 actor_actress_movie 关系表
                query = ('INSERT INTO actor_actress_movie (relation_id,
actor_actress_id, movie_id) VALUES(%d, %d, %d)' % (actor_actress_movie_relation_id,
actor_actress_id_in_relation, movie_id))
                cursor.execute(query)
                actor_actress_movie_relation_id += 1


                # 插入 director_actor_actress 关系表
                for director in movie['directors']:
                    for actor_actress in movie['actor']:
                        director_id_in_relation = director_name2id[director]
                        actor_actress_id_in_relation =
actor_actress_name2id[actor_actress]
                        query = ('INSERT INTO director_actor_actress (relation_id,
director_id, actor_actress_id) VALUES(%d, %d, %d)' % (director_actor_actress_relation_id,
director_id_in_relation, actor_actress_id_in_relation))
                        cursor.execute(query)
                        director_actor_actress_relation_id += 1

                # 记录电影的推荐关系，由于被推荐的电影的 ID 还不知道，所以需要先
                # 记录电影 ID 和 URL 之间的关系
                movie_url2id[movie['movie_url']] = movie_id
                movie_id2recom_urls[movie_id] = movie['recommended_urls']


        except Error as err:
            print('错误：', err)

        movie_id += 1
        if movie_id % 100 == 0:
            print('完成了', movie_id)

# 插入 movie_movie 表格
# 由于原始数据中推荐的数据存在冗余，需要 dedup 变量进行去重
dedup = {}
movie_movie_relation_id = 0
for movie_id in movie_id2recom_urls.keys():
    for recom_url in movie_id2recom_urls[movie_id]:
```

```
                        # 考虑到有些被推荐的电影不在主键中
                        if recom_url in movie_url2id.keys():
                            recom_movie_id = movie_url2id[recom_url]
                            if ('%d_%s' % (movie_id, recom_movie_id)) not in dedup.keys():
                                query = ('INSERT INTO movie_movie (relation_id, movie_id,
recom_movie_id) VALUES(%d, %d, %d)' % (movie_movie_relation_id, movie_id,
recom_movie_id))
                                print(query)
                                cursor.execute(query)
                                dedup['%d_%s' % (movie_id, recom_movie_id)] = True
                                movie_movie_relation_id += 1


        # 确保数据写入 MySQL 表格
        conn.commit()

        # 关闭 MySQL 数据库的连接
        cursor.close()
        conn.close()

    except Error as err:
        if err.errno == errorcode.ER_ACCESS_DENIED_ERROR:
            print('用户名或者密码不正确')
        elif err.errno == errorcode.ER_BAD_DB_ERROR:
            print('数据库不存在')
        else:
            print('错误：', err)
        if cursor is not None:
            cursor.close()
        if conn is not None:
            conn.close()
```

最后使用主函数调用数据导入函数。

```
# 主函数
from pathlib import Path

file_path = str(Path.home()) + '/Coding/data/chn_datasets/movie.json'
import_json_data(file_path)
```

查看数据库中的数据。图 8-6 展示了电影数据表 movie 的示例。

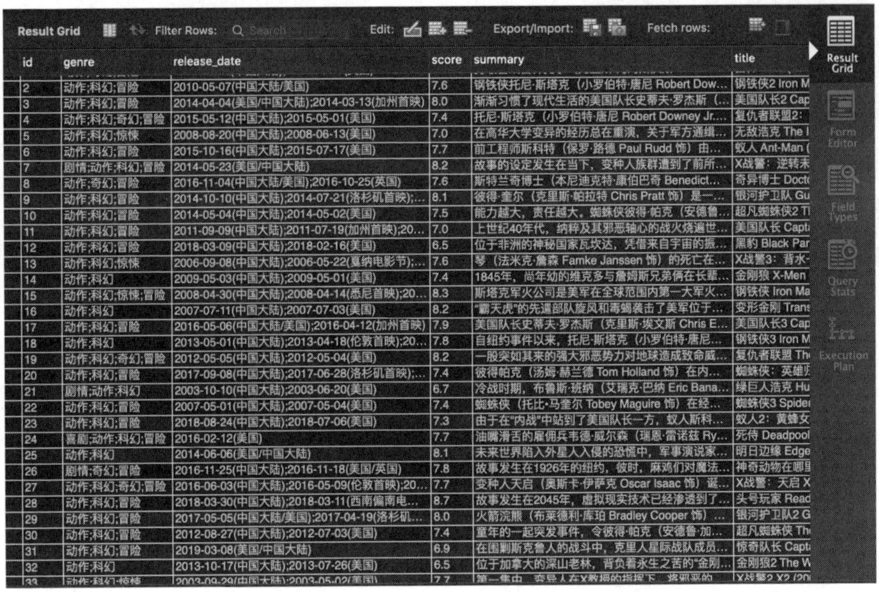

图 8-6   MySQL 数据库中的 movie 表格

### 2. 使用 Protégé 构建本体

　　介绍知识图谱背景知识的时候，我们提到了知识工程中的本体。在计算机领域中，可以将本体理解为一种模型，它用于描述由对象类型属性以及关系类型所构成的世界。本体是构建知识图谱以及对应问答系统的基石，所以非常重要。这里我们使用名为 Protégé 的工具进行本体建模。Protégé 是斯坦福大学开发的一款本体构建和知识转换的开源软件，采用 Java 语言开发。它拥有许多优秀的插件，是本体构建的核心开发工具之一，其下载链接为 https://protege.stanford.edu/。

　　我们使用的是版本号为 5.5.0 的 Mac OSX 桌面版。安装 Protégé 完成之后，就可以新建类（class）了。在界面中，如果没有找到 Class 这个 Tab，可以在打开的菜单中 window→Tabs→Classes 选择，如图 8-7 所示。

图 8-7   选择 Tab 页的显示

根据 MySQL 中构建的表，我们需要构建三个相应的类，分别是 movie、director 和 actor_actress，如图 8-8 所示。

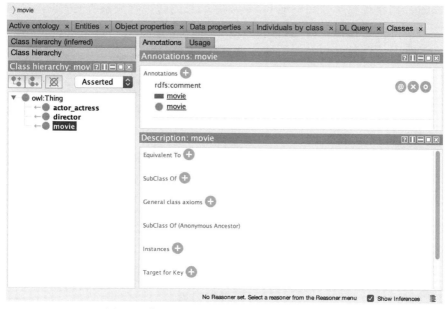

图 8-8　构建 movie、director 和 actor_actress 类

接下来，我们要对这些类进行属性的构建。在 Protégé 中，属性分为数据属性和对象属性。数据属性是字符串、数字、布尔等基础类型的字段，例如电影名称和评分等。使用 Protégé 构建数据属性比较简单，指明数据类别和值类别即可，如图 8-9 所示。

图 8-9　构建 movie、director 和 actor_actress 类的数据属性

对象属性是对象类型的字段，也就是说属性是另一个对象，例如，电影的导演字段是导演对象。换言之，对象属性体现的是实体之间的关系。理解了对象属性的本质之后，使用 Protégé 构建对象属性就不难了。将关系想象为边，将关系所关联的两个对象（实体）想象为节点，只需指明边属性的名称，并设置这条边属性的两个节点 Domains 和 Ranges 分别是什么类就可以了，图 8-10 展示了构建各个类之间对象属性的例子。

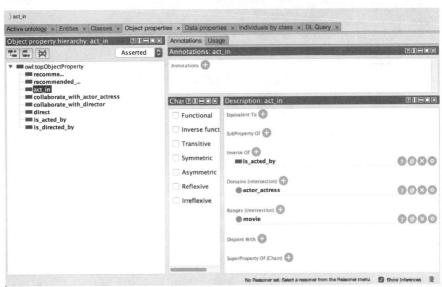

图 8-10　构建各个类之间的对象属性

需要注意的是，由于对象属性用于表示关系，我们可以设置 Inverse Of 来体现互逆的关系。例如，将 act_in 关系的 Inverse Of 设置为 is_acted_by 关系。这里我们设置了如下的对象属性。

- act_in：出演关系，Domains 为 actor_actress，Ranges 为 movie。
- is_acted_by：act_in 的逆关系，Domains 为 movie，Ranges 为 actor_actress。
- direct：导演关系，Domains 为 director，Ranges 为 movie。
- is_directed_by：direct 的逆关系，Domains 为 movie，Ranges 为 director。
- recommend：电影的推荐关系，Domains 为 movie（当前的电影），Ranges 为 movie（被推荐的电影）。
- recommended_in：recommend 的逆关系，Domains 为 movie（被推荐的电影），Ranges 为 movie（当前的电影）。
- collaborate_with_actor_actress：导演和演员的合作关系，Domains 为 director，Ranges 为 actor_actress。
- collaborate_with_director：collaborate_with_actor_actress 的逆关系，Domains 为 actor_actress，Ranges 为 director。

构建完成之后，我们可以通过 Window→Tabs→OntoGraf 菜单来查看整体的关系图，如图 8-11 所示。

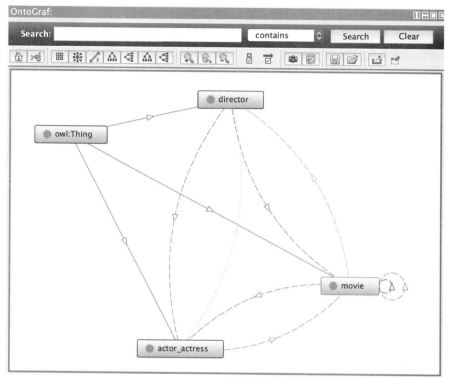

图 8-11　使用 OntoGraf 可视化本体

至此，我们就完成了一个简单的本体构建。通过 File→Save as 菜单，我们可以将其保存成 Turtle Syntax 形式，例如 movie_ontology.owl。

这时候，可能会有疑问：既然我们已经使用了关系型数据库保存了电影相关的数据，那么是否能直接从关系型数据库来构建本体和知识库数据呢？答案是肯定的。下面我们就来展示如何使用 D2RQ 工具，将关系型数据转换成 RDF 的形式。

D2RQ 拥有自己的映射语言，它的具体语法可参考 https://www.w3.org/TR/2004/REC-owl-features-20040210/。可以使用如下链接下载 D2RQ 文件：

http://d2rq.org。

下载并解压，然后进入解压后的目录中。修改如下文件的访问权限：

```
chmod 777 generate-mapping
chmod 777 dump-rdf
```

利用下列命令生成 movie.ttl 文件。

```
./generate-mapping -u [username] -p [password] -o movie.ttl jdbc:mysql:///sys
```

在上述命令中，可使用自己数据库连接的用户名和密码，分别替换[username]和[password]。注意，这时可能会碰到数据库连接的问题，解决方案是在官网下载最新的驱动 mysql-connector-java-5.1.47-bin.jar，替换\d2rq-0.8.1\lib\db-drivers 路径下的旧驱动 mysql-connector-java-5.1.18-bin.jar。下载的页面为 https://dev.mysql.com/downloads/connector/ j/5.1.html。

命令 generate-mapping 运行结束之后，会生成扩展名为.ttl 的本体文件 movie.ttl。这里 ttl 表示 Turtle（Terse RDF Triple Language），它是一种基于文本的 RDF 语法。在该语法中，URL 包含在尖括号中。一个声明的主语、属性和宾语依次出现，由句号结尾。注意这里的本体文件是完全基于关系型数据库自动生成的。为了保证它和我们之前手动构建的本体一致，需要将生成的 movie.ttl 文件做一些修改。主要的修改内容包括以下几项。

- 增加一行：@prefix : <http://www.movie.com#>。
- 修改类型值，将 d2rq:class vocab:[name]修改为 d2rq:class :[name]，将 d2rq:property vocab:[name]修改为 d2rq:property :[name]。
- 去掉 label、id 属性。
- 修改 actor_actress_move 等关系表的映射。

最终的 movie.ttl 文件如下：

```
@prefix map: <#> .
@prefix db: <> .
@prefix vocab: <vocab/> .
@prefix rdf: <http://www.w3.org/1999/02/22-rdf-syntax-ns#> .
@prefix rdfs: <http://www.w3.org/2000/01/rdf-schema#> .
@prefix xsd: <http://www.w3.org/2001/XMLSchema#> .
@prefix d2rq: <http://www.wiwiss.fu-berlin.de/suhl/bizer/D2RQ/0.1#> .
@prefix jdbc: <http://d2rq.org/terms/jdbc/> .
@prefix : <http://www.movie.com#> .

map:database a d2rq:Database;
    d2rq:jdbcDriver "com.mysql.jdbc.Driver";
    d2rq:jdbcDSN "jdbc:mysql:///sys";
    d2rq:username "root";
    d2rq:password "19830728";
    jdbc:zeroDateTimeBehavior "convertToNull";
    jdbc:autoReconnect "true";
    .

# Table actor_actress
map:actor_actress a d2rq:ClassMap;
```

```
        d2rq:dataStorage map:database;
        d2rq:uriPattern "actor_actress/@@actor_actress.id@@";
        d2rq:class :actor_actress;
        d2rq:classDefinitionLabel "actor_actress";
    .
map:actor_actress_name a d2rq:PropertyBridge;
        d2rq:belongsToClassMap map:actor_actress;
        d2rq:property :actor_actress_name;
        d2rq:propertyDefinitionLabel "actor_actress name";
        d2rq:column "actor_actress.name";
    .


# Table actor_actress_movie
map:actor_actress_movie_movie__ref a d2rq:PropertyBridge;
        d2rq:belongsToClassMap map:actor_actress;
        d2rq:property :act_in;
        d2rq:refersToClassMap map:movie;
        d2rq:join "actor_actress_movie.actor_actress_id => actor_actress.id";
        d2rq:join "actor_actress_movie.movie_id => movie.id";
    .


# Table director
map:director a d2rq:ClassMap;
        d2rq:dataStorage map:database;
        d2rq:uriPattern "director/@@director.id@@";
        d2rq:class :director;
        d2rq:classDefinitionLabel "director";
    .
map:director_name a d2rq:PropertyBridge;
        d2rq:belongsToClassMap map:director;
        d2rq:property :director_name;
        d2rq:propertyDefinitionLabel "director name";
        d2rq:column "director.name";
    .


# Table director_actor_actress
map:director_actor_actress_actor_actress__ref a d2rq:PropertyBridge;
        d2rq:belongsToClassMap map:director;
        d2rq:property :collaborate_with_actress_actor_actress;
        d2rq:refersToClassMap map:actor_actress;
```

```
        d2rq:join "director_actor_actress.director_id => director.id";
        d2rq:join "director_actor_actress.actor_actress_id => actor_actress.id";
        .


# Table director_movie
map:director_movie__ref a d2rq:PropertyBridge;
        d2rq:belongsToClassMap map:director;
        d2rq:property :direct;
        d2rq:refersToClassMap map:movie;
        d2rq:join "director_movie.director_id => director.id";
        d2rq:join "director_movie.movie_id => movie.id";
        .


# Table movie
map:movie a d2rq:ClassMap;
        d2rq:dataStorage map:database;
        d2rq:uriPattern "movie/@@movie.id@@";
        d2rq:class :movie;
        d2rq:classDefinitionLabel "movie";
        .
map:movie_genre a d2rq:PropertyBridge;
        d2rq:belongsToClassMap map:movie;
        d2rq:property :movie_genre;
        d2rq:propertyDefinitionLabel "movie genre";
        d2rq:column "movie.genre";
        .
map:movie_release_date a d2rq:PropertyBridge;
        d2rq:belongsToClassMap map:movie;
        d2rq:property :movie_release_date;
        d2rq:propertyDefinitionLabel "movie release_date";
        d2rq:column "movie.release_date";
        .
map:movie_score a d2rq:PropertyBridge;
        d2rq:belongsToClassMap map:movie;
        d2rq:property :movie_score;
        d2rq:propertyDefinitionLabel "movie score";
        d2rq:column "movie.score";
        d2rq:datatype xsd:decimal;
        .
map:movie_summary a d2rq:PropertyBridge;
```

```
    d2rq:belongsToClassMap map:movie;
    d2rq:property :movie_summary;
    d2rq:propertyDefinitionLabel "movie summary";
    d2rq:column "movie.summary";
    .
map:movie_title a d2rq:PropertyBridge;
    d2rq:belongsToClassMap map:movie;
    d2rq:property :movie_title;
    d2rq:propertyDefinitionLabel "movie title";
    d2rq:column "movie.title";
    .

# Table movie_movie
map:movie_movie__ref a d2rq:PropertyBridge;
    d2rq:belongsToClassMap map:movie;
    d2rq:property :recommend;
    d2rq:refersToClassMap map:movie;
    d2rq:join "movie_movie.movie_id => movie.id";
    d2rq:join "movie_movie.recom_movie_id => movie.id";
```

### 3. 生成 RDF 数据并存储到 Neo4j 和 Jena 图数据库

现在，我们就能通过 D2RQ 的 dump-rdf 命令和 movie.ttl 文件，将数据库中的数据导出为 RDF 数据，具体命令如下：

```
./dump-rdf -o movie.nt ./movie.ttl
```

之后生成的 move.nt 的内容如下：

```
...
<file:///<Home_Directory>/Coding/d2rq-0.8.1/movie.nt#director/599>
<http://www.movie.com#collaborate_with_actress_actor_actress>
<file:///<Home_Directory>/Coding/d2rq-0.8.1/movie.nt#actor_actress/8908> .
<file:///<Home_Directory>/Coding/d2rq-0.8.1/movie.nt#director/321>
<http://www.movie.com#collaborate_with_actress_actor_actress>
<file:///<Home_Directory>/Coding/d2rq-0.8.1/movie.nt#actor_actress/8909> .
<file:///<Home_Directory>/Coding/d2rq-0.8.1/movie.nt#director/321>
<http://www.movie.com#collaborate_with_actress_actor_actress>
<file:///<Home_Directory>/Coding/d2rq-0.8.1/movie.nt#actor_actress/8910> .
...
```

首先，我们使用 Neo4j 开源图数据库存储上述的 RDF 数据。Neo4j 是一款开源、轻量级、高性能的数据库，它将结构化的数据存储在图结构中，而不是关系表中。这也意味着，其存储管理层为图结构中的结点、边以及它们的属性。因此它在图数据的存取方面比关系型数据库更高效。Neo4j 是通过 Java 实现的具有一定事务特性的数据库。Neo4j 是基于文件的本地数据库，可以直接在本地操作，访问速度更快。Neo4j 和 MySQL 类似，可以下载服务器和客户端。免费的 community 服务器下载的页面为

https://neo4j.com/download-center/#community。

注意，这里需要下载版本为 3.2.x～3.5.x 的服务器，原因是后面我们使用的插件 Neosemantics 目前只支持 3.2～3.5 版本的 Neo4j 服务器。下载并解压之后，运行 <NEO4J_HOME>/bin 子目录的 neo4j 命令，参数 start 表示启动服务。

```
./bin/neo4j start
```

启动的时候，如果提示 JDK 版本不匹配，就要安装对应版本的 JDK。本书使用的 Neo4j 服务器是 3.5.14 版本，需要匹配 JDK 11。成功之后，系统会在 http://localhost:7474 启动服务。首次打开浏览器访问链接，会看到如图 8-12 所示的登录界面，默认的用户名和密码都是 neo4j，登录后重新设置密码。

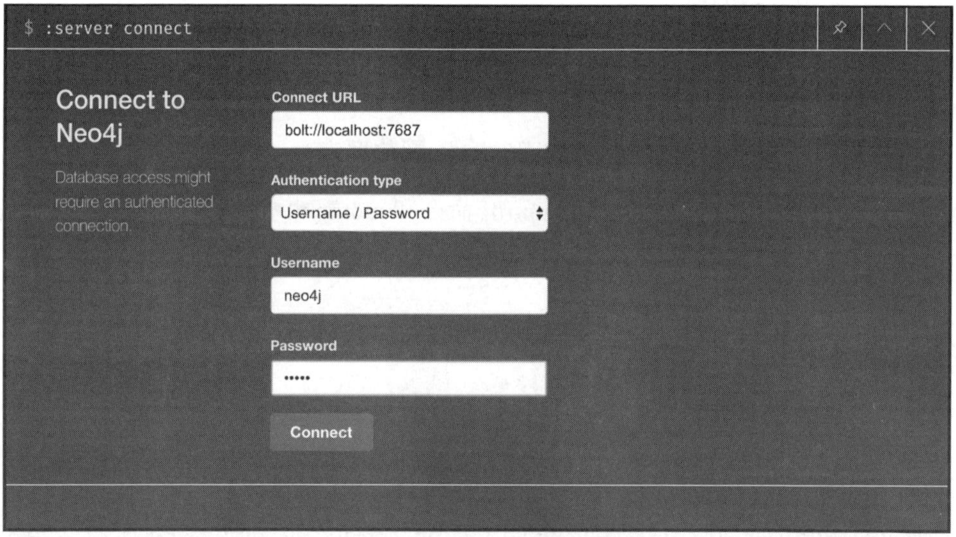

图 8-12　使用 OntoGraf 可视化本体

注意，默认的 Neo4j 并不支持 RDF 数据的直接导入，我们需要安装一个名为 Neosemantics 的插件，下载链接为 https://github.com/neo4j-labs/neosemantics/releases。

按照 Neo4j 服务器的版本下载相应版本的插件，然后将这个插件复制到 <NEO4J_HOME>/plugins 目录下，并在<NEO4J_HOME>/conf/neo4j.conf 文件的最后添加如下设置：

```
dbms.unmanaged_extension_classes=semantics.extension=/rdf
```

设置完成之后，通过下述命令重启 Neo4j。

```
./bin/neo4j stop
./bin/neo4j start
```

重启完成之后，打开 Web 端界面输入以下查询语句。

```
:GET /rdf/ping
```

结果与如下内容一致，表示插件的配置已经成功。

```
{"ping":"here!"}
```

至此，我们就可以向 Neo4j 数据库中导入 RDF 文件了。首先在 Web 浏览器界面中运行：

```
CREATE INDEX ON :Resource(uri)
```

然后使用如下语句导入 RDF 文件 movie.nt：

```
CALL semantics.importRDF("file:////<Home_Directory>/Coding/d2rq-0.8.1/movie.nt", "N-Triples", { shortenUrls: false, typesToLabels: true, commitSize: 1000 })
```

导入后的结果如图 8-13 所示。

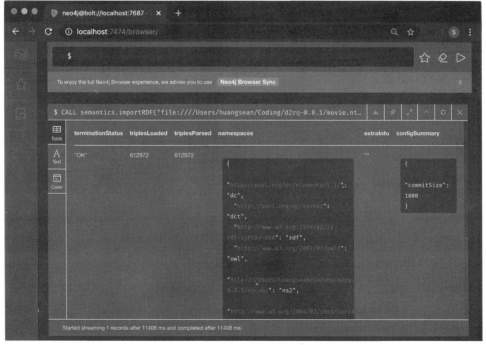

图 8-13　导入超过 60 万条的 RDF 数据

最终我们导入了超过 60 万条的 RDF 数据，也可以使用 Neo4j Bloom 来可视化这些数据。此外，除了使用浏览器界面，还可以使用 Neo4j 的桌面客户端。其下载页面为 https://neo4j.com/download/。

Neo4j 本身并不提供对 SPARQL 语言的支持，而是采用 Cypher 语言进行查询。目前有一些插件可以将 SPARQL 语言转成 Cypher 语言。下面我们来看一种直接支持 SPARQL 语言的图数据库 Apache Jena，它是一种开源的 Java 语义网框架，可用于链接数据和语义网的构建，能够存储 RDF、RDFS 类型的数据。Apache Jena 包括三个组件：TDB、Rule Reasoner 和 Fuseki。其中 TDB 属于存储层，是 Jena 用于存储 RDF 类型数据的组件；Rule Reasoner 属于推理层，让 Jena 可进行简单规则的推理，支持用户自定义推理规则；Fuseki 则属于查询层，它是 Jena 提供的 SPARQL 服务器，支持单机和服务器端的 SPARQL 查询。下面我们来看一下 Apache Jena。首先下载 Apache Jena：

https://jena.apache.org。

我们下载的版本是 3.14.0，解压后进入 Jena 的主目录。我们已经拥有了 movie.nt 格式的 RDF 数据，接下来可以通过下面这个命令将其存储到 Jena 中。

```
./bin/tdbloader --loc="/<Home_Directory>/Coding/apache-jena-3.14.0/tdb"
"/<Home_Directory>/Coding/d2rq-0.8.1/movie.nt"
```

这个命令会将指定的 movie.nt 文件内容加载到<JENA_HOME>/tdb 目录中。

### 4．在 Jena 数据库中进行 SPARQL 查询

将 RDF 存储为 Jena 的 TDB 类型数据后，我们就可以进行 SPARQL 查询了。在此之前，需要配置并启动 Apache Fuseki。首先下载 Apache Fuseki：

https://jena.apache.org/documentation/fuseki2/。

版本同样是 3.14.0。下载完成之后，进入到 apache-jena-fuseki-3.14.0 的主目录内，运行下列命令：

```
chmod 777 fuseki-server
./fuseki-server
```

运行成功后，中断命令并终止服务，Apache Fuseki 会自动在主目录文件夹内创建 run 文件夹。为了支持 Fuseki 的推理，在<FUSEKI_HOME>/run/database/文件夹中创建一个新的 movie_inference.ttl 文件，通过该文件可以配置推理规则。这里我们使用自反规则（ruleInverse），指定了各种关系的逆反关系，整个 movie_inference.ttl 文件的示例内容如下：

```
@prefix : <http://www.movie.com#> .
@prefix owl: <http://www.w3.org/2002/07/owl#> .
@prefix rdf: <http://www.w3.org/1999/02/22-rdf-syntax-ns#> .
```

```
@prefix xsd: <XML Schema> .
@prefix rdfs: <http://www.w3.org/2000/01/rdf-schema#> .

[ruleInverse: (?p :act_in ?m) -> (?m :is_acted_by ?p)]
[ruleInverse: (?p :direct ?m) -> (?m :is_directed_by ?p)]
[ruleInverse: (?p :recommend ?m) -> (?m :recommended_in ?p)]
[ruleInverse: (?p :collaborate_with_director ?m) -> (?m :collaborate_with_actor_actress ?p)]
```

推理规则配置完成后，需要将之前生成的 tdb 类型数据和 Apache Fuseki 进行关联。这里需要使用配置文件<FUSEKI_HOME>/run/configuration/fuseki_conf.ttl。文件配置如下：

```
# Licensed under the terms of http://www.apache.org/licenses/LICENSE-2.0

## Fuseki Server configuration file.

@prefix :            <#> .
@prefix fuseki:      <http://jena.apache.org/fuseki#> .
@prefix rdf:         <http://www.w3.org/1999/02/22-rdf-syntax-ns#> .
@prefix rdfs:        <http://www.w3.org/2000/01/rdf-schema#> .
@prefix ja:          <http://jena.hpl.hp.com/2005/11/Assembler#> .
@prefix tdb:         <http://jena.hpl.hp.com/2008/tdb#> .

<#service1>   rdf:type fuseki:Service ;
    fuseki:name                      "movie" ;    # http://host:port/tdb
    fuseki:serviceQuery              "sparql" ;   # SPARQL query service
    fuseki:serviceQuery              "query" ;    # SPARQL query service (alt name)
    fuseki:serviceUpdate             "update" ;   # SPARQL update service
    fuseki:serviceUpload             "upload" ;   # Non-SPARQL upload service
    fuseki:serviceReadWriteGraphStore "data" ;    # SPARQL Graph store protocol (read
and write)
    # A separate read-only graph store endpoint:
    fuseki:serviceReadGraphStore     "get" ;      # SPARQL Graph store protocol (read
only)
    fuseki:dataset               <#dataset> ;
    .

<#dataset> rdf:type ja:RDFDataset ;
```

```
        ja:defaultGraph <#modelInf> ;
        .

<#modelInf> rdf:type ja:InfModel ;
    ja:reasoner [
        ja:reasonerURL <http://jena.hpl.hp.com/2003/GenericRuleReasoner>;
        ja:rulesFrom <file:///<Home_Directory>/Coding/apache-jena-fuseki-
3.14.0/run/databases/movie_inference.ttl>;
    ];
    ja:baseModel <#g> ;
    .

<#g> rdf:type tdb:GraphTDB ;
    tdb:location "/<Home_Directory>/Coding/apache-jena-3.14.0/tdb/" ;
    tdb:unionDefaultGraph true ;
```

其中，将 fuseki:name 替换成前面定义的数据库名称 movie，将 ja:rulesFrom 设置为自定
义推理机路径<FUSEKI_HOME>/run/database/movie_inference.ttl，将 tdb:location 设置为
之前生成的 tdb 文件路径。文件 fuseki_conf.ttl 配置完成后，再次运行下列命令：

```
./fuseki-server
```

启动成功之后，打开 http://localhost:3030/网页，就能够进行 SPARQL 查询了。例如，
下面查询能帮助我们查找和李安导演所执导的电影相类似的推荐电影。

```
PREFIX : <http://www.movie.com#>
PREFIX rdf: <http://www.w3.org/1999/02/22-rdf-syntax-ns#>
PREFIX owl: <http://www.w3.org/2002/07/owl#>
PREFIX rdfs: <http://www.w3.org/2000/01/rdf-schema#>

SELECT ?x WHERE {
    ?s1 :director_name '李安'.
    ?s1 :direct ?s2.
    ?s2 :recommend ?s3.
    ?s3 :movie_title ?x.
}
```

图 8-14 展示了查询示例的部分结果。

图 8-14　在 Apache Jena 上进行 SPARQL 查询

### 5．模板的构建、匹配以及查询

现在知识库准备就绪，我们可以进行模板的构建和匹配了。首先，根据我们定制的本体，构建几个关于电影问答的常见模板。

模板问题：某部电影的主要演员有谁（谁主演了某部电影）？

模板内容：

PREFIX : <http://www.movie.com#>

PREFIX rdf: <http://www.w3.org/1999/02/22-rdf-syntax-ns#>

```
PREFIX owl: <http://www.w3.org/2002/07/owl#>
PREFIX rdfs: <http://www.w3.org/2000/01/rdf-schema#>

SELECT ?x WHERE {
?s1 :movie_title 'xxx'.
?s2 :act_in ?s1.
?s2 :actor_actress_name ?x.
}
LIMIT 10
```

模板问题：某部电影的导演是谁（谁导演了某部电影）？
模板内容：

```
PREFIX : <http://www.movie.com#>
PREFIX rdf: <http://www.w3.org/1999/02/22-rdf-syntax-ns#>
PREFIX owl: <http://www.w3.org/2002/07/owl#>
PREFIX rdfs: <http://www.w3.org/2000/01/rdf-schema#>

SELECT ?x WHERE {
?s1 :movie_title 'xxx'.
?s2 :direct ?s1.
?s2 :director_name ?x.
}
LIMIT 3
```

模板问题：和某位导演合作的演员们都出演了哪些不是该导演所导的电影？按出演人数最多到最少进行排名
模板内容：

```
PREFIX : <http://www.movie.com#>
PREFIX rdf: <http://www.w3.org/1999/02/22-rdf-syntax-ns#>
PREFIX owl: <http://www.w3.org/2002/07/owl#>
PREFIX rdfs: <http://www.w3.org/2000/01/rdf-schema#>

SELECT (?x AS ?name) (COUNT(?x) AS ?freq) WHERE {
  ?s1 :director_name 'xxx'.
  ?s1 :collaborate_with_actress_actor_actress ?s2.
  ?s2 :act_in ?s3.
  ?s3 :movie_title ?x.
FILTER NOT EXISTS {
  ?s3 :is_directed_by ?s1
```

```
  }.
}
GROUP BY ?x
ORDER BY DESC(?freq)
LIMIT 10
```

模板问题：某位导演执导了哪些电影？和他/她所执导的电影类似的电影还有哪些？
模板内容：

```
PREFIX : <http://www.movie.com#>
PREFIX rdf: <http://www.w3.org/1999/02/22-rdf-syntax-ns#>
PREFIX owl: <http://www.w3.org/2002/07/owl#>
PREFIX rdfs: <http://www.w3.org/2000/01/rdf-schema#>

SELECT ?x WHERE {
?s1 :director_name 'xxx'.
    ?s1 :direct ?s2.
    ?s2 :recommend ?s3.
    ?s3 :movie_title ?x.
}
LIMIT 50
```

定义了这些模板之后，我们使用自然语言处理技术匹配自然语言的问题和这些模板。在 3 章，我们介绍了如何将文本转化成向量，然后使用向量空间模型和余弦夹角等度量来发现相似的文本。这里我们延续这些思想，只不过比较的对象变为用户所提出的问题和模板定义中的问题。具体的步骤如下：

（1）首先针对模板的所有问题进行预处理，将它们都转化成文档向量。

（2）用户每次提问的时候，将他的问题转化成文档向量。

（3）根据余弦相似度选出最相似的模板问题，然后根据相应的模板内容，抽取实体，填充模板。

（4）根据填充后的模板进行查询，最后将查询结果作为问题的答案返回。

（5）如果某个用户提出的问题和所有的模板问题都相差很远，那么我们就认为没有找到相应的模板，提示用户无法理解他的问题。

下面在进入具体的实战代码之前，我们需要事先准备几个文件。首先我们将模板和实体名称都存储在 templates_kbqa.txt 文件中，具体格式如下：

{"question": "某位导演执导了哪些电影？和他/她所执导的电影还有哪些？", "sparql": "PREFIX : <http://www.movie.com#> PREFIX rdf: <http://www.w3.org/1999/02/22-rdf-syntax-ns#> PREFIX owl: <http://www.w3.org/2002/07/owl#> PREFIX rdfs:

<http://www.w3.org/2000/01/rdf-schema#> SELECT ?x WHERE { ?s1 :director_name
'xxx'. ?s1 :direct ?s2. ?s2 :recommend ?s3. ?s3 :movie_title ?x. } LIMIT 50"}

还有实体的词典。这里为了突出重点，我们对实体抽取的实现进行了简化。对于电影这种特定的领域，基于词典的匹配也能取得很好的效果。我们分别准备了电影（movies.txt）、导演（directors.txt）和演员（actors_actresses.txt）三个词典，每一行表示一个实体的名称，例如 directors.txt 的内容如下：

```
阿兰·泰勒
肯尼思·布拉纳
乔恩·费儒
安东尼·罗素
乔·罗素
……
```

准备好这几个文件，我们就可以开始具体的编码了。为了更清晰地阐述这个复杂的过程，这里进行了模块化处理，分为几个重要的函数来实现。第一个函数加载模板并对它们进行向量化：

```python
# 加载模板文件并对它们进行向量化
def load_templates(file_path):
    import json
    import jieba

    template_id2questions = {}
    template_id2sparqls = {}
    template_questions = []
    template_id = 0

    # 建立模板 ID 和模板内容的映射
    with open(file_path, 'r') as templates:
        for line in templates.readlines():
            template = json.loads(line)
            template_id2questions[template_id] = template['question']
            template_id2sparqls[template_id] = template['sparql']
            template_questions.append(" ".join(jieba.cut(template['question'], HMM = True)))
            template_id += 1

    # 根据文本内容进行向量化
    return vectorize(template_questions), template_id2questions, template_id2sparqls
```

```
# 使用 tf-idf 机制进行向量化
def vectorize(template_questions):
    from sklearn.feature_extraction.text import CountVectorizer, TfidfTransformer

    # 构建 tf-idf 值
    vectorizer = CountVectorizer()
    transformer = TfidfTransformer()
    tfidf = transformer.fit_transform(vectorizer.fit_transform(template_questions))

    # 获取构建后的词典和 tf-idf 值
    tfidf_array = tfidf.toarray()
    dictionary = vectorizer.get_feature_names()

    return dictionary, tfidf_array
```

接下来是抽取命名实体。如前所述，这里的实体抽取不是重点，采用一个非常基本的关键字匹配来实现。

```
# 加载命名实体的三个文件，分别对应电影、导演和演员
def load_entities(movie_entity_file_path, director_entity_file_path,
actor_actress_entity_file_path):
    with open(movie_entity_file_path, 'r') as movie_entity_file, open(director_entity_file_path,
'r') as director_entity_file, open(actor_actress_entity_file_path, 'r') as actor_actress_entity_file:
        movie_entities = [x.strip() for x in movie_entity_file.readlines()]
        directory_entities = [x.strip() for x in director_entity_file.readlines()]
        actor_actress_entities = [x.strip() for x in actor_actress_entity_file.readlines()]

        return movie_entities, directory_entities, actor_actress_entities


# 使用完全匹配的方法进行实体识别
def extract_entities(sentence, movie_entities, director_entities, actor_actress_entities):
    import jieba

    extracted_movie_entities = []
    extracted_director_entities = []
    extracted_actor_actress_entities = []

    for movie_entity in movie_entities:
        if movie_entity in sentence:
```

```
                    extracted_movie_entities.append(movie_entity)

        for director_entity in director_entities:
            if director_entity in sentence:
                extracted_director_entities.append(director_entity)

        for actor_actress_entity in actor_actress_entities:
            if actor_actress_entity in sentence:
                extracted_actor_actress_entities.append(actor_actress_entity)

        return extracted_movie_entities, extracted_director_entities,
extracted_actor_actress_entities
```

计算余弦夹角以及利用余弦相似度来匹配模板。

```
# 计算余弦夹角的函数
def get_cosine(vector1, vector2):
    import numpy as np

    dot = np.dot(vector1, vector2)
    norma = np.linalg.norm(vector1)
    normb = np.linalg.norm(vector2)

    if norma == 0.0 or normb == 0.0:
        return 0.0

    return dot / (norma * normb)



# 根据余弦夹角相似度，找出相似度最高或者说最匹配的模板
def match_template(sentence, dictionary, tfidf_array, template_id2questions, sim_threshold):
    import jieba
    import numpy as np

    vector_sentence = np.array([])
    vector_template = np.array([])

    words = ' '.join(jieba.cut(sentence, HMM = True)).split(' ')

    max_cosine = -1;
    max_cosine_id = -1;
```

```
for i in range(0, len(tfidf_array)):
    tfidf = tfidf_array[i]
    for j in range(len(dictionary)):
        if dictionary[j] in words:
            vector_sentence = np.append(vector_sentence, [tfidf[j]])      # 这里进行了简
                                                                          # 化，直接使用了模板数据集中的 tf-idf
        else:
            vector_sentence = np.append(vector_sentence, [0.0])
    vector_template = np.append(vector_template, tfidf)

    cosine = get_cosine(vector_sentence, vector_template)
    if (cosine > max_cosine):
        max_cosine = cosine
        max_cosine_id = i

if max_cosine < sim_threshold:
    max_cosine_id = -1

return max_cosine_id
```

找到匹配的模板。接下来的问题就是如何通过这个模板来填充和组装模板中的
SPARQL。

```
# 根据模板匹配和实体抽取的结果，组装 SPARQL 查询
def compose_sparql(sentence, max_cosine_id, template_id2sparqls, movie_entities,
director_entities, actor_actress_entities):

    # 抽取实体
    extracted_movie_entities, extracted_director_entities, extracted_actor_actress_entities =
extract_entities(sentence, movie_entities, director_entities, actor_actress_entities)

    # 根据不同的模板，组装 SPARQL 查询
    if max_cosine_id == 0 and len(extracted_movie_entities) > 0:
        return template_id2sparqls[max_cosine_id].replace('xxx', extracted_movie_entities[0])
    elif max_cosine_id == 1 and len(extracted_movie_entities) > 0:
        return template_id2sparqls[max_cosine_id].replace('xxx', extracted_movie_entities[0])
    elif max_cosine_id == 2 and len(extracted_director_entities) > 0:
        return template_id2sparqls[max_cosine_id].replace('xxx',
extracted_director_entities[0])
    elif max_cosine_id == 3 and len(extracted_director_entities) > 0:
        return template_id2sparqls[max_cosine_id].replace('xxx',
```

```
extracted_director_entities[0])

    # 如果找不到所给 ID 对应的模板，或者没有找到任何命名实体，返回 None 表示无法回答
    return None
```

下面最重要的步骤就是使用填充的 SPARQL 语句进行查询。为了在 Python 中使用 SPARQL，需要事先安装 SPARQLWrapper。

```
pip3 install SPARQLWrapper
```

然后务必确认 fuseki server 已经启动。

```
./fuseki-server
```

之后就能使用如下代码进行查询，并解析返回的结果。

```
# 进行 SPARQL 查询
def query_sparql(SPARQLWrapper, query, max_cosine_id):

    sparql = SPARQLWrapper("http://localhost:3030/movie/")
    sparql.setQuery(query)
    sparql.setMethod(POST)
    sparql.setReturnFormat(JSON)

    results = sparql.query().convert()

    # 根据查询的不同类型，解析查询结果
    parse_result(results, max_cosine_id)


# 解析查询结果并输出回答
def parse_result(results, template_id):
    if template_id == 2:
        for result in results['results']['bindings']:
            print(result['name']['value'], result['freq']['value'])
    else:
        for result in results['results']['bindings']:
            print(result['x']['value'])
```

最后是整体流程的代码，它会调用前面的几个函数。

```
# 主体
from pathlib import Path
```

```
# 预处理，包括模板的加载和命名实体的加载
(dictionary, tfidf_array), template_id2questions, template_id2sparqls =
load_templates(str(Path.home()) + '/Coding/data/chn_datasets/templates_kbqa.txt')
movie_entities, director_entities, actor_actress_entities = load_entities(str(Path.home()) +
'/Coding/data/chn_datasets/movies.txt', str(Path.home()) +
'/Coding/data/chn_datasets/directors.txt', str(Path.home()) +
'/Coding/data/chn_datasets/actors_actresses.txt')

from SPARQLWrapper import SPARQLWrapper, POST, JSON

# 对输入的问题进行回答
while True:
    question = input('请告诉我你的问题：')
    if question == '退出':
        break

    # 这里设置一个相似度阈值，避免回答完全不相干的问题
    sim_threshold = 0.2

    # 进行模板匹配
    max_cosine_id = match_template(question, dictionary, tfidf_array, template_id2questions,
sim_threshold)

    # 如果找到了一个模板，构造 SPARQL 查询并查找结果
    if (max_cosine_id != -1):
        query = compose_sparql(question, max_cosine_id, template_id2sparqls,
movie_entities, director_entities, actor_actress_entities)
        if query is not None:
            query_sparql(SPARQLWrapper, query, max_cosine_id)
        else:
            print('我不理解你的问题，请换一个问题')
    else:
        print('我不理解你的问题，请换一个问题')

    print()
```

我们可以获得如下的问答结果。

```
请告诉我你的问题：  功夫 (2004)的导演是谁
周星驰
```

请告诉我你的问题： 和周星驰导演合作的演员们，他们都出演了哪些不是该导演所导的电影？

百变星君 百變星君 (1995) 7

破坏之王 破壞之王 (1994) 7

算死草 (1997) 6

行运一条龙 行運一條龍 (1998) 6

千王之王 2000 (1999) 5

大话西游之大圣娶亲 西遊記大結局之仙履奇緣 (1995) 5

大话西游之月光宝盒 西遊記第壹佰零壹回之月光寶盒 (1995) 5

审死官 審死官 (1992) 5

港囧 (2015) 5

精装难兄难弟 (1997) 5


请告诉我你的问题： 功夫 (2004)的演员是谁？

周星驰

元秋

元华

黄圣依

梁小龙

陈国坤

田启文

林子聪

林雪

冯克安


请告诉我你的问题： 周星驰执导过哪些电影？类似电影还有哪些？

功夫 (2004)

国产凌凌漆 國產凌凌漆 (1994)

喜剧之王 喜劇之王 (1999)

大内密探零零发 大內密探零零發 (1996)

少林足球 (2001)

美人鱼 (2016)

西游降魔篇 (2013)

长江七号 (2008)

## 8.2.3 可能的改进

示例代码可帮助理解基于模板的知识图谱问答。可是，这种基于文字内容相似度的匹配，往往不够精准。其主要原因是相似度计算主要依赖于词袋（Bag of Word）模型，忽略了词语所表达的含义。为了解决这个问题，人们提出使用语义分析以增强知识图谱的问答。通过定义特征扩展文法，我们可以让机器来"理解"人类语言所表达的含义，并将其转换成计算机所能理解的语言。例如关系型数据库 SQL 的查询。同样，我们也可以让机器将自然语言所表达的问句，转化成知识图谱所采用的语言，如 SPARQL 查询语句。为实现这个目的，通常包括两个主要步骤：①生成基于特征扩展的文法；②使用上述文法对自然语言进行解析。其中步骤②已经有很多成熟的解析算法，所以重点放在步骤①，即根据问答系统的特点和命名实体的数据，合理地设计文法。

即使语义分析能够帮助我们更好地理解问句，仍然需要人们设计大量复杂的文法。为了进一步减轻人们的工作量，学者们正在研究如何使用神经网络和深度学习，提升系统进行知识图谱问答的能力。在前文中，我们阐述了如何使用卷积神经网络来加强问题和答案的匹配。类似地，如果我们拥有知识图谱的标注数据，也可以使用深度神经网络学习它们之间的语义关系。

# 第 9 章　打造任务型和闲聊型聊天系统

## 9.1　什么是任务型聊天系统

前面几个章节介绍了如何使用不同的方法和模型，构建问答型的聊天机器人。随着互联网向个人化、生活化和娱乐化的方向发展，任务型和闲聊型聊天系统也越来越普及。本章我们来看看任务型聊天系统的特点以及如何打造这种系统。

任务型聊天系统也被称作任务导向型聊天系统，它可以帮助人们完成特定的任务，例如查询各地的天气预报，预订餐厅的座位，购买出行的飞机票等。在生活中这类例子举不胜举，例如 2016 年年初，微软中国和上海东方卫视合作推出了人工智能机器人小冰，让其在电视节目中播送天气预报。这项合作始于 2015 年年底，为期一年。在这一年内，小冰都将按照主持人的指示，在名为《看东方》的节目中播报上海的天气情况。在筹备上线的几个月里，微软公司使用《看东方》的往期节目作为训练数据对小冰进行天气播报的建模。此外，微软还花费了大量的精力让小冰的语音表达听上去更接近人类的发音。

小冰的这次试水对聊天机器人的商业化来说是成功的。可是，从事相关技术研发的专家们不难发现，这次合作的内容和形式相对简单，也缺乏小冰和主持人、观众之间的互动。对于更为实用的任务型聊天系统，通常需要以下 3 个主要的步骤。

（1）理解用户的意图。任务系统可能需要完成不同的任务，所以计算机要理解用户当前想完成何种任务。例如用户是在询问天气还是想预订餐厅的座位？

（2）识别和任务有关的属性：为了完成任务，计算机还要收集一些必要的信息。例如，在回答用户天气情况如何之前，系统要知道用户关心的是哪个地方的天气。在回答用户是否能预订座位时，系统要知道用户准备去的是哪家餐厅。

（3）管理多轮对话。与问答型聊天不同，任务型聊天往往无法在一个回合中完成。对于比较复杂的任务，计算机和用户需要进行多轮交互，系统从用户那里收集到足够的信息之后，才能完成整个流程。这对人工智能技术也提出了新的挑战。

这些步骤也不是相互割裂的，图 9-1 展示了它们之间的关系和结合。接下来，我们按照这些步骤，通过实战进行讲解。

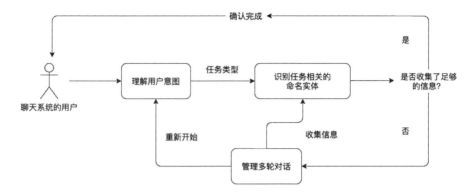

图 9-1　任务型聊天系统的常见步骤和流程

## 9.2　理解用户的意图

由于聊天是任务导向的，首先我们需要让机器理解用户需要完成怎样的任务。从机器学习的角度来考虑，这是典型的监督式学习（分类问题）。当聊天机器人需要处理的任务领域非常广泛时，我们就需要至少两个层级的分类。首先将用户需求划分到某个大的领域，然后再细分到具体的任务。

### 9.2.1　基本方法

在前面的章节中我们介绍了很多方法，可将用户的问题从语音转到文本，然后再通过各种自然语言处理技术进行预处理。在此前提下，我们就将理解用户意图的分类问题进一步转化为文本分类的问题。这里快速回顾一下之前介绍的方法和模型。一个完整的文本分类系统主要包含以下步骤：

（1）采集训练样本。对于每个数据对象，我们必须告诉计算机它属于哪个分类。在聊天系统中，标注数据会告诉系统哪些用户的问题是关于天气的、哪些是关于订座的、哪些是关于订机票的。这一点非常关键，因为分类标签就相当于计算机所要学习的标准答案，其质量高低直接决定了计算机的分类效果。此外，我们也可以在一开始就预留一些训练样本，专门测试分类的效果。

（2）预处理自然语言。对聊天系统来说，我们要将用户的问题转成它能理解的数据。专家已经发明了一套相对成熟的方法，包括词袋（Bag of Words）、分词、词干（Stemming）、归一化（Normalization）、停用词（Stopword）、同义词（Synonyms）和扩展词处理。

（3）训练模型。这一步就是算法通过训练数据进行模型拟合的过程。之前我们已经介绍了不少，包括 K 最近邻、朴素贝叶斯和决策树等。模型的假设和超参数有所不同。

例如朴素贝叶斯训练的过程就是要获取每个分类的先验概率、每个属性的先验概率以及给定某个分类时出现某个属性的条件概率。而决策树通过不断地数据划分，降低每个分组内的熵，并找到较好的划分依据。在聊天系统中，如果我们拥有带标注的用户问题，就能选择特定的模型，进行模型的拟合。

（4）实时分类预测。算法模型在训练完毕后，根据新数据的属性来预测它属于哪个分类。这个过程和训练过程是相对应的。对朴素贝叶斯方法而言，分类预测的过程就是根据训练阶段获得的先验概率和条件概率，预估给定一系列属性的情况下属于某个分类的后验概率。而对决策树而言，分类预测的过程就是根据训练阶段所获的划分依据，依次进行判断，最后预估某个数据对象应该属于哪个分类。在聊天系统中，我们将预处理后的用户问题放入拟合好的模型，进行分类，就能在一定程度上理解用户的意图了。

下面我们会通过聊天机器人的数据，实践以上 4 个步骤，以加深理解。

## 9.2.2 Python 实战

随着聊天机器人的流行，专家们越来越重视与其相关的人工智能研究。用于机器学习的训练数据（特别是中文数据）就变得尤为重要。为了进一步推动中文任务导向对话数据的构建，清华大学计算机系人工智能研究院的 CoAI 小组构建了跨领域的数据集 CrossWOZ（https://github.com/thu-coai/CrossWOZ）。该数据集针对的场景是游客向系统咨询北京的旅游信息，为此 CrossWOZ 进行了领域数据库的构建，从网络爬取了北京的景点、餐馆、酒店以及这些地点的邻近关系等信息。和之前的任务导向对话数据集相比，CrossWOZ 的主要特点如下。

- 跨领域：涉及 3 个主要领域（景点、餐馆和酒店）以及 2 个次要领域（地铁和出租车）。每次对话涉及领域的平均个数超过 3。
- 大规模：包含了超过 6000 次对话，超过 10 万条句子，在中文对话领域中算是相当可观了。
- 质量较高：采用综合启发式规则，根据用户和系统的状态推导出对话意图。邀请几位专家对少量对话进行二次校验，以保证数据标注的质量。
- 标注较全：除了提供对话双方的意图，还提供了系统端和用户端的对话状态，可以用于研究任务导向对话系统中的各个方面。

在本节内容中，我们将使用这个数据集实践对用户问句中意图的识别。为了实现机器学习的步骤，我们构建了一个名为 INTENTION_UNDERSTANDING 的 Python 类，它主要包括以下功能函数。

- extract_data：从 CrossWOZ 的原始数据集抽取用于意图分类的数据，这里我们只关注景点、餐馆和酒店三个领域。
- get_training_data、get_testing_data 和 get_validation_data：这个数据集分为三个子集，包括训练集、测试集和验证集。这里测试集（testing）和验证集（validation）

的概念有所不同，测试集用于检查训练是否存在过拟合，而验证集是用于预估训练在新数据上的最终效果。我们也用这三个函数分别抽取相应的数据。这个函数跟 extract_data 函数结合，为我们准备了用于机器学习的数据。

- build_tfidf_and_label：将不同领域的训练数据合并，使用 TF-IDF 机制构建向量，其间还使用了中文分词技术。这些都属于自然语言处理技术的范畴。
- evaluate：由于这个数据集提供了训练集、测试集和验证集，我们对景点、餐馆和酒店这三类的提问意图进行最基本的准确率测试。
- nb_train_and_eval：模型的拟合，这里的代码选择了常见的朴素贝叶斯。模型训练完毕之后，还调用了 evaluate 函数进行评测并保持到本地文件。
- nb_load：加载之前保存的朴素贝叶斯模型，这样可以避免重复性的模型拟合。
- nb_predict：依照训练好的模型对新的数据进行预测。对意图识别来说，就是对用户输入的句子进行分类，看看用户期望做哪些事情。

完整的示例代码如下。

```python
import json
from pathlib import Path
import pickle
import jieba
from sklearn.feature_extraction.text import CountVectorizer
from sklearn.feature_extraction.text import TfidfTransformer
from sklearn.naive_bayes import MultinomialNB


# 定义"意图理解"的类
class INTENTION_UNDERSTANDING(object):
    def __init__(self):
        self.home = str(Path.home())


    # 抽取用于训练、测试和验证的数据
    def extract_data(self, whole_file, poi_file, rest_file, hotel_file):
        with open(whole_file) as whole_data, \
                open(poi_file, 'w') as poi_data, \
                open(rest_file, 'w') as rest_data, \
                open(hotel_file, 'w') as hotel_data:
            whole_samples = json.load(whole_data)
            for sample_id in whole_samples.keys():
                for sentence in whole_samples[sample_id]['task description']:
                    first_sentence = sentence.split('。')[0]
                    if '景点' in first_sentence:
```

```
                        poi_data.write(sentence + '\n')
                    elif '餐馆' in first_sentence:
                        rest_data.write(sentence + '\n')
                    elif '酒店' in first_sentence:
                        hotel_data.write(sentence + '\n')


    # 准备训练数据
    def get_training_data(self):
        train_file = self.home + '/Coding/data/chn_datasets/crosswoz/train.json'
        poi_train_file = self.home + '/Coding/data/chn_datasets/crosswoz/poi_train.txt'
        rest_train_file = self.home + '/Coding/data/chn_datasets/crosswoz/rest_train.txt'
        hotel_train_file = self.home + '/Coding/data/chn_datasets/crosswoz/hotel_train.txt'
        self.extract_data(train_file, poi_train_file, rest_train_file, hotel_train_file)


    # 准备测试数据
    def get_testing_data(self):
        test_file = self.home + '/Coding/data/chn_datasets/crosswoz/test.json'
        poi_test_file = self.home + '/Coding/data/chn_datasets/crosswoz/poi_test.txt'
        rest_test_file = self.home + '/Coding/data/chn_datasets/crosswoz/rest_test.txt'
        hotel_test_file = self.home + '/Coding/data/chn_datasets/crosswoz/hotel_test.txt'
        self.extract_data(test_file, poi_test_file, rest_test_file, hotel_test_file)


    # 准备验证数据
    def get_validation_data(self):
        val_file = self.home + '/Coding/data/chn_datasets/crosswoz/val.json'
        poi_val_file = self.home + '/Coding/data/chn_datasets/crosswoz/poi_val.txt'
        rest_val_file = self.home + '/Coding/data/chn_datasets/crosswoz/rest_val.txt'
        hotel_val_file = self.home + '/Coding/data/chn_datasets/crosswoz/hotel_val.txt'
        self.extract_data(val_file, poi_val_file, rest_val_file, hotel_val_file)


    # 构建 tf-idf 向量
    def build_tfidf_and_label(self, poi_file, rest_file, hotel_file):
        # 将三个类别的样本数据合并
        with open(poi_file) as poi_data, open(rest_file) as rest_data, open(hotel_file) as
hotel_data:
            poi_samples = [' '.join(jieba.cut(line.strip(), HMM = True)) for line in
```

```
poi_data.readlines()]
            poi_labels = ['poi'] * len(poi_samples)
            rest_samples = [' '.join(jieba.cut(line.strip(), HMM = True)) for line in
rest_data.readlines()]
            rest_labels = ['rest'] * len(rest_samples)
            hotel_samples = [' '.join(jieba.cut(line.strip(), HMM = True)) for line in
hotel_data.readlines()]
            hotel_labels = ['hotel'] * len(hotel_samples)
            whole_samples = poi_samples
            whole_samples.extend(rest_samples)
            whole_samples.extend(hotel_samples)
            whole_labels = poi_labels
            whole_labels.extend(rest_labels)
            whole_labels.extend(hotel_labels)

            vectorizer = CountVectorizer()

            # 构建 tf-idf 值, 不采用规范化, 采用 idf 的平滑
            transformer = TfidfTransformer(norm = None, smooth_idf = True)
            tfidf = transformer.fit_transform(vectorizer.fit_transform(whole_samples))

            return vectorizer, tfidf, whole_labels


    # 进行准确率的评估
    def evaluate(self, poi_file, rest_file, hotel_file, vocab, mnb):
        with open(poi_file) as poi_data, open(rest_file) as rest_data, open(hotel_file) as
hotel_data:
            poi_samples = [line.strip() for line in poi_data.readlines()]
            accurate_cnt = 0
            for poi_sample in poi_samples:
                if self.nb_predict(poi_sample, vocab, mnb) == 'poi':
                    accurate_cnt += 1
            print('\"景点\"分类的准确率是%.2f' % (accurate_cnt / len(poi_samples)))

            rest_samples = [line.strip() for line in rest_data.readlines()]
            accurate_cnt = 0
            for rest_sample in rest_samples:
                if self.nb_predict(rest_sample, vocab, mnb) == 'rest':
                    accurate_cnt += 1
```

```
            print('\"餐馆\"分类的准确率是%.2f' % (accurate_cnt / len(rest_samples)))

            hotel_samples = [line.strip() for line in hotel_data.readlines()]
            accurate_cnt = 0
            for hotel_sample in hotel_samples:
                if self.nb_predict(hotel_sample, vocab, mnb) == 'hotel':
                    accurate_cnt += 1
            print('\"酒店\"分类的准确率是%.2f' % (accurate_cnt / len(hotel_samples)))


    # 进行朴素贝叶斯分类的训练
    def nb_train_and_eval(self):
        poi_train_file = self.home + '/Coding/data/chn_datasets/crosswoz/poi_train.txt'
        rest_train_file = self.home + '/Coding/data/chn_datasets/crosswoz/rest_train.txt'
        hotel_train_file = self.home + '/Coding/data/chn_datasets/crosswoz/hotel_train.txt'
        vocab_path = self.home + '/Coding/data/chn_datasets/crosswoz/nb/vocab.bin'
        model_path = self.home + '/Coding/data/chn_datasets/crosswoz/nb/model.bin'

        # 构建 tf-idf 向量，并获得相应的词汇集
        vectorizer, train_tfidf, train_labels = self.build_tfidf_and_label(poi_train_file,
rest_train_file, hotel_train_file)
        # 将向量化后的词典存储下来，便于新数据的向量化
        pickle.dump(vectorizer.vocabulary_, open(vocab_path, 'wb'))

        # 构建最基本的朴素贝叶斯分类器
        mnb = MultinomialNB(alpha = 1.0, class_prior = None, fit_prior = True)
        # 通过 tf-idf 向量和分类标签，进行模型的拟合
        mnb.fit(train_tfidf, train_labels)
        pickle.dump(mnb, open(model_path, 'wb'))

        # 评估测试集
        print('评估测试集')
        poi_test_file = self.home + '/Coding/data/chn_datasets/crosswoz/poi_test.txt'
        rest_test_file = self.home + '/Coding/data/chn_datasets/crosswoz/rest_test.txt'
        hotel_test_file = self.home + '/Coding/data/chn_datasets/crosswoz/hotel_test.txt'
        self.evaluate(poi_test_file, rest_test_file, hotel_test_file, vectorizer.vocabulary_, mnb)

        # 评估验证集
        print('评估验证集')
        poi_val_file = self.home + '/Coding/data/chn_datasets/crosswoz/poi_val.txt'
```

```
        rest_val_file = self.home + '/Coding/data/chn_datasets/crosswoz/rest_val.txt'
        hotel_val_file = self.home + '/Coding/data/chn_datasets/crosswoz/hotel_val.txt'
        self.evaluate(poi_val_file, rest_val_file, hotel_val_file, vectorizer.vocabulary_, mnb)


    # 加载之前存储的朴素贝叶斯模型数据，包括词汇集和拟合后的模型
    def nb_load(self):
        vocab_path = self.home + '/Coding/data/chn_datasets/crosswoz/nb/vocab.bin'
        model_path = self.home + '/Coding/data/chn_datasets/crosswoz/nb/model.bin'

        return pickle.load(open(vocab_path, 'rb')), pickle.load(open(model_path, 'rb'))


    # 使用训练好的模型，对新的数据进行分类预测
    def nb_predict(self, sentence, vocab, mnb):
        # 构建问题的向量，这里从存储的词典中加载词汇，便于确保训练和预测的词汇的一致性
        segmented_sentence = [' '.join(jieba.cut(sentence, HMM = True))]
        trained_vectorizer = CountVectorizer(decode_error = 'replace', vocabulary = vocab)

        # 构建问题的 tf-idf 向量
        transformer = TfidfTransformer(norm = None, smooth_idf = True)
        sentence_tfidfs =
transformer.fit_transform(trained_vectorizer.fit_transform(segmented_sentence))

        # 根据训练好的模型预测输入问题的分类
        return mnb.predict(sentence_tfidfs[0])[0]
```

我们可以使用如下代码进行测试。

```
# 主体
iu = INTENTION_UNDERSTANDING()
iu.get_training_data()
iu.get_testing_data()
iu.get_validation_data()
iu.nb_train_and_eval()
vocab, mnb = iu.nb_load()

# 实验几个例子
print(iu.nb_predict('我想去吃个大餐，有什么饭店可以推荐吗？', vocab, mnb))
print(iu.nb_predict('故宫周边还有哪些景点', vocab, mnb))
```

注意，这里的标签 poi（Point Of Interests）表示景点，rest（Restaurant）表示餐馆，hotel 表示酒店。另外，iu.nb_train_and_eval()通常只需调用一次，除非训练数据有更新，需要重新拟合模型。从训练后的准确率测试及实验后的几个例子来看，效果相当不错。

# 9.3　识别任务相关的属性

在介绍自然语言处理技术的时候，我们讲解过命名实体的识别。这对于任务型的对话同样重要，不过不再限于命名实体，而是任何对完成任务有价值的属性。因此，我们需要根据任务的具体内容，训练一个定制化的命名实体以抽取模型。在模型工具方面，这里依旧选取斯坦福大学的 Stanford Named Entity Recognizer（NER https://nlp.stanford.edu/software/CRF-NER.html）。同之前的介绍，该工具是基于 Java 语言编写的，并提供一种线性 CRF 的实现。数据方面，为了进行定制化的训练，我们首先需要准备大量的命名实体标注。可是中文数据集 CrossWOZ 本身并未提供类似的数据。为了简化起见，我们从 CrossWOZ 数据集的三个文件 attraction_db.json、restaurant_db.json 和 hotel_db.json 中抽取出景点、餐厅和酒店等实体的信息，然后和 CrossWOZ 数据集中的用户提问进行匹配，生成格式上满足 NER 需求的数据。

为了抽取这些数据，首先我们要弄清楚针对每种任务，哪些属性是需要的。这里列出一些示例。

● 景点：名称、地址、电话、门票、评分和游玩时间。
● 餐厅：名称、地址、电话、人均消费、评分和菜单。
● 酒店：名称、地址、电话、价位、评分和服务（例如叫醒、无烟房、健身房、国际长途、桑拿、免费网络等）。

基于以上，数据准备的代码如下：

```
import json
from pathlib import Path
import jieba
import collections

def get_crf_training_for_ner(poi_db_json_file, rest_db_json_file, hotel_db_json_file,
training_json_file, ner_training_file, topn):
    # 单词到属性标注的映射，其中 key 是单词，value 是对应的标注列表（一个词可能属于多
    # 个标注）
    ner_tags = {}

    # 将一些比较抽象的词，人工地放入字典
    ner_tags['景点'] = ['poi']
```

```python
ner_tags['地址'] = ['address']
ner_tags['电话'] = ['telephone']
ner_tags['门票'] = ['price']
ner_tags['评分'] = ['rating']
ner_tags['时间'] = ['time']

poi_db_json_data = json.load(open(poi_db_json_file))
for poi in poi_db_json_data:
    # 抽取每个景点的属性
    name = poi[1]['名称']
    address = poi[1]['地址']
    telephone = poi[1]['电话']
    price = poi[1]['门票']
    rating = poi[1]['评分']
    time = poi[1]['游玩时间']

    # 对景点的每个属性进行分词，并加入字典
    for each in jieba.cut(name, HMM = True):
        each = each.replace('\t', '').strip()
        if len(each) > 1:
            if each not in ner_tags.keys():
                ner_tags[each] = ['poi']
            else:
                ner_tags[each].extend(['poi'])

    for each in jieba.cut(address, HMM = True):
        each = each.replace('\t', '').strip()
        if len(each) > 1:
            if each not in ner_tags.keys():
                ner_tags[each] = ['address']
            else:
                ner_tags[each].extend(['address'])

    for each in jieba.cut(telephone, HMM = True):
        each = each.replace('\t', '').strip()
        if len(each) > 1:
            if each not in ner_tags.keys():
                ner_tags[each] = ['telephone']
            else:
                ner_tags[each].extend(['telephone'])
```

```python
    for each in jieba.cut(str(price), HMM = True):
        each = each.replace('\t', '').strip()
        if len(each) > 1:
            if each not in ner_tags.keys():
                ner_tags[each] = ['price']
            else:
                ner_tags[each].extend(['price'])

    for each in jieba.cut(str(rating), HMM = True):
        each = each.replace('\t', '').strip()
        if len(each) > 1:
            if each not in ner_tags.keys():
                ner_tags[each] = ['rating']
            else:
                ner_tags[each].extend(['rating'])

    for each in jieba.cut(time, HMM = True):
        each = each.replace('\t', '').strip()
        if len(each) > 1:
            if each not in ner_tags.keys():
                ner_tags[each] = ['time']
            else:
                ner_tags[each].extend(['time'])

# 将一些比较抽象的词，人工地放入字典
if '餐馆' not in ner_tags.keys():
    ner_tags['餐馆'] = ['rest']
else:
    ner_tags['餐馆'].extend(['rest'])
if '餐厅' not in ner_tags.keys():
    ner_tags['餐厅'] = ['rest']
else:
    ner_tags['餐厅'].extend(['rest'])
if '消费' not in ner_tags.keys():
    ner_tags['消费'] = ['price']
else:
    ner_tags['消费'].extend(['price'])
if '菜单' not in ner_tags.keys():
    ner_tags['菜单'] = ['dish']
```

```python
        else:
            ner_tags['菜单'].extend(['dish'])


rest_db_json_data = json.load(open(rest_db_json_file))
for rest in rest_db_json_data:
    # 抽取每个餐厅的属性
    name = rest[1]['名称']
    address = rest[1]['地址']
    telephone = rest[1]['电话']
    price = rest[1]['人均消费']
    rating = rest[1]['评分']

    # 对餐厅的每个属性进行分词，并加入字典
    for each in jieba.cut(name, HMM = True):
        each = each.replace('\t', '').strip()
        if len(each) > 1:
            if each not in ner_tags.keys():
                ner_tags[each] = ['rest']
            else:
                ner_tags[each].extend(['rest'])

    for each in jieba.cut(address, HMM = True):
        each = each.replace('\t', '').strip()
        if len(each) > 1:
            if each not in ner_tags.keys():
                ner_tags[each] = ['address']
            else:
                ner_tags[each].extend(['address'])

    for each in jieba.cut(telephone, HMM = True):
        each = each.replace('\t', '').strip()
        if len(each) > 1:
            if each not in ner_tags.keys():
                ner_tags[telephone] = ['telephone']
            else:
                ner_tags[each].extend(['telephone'])

    for each in jieba.cut(str(price), HMM = True):
        each = each.replace('\t', '').strip()
        if len(each) > 1:
```

```
                    if each not in ner_tags.keys():
                        ner_tags[each] = ['price']
                    else:
                        ner_tags[each].extend(['price'])

            for each in jieba.cut(str(rating), HMM = True):
                each = each.replace('\t', '').strip()
                if len(each) > 1:
                    if each not in ner_tags.keys():
                        ner_tags[each] = ['rating']
                    else:
                        ner_tags[each].extend(['rating'])

            for dish in rest[1]['推荐菜']:
                for each in jieba.cut(dish, HMM = True):
                    each = each.replace('\t', '').strip()
                    if len(each) > 1:
                        if each not in ner_tags.keys():
                            ner_tags[each] = ['dish']
                        else:
                            ner_tags[each].extend(['dish'])

# 将一些比较抽象的词，人工地放入字典
if '酒店' not in ner_tags.keys():
    ner_tags['酒店'] = ['hotel']
else:
    ner_tags['酒店'].extend(['hotel'])
if '价格' not in ner_tags.keys():
    ner_tags['价格'] = ['price']
else:
    ner_tags['价格'].extend(['price'])
if '价位' not in ner_tags.keys():
    ner_tags['价位'] = ['price']
else:
    ner_tags['价位'].extend(['price'])
if '服务' not in ner_tags.keys():
    ner_tags['服务'] = ['service']
else:
    ner_tags['服务'].extend(['service'])
```

```
hotel_db_json_data = json.load(open(hotel_db_json_file))
for hotel in hotel_db_json_data:
    # 抽取每个酒店的属性
    name = hotel[1]['名称']
    address = hotel[1]['地址']
    telephone = hotel[1]['电话']
    price = hotel[1]['价格']
    rating = hotel[1]['评分']

    # 对酒店的每个属性进行分词，并加入字典
    for each in jieba.cut(name, HMM = True):
        each = each.replace('\t', '').strip()
        if len(each) > 1:
            if each not in ner_tags.keys():
                ner_tags[each] = ['hotel']
            else:
                ner_tags[each].extend(['hotel'])

    for each in jieba.cut(address, HMM = True):
        each = each.replace('\t', '').strip()
        if len(each) > 1:
            if each not in ner_tags.keys():
                ner_tags[each] = ['address']
            else:
                ner_tags[each].extend(['address'])

    for each in jieba.cut(telephone, HMM = True):
        each = each.replace('\t', '').strip()
        if len(each) > 1 and each not in ner_tags.keys():
            ner_tags[each] = 'telephone'

    for each in jieba.cut(str(price), HMM = True):
        each = each.replace('\t', '').strip()
        if len(each) > 1:
            if each not in ner_tags.keys():
                ner_tags[each] = ['price']
            else:
                ner_tags[each].extend(['price'])

    for each in jieba.cut(str(rating), HMM = True):
```

```
            each = each.replace('\t', '').strip()
            if len(each) > 1:
                if each not in ner_tags.keys():
                    ner_tags[each] = ['rating']
                else:
                    ner_tags[each].extend(['rating'])


        for service in hotel[1]['酒店设施']:
            for each in jieba.cut(service, HMM = True):
                each = each.replace('\t', '').strip()
                if len(each) > 1:
                    if each not in ner_tags.keys():
                        ner_tags[each] = ['service']
                    else:
                        ner_tags[each].extend(['service'])

# 加载训练样本中的用户的问题
train_json_data = json.load(open(training_json_file))

i = 0
with open(ner_training_file, 'w') as ner_training:
    for value in train_json_data.values():
        for message in value['messages']:
            if 'content' in message.keys():
                content = message['content']

                # 对每个句子进行分词，分词后的结果中，如果发现了属性标签就记下相
                # 应的标签，否则就记为默认的'O'
                for token in jieba.cut(content.strip(), HMM = True):
                    if len(token) < 2:
                        continue
                    tag = 'O'
                    if token in ner_tags.keys():
                        # 由于单词所对应的是标签的列表，所以进行词频统计，找出最
                        # 高频的单词作为最可靠的标注
                        tag = collections.Counter(ner_tags[token]).most_common(1)[0][0]
                    ner_training.write('%s\t%s\n' % (token, tag))
                ner_training.write('\n')
            i += 1
            # 只取前 topn 个问句作为样本
```

```
            if i > topn:
                break


# 主体
home = str(Path.home())
get_crf_training_for_ner(home +
'/Coding/data/chn_datasets/crosswoz/database/attraction_db.json',
                    home +
'/Coding/data/chn_datasets/crosswoz/database/restaurant_db.json',
                    home +
'/Coding/data/chn_datasets/crosswoz/database/hotel_db.json',
                    home + '/Coding/data/chn_datasets/crosswoz/train.json',
                    home +
'/Coding/data/chn_datasets/crosswoz/poi_rest_hotel_corpus.tsv',
                    1000)
```

之后，生成的数据格式如下：

```
无烟      service
服务      service
经济型    O
酒店      hotel
住宿      O
推荐      O
一家      O

地址      address
北京市    address
东城区    address
前门大街  poi
18        address
……
```

这里第 1 列是单词，而第 2 列是该单词（属性）的类型。其他未能匹配的一律标记为字母 O。需要注意的是，我们将命名实体字典（attraction_db.json、restaurant_db.json 和 hotel_db.json）中的各种属性进行了分词，为的是保证覆盖率（Coverage）。这样也会牺牲一定的精准率（Precison），也可以尝试不分词，看看最终效果如何。为了弥补准确率的降低，我们对每个单词可能的标注进行词频统计，取最高频的单词作为最可靠的标注。例如，单词"酒店"可能有 100 次出现在酒店的命名实体中，20 次出现在餐厅的命名实体中，那么我们就取酒店的标注。当然，这种方式只是一种标注数据的近似，为确保训练数据的质量，最好的方式仍然是人工进行标注或者修正。另外，为了控制标注数据的数量，保证训练的时长可以接受，每种类型的任务我们只匹配前 1000 个问句。

有了训练数据之后，还需要设置一个配置文件 snt_config.txt。

```
# 训练数据的路径
trainFile = poi_rest_hotel_corpus.tsv

# 保持序列化模型的路径
# 添加.gz 的扩展名会自动生成 gzip 文件，使得文件更小，加载更快
serializeTo = poi_rest_hotel_corpus.ser.gz

# 训练数据的格式，这里表示列 0（第 1 列）是单词，列 1（第 2 列）是标注
map = word=0,answer=1

# CRF 的设置
useClassFeature = true
useWord = true

# 有关 N 元文法、前后缀和单词序列的设置
# and suffixes only
useNGrams = true
noMidNGrams = true
maxNGramLeng = 6
usePrev = true
useNext = true
useSequences = true
usePrevSequences = true

# 单词特征的设置
maxLeft = 1
useTypeSeqs = true
useTypeSeqs2 = true
useTypeySequences = true
wordShape = chris2useLC
useDisjunctive = true
```

将上述配置文件 snt_config.txt 和标注文件 poi_rest_hotel_corpus.tsv 放入同一个目录。准备就绪之后，运行如下命令行，获取定制化的模型。

```
java -cp "/<Home_Directory>/Coding/stanford-ner-2018-10-16/stanford-ner-3.9.2.jar" -mx4g
edu.stanford.nlp.ie.crf.CRFClassifier -prop snt_config.txt
```

如果构建了更大规模的训练数据，记得增大-mx4g 为更大的内存容量，并等待更长的模型训练时间。将训练获得的模型 poi_rest_hotel_corpus.ser.gz 复制到 Stanford NER 的分类目录中，例如/<Home_Directory>/huangsean/Coding/stanford-ner-2018-10-16/classifier，接下来就能使用刚训练完的模型进行基于 CRF 的实体识别。下面是一段示例代码：

```python
from nltk.tag.stanford import StanfordNERTagger as snt
from pathlib import Path
import jieba

sentence = '我想预订一家在北京的经济型酒店，并且吃上一顿大餐，有没有什么四川餐馆可以
推荐？'
stanford_ner_tagger = snt(
    str(Path.home()) + '/Coding/stanford-ner-2018-10-
16/classifiers/poi_rest_hotel_corpus.ser.gz',
    str(Path.home()) + '/Coding/stanford-ner-2018-10-16/stanford-ner-3.9.2.jar')

words = list(jieba.cut(sentence, HMM = True))
print(stanford_ner_tagger.tag(words))
```

可以看到的输出结果如下：

```
[('我', 'O'), ('想', 'O'), ('预订', 'O'), ('一家', 'rest'), ('在', 'O'), ('北京', 'address'), ('的', 'O'), ('、', 'O'),
('经济型', 'O'), ('酒店', 'hotel'), ('，', 'O'), ('并且', 'O'), ('吃', 'O'), ('上', 'O'), ('一顿', 'O'), ('大餐', 'dish'),
('，', 'O'), ('有没有', 'O'), ('什么', 'O'), ('四川', 'dish'), ('餐馆', 'rest'), ('可以', 'O'), ('推荐', 'dish'),
('？', 'O')]
```

当然如果有质量更好的标注数据，识别的性能会更佳。我们使用下面的代码对这个功能进行封装。

```python
from nltk.tag.stanford import StanfordNERTagger as snt
from pathlib import Path
import jieba

# 定义"属性识别"的类
class ATTRIBUTE_RECOGNITION(object):
    def __init__(self):
        self.home = str(Path.home())
        self.stanford_ner_tagger = snt(
            str(Path.home()) + '/Coding/stanford-ner-2018-10-
```

```
16/classifiers/poi_rest_hotel_corpus.ser.gz',
            str(Path.home()) + '/Coding/stanford-ner-2018-10-16/stanford-ner-3.9.2.jar')


    def recognize_attribute(self, sentence):
        words = list(jieba.cut(sentence, HMM = True))
        attributes = {}
        for each in self.stanford_ner_tagger.tag(words):
            if each[1] != 'O':
                attributes[each[0]] = each[1]
        return attributes


# 主体
ar = ATTRIBUTE_RECOGNITION()
print(ar.recognize_attribute('我想预订一家在北京的经济型酒店，并且吃上一顿大餐，有没有什
么四川餐馆可以推荐？'))
```

## 9.4  对话流程的管理

　　任务型聊天系统和一问一答的聊天系统最大的不同之处在于，任务的解决需要多轮的交互。在这个实践案例中，用户需要查询景点、餐厅、酒店相关的信息，甚至直接通过该系统进行预订。这种情况下，用户需求较为复杂，多轮的交互不可避免。交互可以是用户在对话过程中不断修改或完善自己的需求，也可以是在用户需求不明确的时候，系统通过询问和确认，以帮助用户达到满意的效果。此时，对话管理 DM（Dialog Management）变得尤其重要，这一节里我们会针对这点，进行详细的阐述。

　　对话管理控制着人机对话的整个过程，需要根据对话内容，决定计算机要采取何种行动，包括返回信息、完成任务、继续对用户提问等，最终有效地帮助用户完成信息或服务的获取。根据对话由谁主导，对话管理主要分为 3 种类型。

- 系统主导：系统主动询问用户信息，并根据用户的回答完成任务。
- 用户主导：用户主动提出问题，系统回答问题或者满足用户的诉求。
- 混合主导：用户和系统在不同时刻交替主导对话过程，最终达到目标。

　　人类思考的复杂性和随机性使得对话管理在不同的应用场景下，面临着各种各样的挑战，例如用户对话偏离业务设计的路径、多个场景的切换和信息的继承、交互需要容错性等。为了解决这些问题，往往需要设计精细的模型，但是过于精细的模型又会导致模型复杂度的升高，不利于系统的调试和维护。整体来说，对话管理需要解决的问题有以下三个：

- 记录并更新系统和用户的状态。

- 根据对话状态进行决策，并生成系统行为。
- 与后端的任务模型进行交互。

这些问题的存在，让专家们在过去的几十年对这个领域开展了持续不断的研究。时至今日，对话管理的自动化和智能化程度离人们的期望还很远，但是人们已经设计出了不少可用的模型和技术方案。综合不同的流派，它们主要分为基于规则和基于数据统计两大类。下面我们来看看具体的方法有哪些，以及它们是如何解决上述这些问题的。

## 9.4.1　基于规则的方法

### 1. 基于关键词（模板）的方法

这种方法的历史很悠久，最初的聊天机器人 ELIZA 就使用了它。ELIZA 于 20 世纪 60 年代诞生于麻省理工学院的人工智能实验室，用于模仿心理治疗师。实现代码一共不到 200 行，主要使用了正则表达式和一定的随机规则进行对话的应答。之后，人们在其基础上进行了扩展，发明了人工智能标记语言（Artificial Intelligence Markup Language, AIML）。AIML 是一种基于 XML 的模式，用于表示机器如何同用户进行交互。示例如下：

```
<category>
<pattern>What's your name</pattern>
<template>My Name is Polaris</template>
</category>


<topic name= "weather" >
<category>
<pattern>What's the weather in *</pattern>
<template>Please confirm the geo location. </template>
</category>


<category>
        <pattern>I mean *</pattern>
<template>Let me have a check</template>
</category>
</topic>
```

可见，AIML 可以使用一些通配符，实现了主题（topic）的概念。在这个 Git 项目 https://github.com/Shuang0420/aiml 中，我们还可以使用基于中文的 AIML 模式。下载项目到/<Home_Directory>/Coding/aiml/，运行/<Home_Directory>/Coding/aiml/cn-examples/start.py。

我们就能测试最简单的注册和登录流程。该代码加载了最核心的 AIML 模块，并增加了/<Home_Directory>/Coding/aiml/cn-examples/cn-login.aiml 的内容。具体如下：

```xml
<?xml version="1.0" encoding="UTF-8"?>

<aiml version="1.0">

<meta name="author" content="Shuang0420"/>
<meta name="language" content="zh"/>

<category>
<pattern>登录</pattern>
<template>
你的用户名是?
</template>
</category>

<category>
<pattern>注册</pattern>
<template>
请输入用户名
</template>
</category>

<category>
<pattern>*</pattern>
<that>请输入用户名</that>
<template>
<think><set name="username"><star/></set></think>
请输入密码
</template>
</category>

<category>
<pattern>*</pattern>
<that>请输入密码</that>
<template>
<think><set name="password"><star/></set></think>
```

```
<get name="username" />，您已注册，谢谢.
</template>
</category>



<category>
<pattern>*</pattern>
<that>你的用户名是</that>
<template>
<think><set name="username"><star/></set></think>
你的密码是?
</template>
</category>


<category>
<pattern>*</pattern>
<that>你的密码是</that>
<template>
<!-- <think><set name="password"><formal><star/></formal></set></think>
谢谢. -->
  <condition>
    <li name="password" value="*">密码正确, <get name="username" />已通过验证.</li>
    <li>密码不正确，请重新登录.</li>
  </condition>
</template>
</category>



</aiml>
```

下面是运行 start.py 之后，一个基本的交互过程。

```
> 注册
请输入用户名
> test
请输入密码
> test
test，您已注册，谢谢.
> 登录
你的用户名是?
```

> test
你的密码是?
> test
密码正确, test 已通过验证.

从上述示例来看，AIML 包括之前的 ELIZA 方法，本质上都是关键词匹配。主要通过捕捉用户最后一句话的关键词或短语来进行回应，而并没有考虑上下文的信息。为此，人们又引入了有限状态图和树结构。

### 2. 有限状态图和树结构的方法

相比基于模板或者关键词的方法，有限状态图（Finite State Graph，FSG）和树结构融合了更多的上下文，并利用这些信息来完成对话的建模。这类对话系统在 20 世纪 90 年代非常流行，它在一定程度上解耦了程序开发和交互设计，并降低了开发成本。有限状态图（FSG）有时也被称为有限状态机（Finite State Machine，FSM），它将对话看成一个在有限状态内跳转的过程，每个状态都有对应的回复和决策。具体来说，人们使用流程拓扑图来表示多轮对话，每个状态节点代表一次对话事件，包括等待用户输入、给予回复、提出新的问题。而流程图的边表示状态转移的条件。对于任务导向型的对话，如果能从状态图的开始节点走到终止节点，一个任务就完成了。树结构也采用了相似的流程图，与有限状态图主要的区别在于树中是不存在回路的。图 9-2 展示了一个使用有限状态图的对话流程。

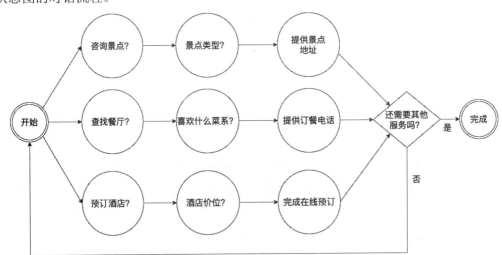

图 9-2　基于有限状态图的对话流程

有限状态图和树结构的方法适用于系统主导的对话设计，便于系统从用户那里收集必要的信息，综合上下文的数据以完成任务。对于答非所问的情况，通常是直接忽略。其优势在于通过简单的建模就能构建比较清楚的交互模型，其不足在于扩展较困难，流程可能会变得非常复杂，难以维护。所以人们一般将这类方法用于信息获取和完成相对简单的任务。

### 3. 基于框架的方法

这里框架的英译是 Frame，它实际上是指一种用于表示场景的数据结构。例如在酒店预订的场景中，框架会提供预订所需的信息。基于框架的方法也经常被称作"槽填充"（Slot Filling）方法。这是因为它会用一个表格维护对话任务中没有顺序依赖的信息，而该表格包含了完成任务所需的槽位。例如预订酒店时所需的入住时间、退房时间、酒店星级、期望价位等信息。框架方法的目标就是引导用户回答信息表中的各种槽位，当表格被填满之后，系统就会执行所对应的任务。

从另外一个角度看，基于框架的对话管理将对话的交互建模成一个槽填充的过程，系统发现有哪些槽缺乏信息，就向用户询问。而用户可以以任意次序提供这些信息，顺序的变化并不会增加对话管理的复杂程度。相对于有限状态图的方法，框架的方法没有过于复杂的流程，其形式更加灵活，能较好地支持系统和用户混合主导的对话。正是因为这样的特点，这类方法目前仍被很多主流的聊天系统采用，包括 IBM 的 Waston 和 Amazon AWS 的聊天机器人解决方案。

可是，框架方法所完成的任务往往过于简单，不太适合复杂任务的建模。为此，人们提出了一些扩展和增强，例如基于议题（Agenda）的框架方法。这里的议题可以看作是任务的一种计划，并被划分为多个分块，对应更小的目标。在对话进行的过程中，每一时刻对话双方都会将注意力集中到其中一个子目标上。当然，双方还可以切换到另一个子目标上，等同于对话焦点的转移。随着对话的不断进行，最终双方完成对话中所有的子目标，整个对话就算完成了。

### 4. 基于框架方法的实战

这里我们使用意图理解、属性识别和基于框架的对话管理来进行一次实战。使用的数据仍然是 CrossWOZ 的中文数据，完成的任务是根据用户的需求提供一些关于景点、餐厅和酒店的信息，对话类型属于系统主导型。图 9-3 是基本的系统架构，描述了所要实现的主要模块。其中类 INTENTION_UNDERSTANDING 和 ATTRIBUTE_RECOGNITION 是已经实现的部分，而 FRAME_BASED_DM、DATA_QUERY 和 SLOT_TABLE 是待实现的新模块。其中，FRAME_BASED_DM 将完成整个对话流程的控制，包括提问、分析、填充槽位。而 DATA_QUERY 将根据槽填充的结果构建符合用户需求的查询，并依据这些查询找到并返回相应的记录。由于数据查询不是我们本次实战的重点，而且实验的数据量不大，因此这里的代码采用了内存里全量扫描的方法。在实际项目中，可以使用数据库、搜索引擎以及其他更高效的方式来实现。SLOT_TABLE 相对简单，主要通过哈希结构的字典来实现。

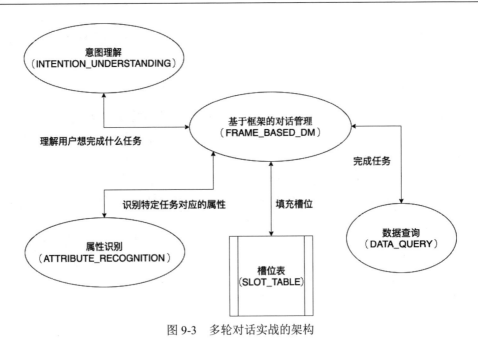

图 9-3    多轮对话实战的架构

首先是最关键的对话管理模块，这里通过类 FRAME_BASED_CHATBOT 实现。

```python
from intention_understanding import INTENTION_UNDERSTANDING
from attribute_recognition import ATTRIBUTE_RECOGNITION
from slot_table import SLOT_TABLE
from data_query import DATA_QUERY


class FRAME_BASED_CHATBOT(object):
    def __init__(self):
        self.iu = INTENTION_UNDERSTANDING()
        self.vocab, self.mnb = self.iu.nb_load()
        self.ar = ATTRIBUTE_RECOGNITION()
        self.st = SLOT_TABLE()
        self.dq = DATA_QUERY()
        self.intention = ''

    # 基于框架方法的对话控制
    def do_conversation(self):
        while True:
            # 识别并保存当前的意图
            if self.intention == '':
                question = input('我可以提供景点咨询、餐厅订餐和酒店预订，您今天想做些
```

```
什么？')
                    if question == '再见':
                        print('再见')
                        break
                    self.intention = self.iu.nb_predict(question, self.vocab, self.mnb)

                # 处理景点相关的需求
                if self.intention == 'poi':
                    if 'rating' not in self.st.poi_slots.keys():
                        question = input('您对景点评分的期望是什么？')
                        attributes = self.ar.recognize_attribute(question)
                        if 'rating' in attributes.keys():
                            try:
                                self.st.poi_slots['rating'] = float(attributes['rating'])
                            except Exception as ex:
                                print(ex)
                    elif 'time' not in self.st.poi_slots.keys():
                        question = input('您想游玩多久？')
                        attributes = self.ar.recognize_attribute(question)
                        if 'time' in attributes.keys():
                            self.st.poi_slots['time'] = attributes['time']

                    # 如果相应的槽位已经填满，就进行数据的查询
                    if 'rating' in self.st.poi_slots.keys() and 'time' in self.st.poi_slots.keys():
                        results = self.dq.query_poi(self.st.poi_slots['rating'],
self.st.poi_slots['time'])
                        for each in results:
                            print('我推荐的景点是：%s, 地址：%s, 电话：%s' % (each[1]['名
称'], each[1]['地址'], each[1]['电话']))
                        self.st.poi_slots.clear()

                # 处理餐厅相关的需求
                elif self.intention == 'rest':
                    if 'dish' not in self.st.rest_slots.keys():
                        question = input('您想吃什么菜？')
                        attributes = self.ar.recognize_attribute(question)
                        if 'dish' in attributes.keys():
                            self.st.rest_slots['dish'] = attributes['dish']
                    elif 'price' not in self.st.rest_slots.keys():
                        question = input('您想要什么价位的？')
```

```
                    attributes = self.ar.recognize_attribute(question)
                    if 'price' in attributes.keys():
                        self.st.rest_slots['price'] = attributes['price']

                # 如果相应的槽位已经填满，就进行数据的查询
                if 'dish' in self.st.rest_slots.keys() and 'price' in self.st.rest_slots.keys():
                    results = self.dq.query(self.st.rest_slots['dish'], self.st.rest_slots['price'])
                    for each in results:
                        print('我推荐的餐厅是：%s, 地址：%s, 电话：%s' % (each[1]['名
称'], each[1]['地址'], each[1]['电话']))
                    self.st.rest_slots.clear()

            # 处理酒店相关的需求
            elif self.intention == 'hotel':
                if 'poi' not in self.st.hotel_slots.keys():
                    question = input('您想订哪个景点附近的酒店？')
                    attributes = self.ar.recognize_attribute(question)
                    if 'poi' in attributes.keys():
                        self.st.hotel_slots['poi'] = attributes['poi']
                elif 'service' not in self.st.hotel_slots.keys():
                    question = input('您希望这家酒店提供什么服务？')
                    attributes = self.ar.recognize_attribute(question)
                    if 'service' in attributes.keys():
                        self.st.hotel_slots['service'] = attributes['service']

                # 如果相应的槽位已经填满，就进行数据的查询
                if 'poi' in self.st.hotel_slots.keys() and 'service' in self.st.hotel_slots.keys():
                    results = self.dq.query(self.st.hotel_slots['poi'],
self.st.hotel_slots['service'])
                    for each in results:
                        print('我推荐的酒店是：%s, 地址：%s, 电话：%s' % (each[1]['名
称'], each[1]['地址'], each[1]['电话']))
                    self.st.hotel_slots.clear()


fbc = FRAME_BASED_CHATBOT()
fbc.do_conversation()
```

　　然后是数据的查询，由于这不是对话管理的重点，所以只实现了基本的精准匹配。
可以完成更高级的查询，例如相关度匹配的算法。

```python
from pathlib import Path
import json

# 定义"数据查询"的类
class DATA_QUERY(object):
    def __init__(self):
        # 加载景点、餐厅和酒店数据
        home = str(Path.home())
        poi_db_json_file = home +
'/Coding/data/chn_datasets/crosswoz/database/attraction_db.json'
        rest_db_json_file = home +
'/Coding/data/chn_datasets/crosswoz/database/restaurant_db.json'
        hotel_db_json_file = home +
'/Coding/data/chn_datasets/crosswoz/database/hotel_db.json'

        self.poi_data = json.load(open(poi_db_json_file))
        self.rest_data = json.load(open(rest_db_json_file))
        self.hotel_data = json.load(open(hotel_db_json_file))

    # 根据景点的需求查询符合条件的数据
    def query_poi(self, expected_rating, expected_time, top_n):
        results = []
        for poi in self.poi_data:
            rating = poi[1]['评分']
            time = poi[1]['游玩时间']

            if rating >= expected_rating and expected_time in time:
                results.extend(poi)
                if len(results) >= top_n:
                    return results
        return results

    # 根据餐厅的需求查询符合条件的数据
    def query_rest(self, expected_dish, expected_price, top_n):
        results = []
        for rest in self.rest_data:
            dish = rest[1]['推荐菜']
            price = rest[1]['人均消费']

            if expected_dish in dish and price * 0.9 < expected_price < price * 1.1:
```

```
                results.extend(rest)
                if len(results) >= top_n:
                    return results
        return results


    # 根据酒店的需求查询符合条件的数据
    def query_hotel(self, expected_poi, expected_service, top_n):
        results = []
        for hotel in self.hotel_data:
            poi = hotel[1]['周边景点']
            service = hotel[1]['酒店设施']

            if expected_poi in poi and expected_service in service:
                results.extend(hotel)
                if len(results) >= top_n:
                    return results
        return results
```

槽位表的结构如下：

```
class SLOT_TABLE(object):
    def __init__(self):
        self.poi_slots = {}
        self.rest_slots = {}
        self.hotel_slots = {}
```

## 9.4.2 基于数据统计的方法

之前提到的方法都是基于人为设定的规则和模板，其中的对话场景是专家设计出来的，所能涵盖的对话路径比较有限。我们知道，人类的语言拥有极高的复杂性和多样性，想用一套简单的规则来描述所有可能的场景并不现实。另一方面，如果设计的规则数量过多、复杂性过高，就会导致昂贵的开发和维护成本。此时，数据驱动的方法能为我们打开另一条思路，这里概要性地讨论三种方法：基于样例的方法、基于分类的方法和基于增强学习的方法。

### 1. 基于样例的方法

这种方法的主要思想很容易理解，它收集大量的对话语料并提取每一时刻的关键数据，包括决策步骤、对话状态等，并对这些数据进行分析和索引。对话管理进行时，系统在历史数据的数据库中查找和当前对话状态最相近的样例，然后再找到该样例所对应的回答，并将其作为当前系统的响应。只要数据库中保存了足够的历史数据，系统就能较好地应对各种场景。实际上，此方法和问答系统中的基于社区的问答，在本质上是一致的。只是这里的匹配将考虑多轮对话的特征，包括对话状态的存储和过渡等。

### 2．基于分类的方法

这种方法是将选择最佳答复的任务看成一个序列文本的分类问题。和普通的文本分类不同，会话历史是一个状态序列，每一时刻的状态综合了当前时刻的多种数据源，包括识别的用户意图、提取的任务属性、前一个或多个时刻的系统决策等。这时，对话管理的目标就是基于这些信息，求出条件概率最大的下一个系统响应。

近几年，随着深度学习技术的不断进步，人们开始使用长短期记忆（Long Short Term Memory，LSTM）等循环神经网络，对会话的序列进行建模。前文中我们谈及神经网络和深度学习时，介绍了卷积神经网络（CNN）。但是 CNN 没有考虑时间序列，因此无法处理对话中的上下文信息。循环神经网络（Recurrent Neural Networks，RNN）试图解决时序问题，因此当前时刻的隐层会引入上一个时刻的隐层数据，以记忆之前的信息。可是 RNN 学习长期记忆需要付出很大的代价。而 LSTM 设计在于避免长期记忆的依赖问题。在对话管理中使用 LSTM 时，人们不再对状态序列进行手动的编码，而是使用每一时刻的多种数据做为特征，隐式地计算出历史会话的表征，避免了一些不可靠的假设。然后再经过若干全连接网络和 Softmax 层，输出系统响应的概率分布。

### 3．基于增强学习的方法

一般的统计学方法需要大量的标注数据才能获得理想的效果。对话系统的评估也需要花费很大的代价。在这种情况下，增强学习（强化学习）的优势就能体现出来了。那什么是增强学习呢？增强学习最初的应用，大多是在竞技类的游戏中。比如围棋 AI 技术 AlphaGo，也采用了这类算法。在游戏中，如果采取某种策略可以取得较高的回报（得分），我们就进一步"强化"这种策略，否则就不会"强化"。如此反复，期望不断取得更好的结果。这种策略就是增强学习的主要思想。而基于此的对话管理，是对系统理解不了的用户输入进行建模，让算法自己来学习最好的行为序列。在缺乏真实数据的情况下，我们可以利用虚拟用户模拟真实用户，产生各种各样的行为以捕捉行为的丰富性。然后由系统和虚拟用户进行交互，根据奖励好的行为、惩罚坏的行为的原则，优化行为序列。

### 4．基于分类方法的实战

下面我们基于序列分类的方法，通过 Python 进行实战。这里序列分类的基本思想是基于之前若干轮对话的特征，预测系统当前需要进入的状态。如果能够较为准确地预测系统会以何种状态进行答复，就能参照之前的对话管理设置相应的对话模板。仍以 CrossWOZ 为例，该数据集的 train.json 文件包含了超过 5000 次的对话语料。下面列出了一次对话的内容：

你好，我打算出去玩 1 小时，有没有票价 50～100 元的景点推荐一下？

嗯嗯，挺多的呢！珍宝馆、尤伦斯当代艺术中心都挺不错的。

尤伦斯当代艺术中心听起来很不错，地址在哪？

地址是北京市朝阳区酒仙桥路 4 号 798 艺术区 4 号路。

嗯嗯。再给我推荐一个可以吃脆骨的店吧，最好餐馆的评分是 4.5 分以上。

好的，金玖食府、新石器烤肉(通州北苑店)的脆骨都很好吃。

新石器烤肉(通州北苑店)的人均消费是多少钱？

新石器烤肉(通州北苑店)的人均消费是 74 元，还是物有所值的。

那就这家吧！然后您看看有没有价格 700～800 元的酒店呢，最好酒店的评分在 4 分以上。

有的，北京鹏润国际大酒店、北京国家会议中心大酒店都能满足您的需求。

北京国家会议中心大酒店听起来挺高大上的，就去这个酒店试试。帮我查查这个酒店的地址和电话。

北京国家会议中心大酒店的地址是北京朝阳区北辰西路 8 号院 1 号楼，电话是 010-84372008。

嗯嗯，好的，谢谢！

不客气呢！

这类对话的第奇数句（第 1 句，第 3 句……）内容都来自人类用户，而偶数句（第 2 句，第 4 句……）内容都来自机器系统。例如上述对话中，用户提问"你好，我打算出去玩 1 小时，有没有票价 50～100 元的景点推荐一下？"，而系统回答"嗯嗯，挺多的呢！珍宝馆、尤伦斯当代艺术中心都挺不错的。"这是典型的以用户为主导的对话过程。这里使用基于分类的方法，即依据之前用户和系统的对话预测当前系统会进行何种答复。接下来我们需要做的是建议用于分类的数据集，并抽取每一句话用于分类的特征。特征的设计和抽取有很多方式，对于聊天系统，最主要的是用户意图和相关的属性。我们可以重用之前的意图，理解分类模块和属性（命名实体），抽取模块。由于属性抽取的计算复杂度很高，这里的代码使用关键字匹配进行了简单的替换。最终的示例代码如下：

```python
import json
from pathlib import Path
from intention_understanding import INTENTION_UNDERSTANDING
import re


# 抽取数据，并进行标注
def extract_and_label_data(training_json_file, seq_classification_corpus_file):
    train_json_data = json.load(open(training_json_file))

    iu = INTENTION_UNDERSTANDING()
    vocab, mnb = iu.nb_load()

    with open(seq_classification_corpus_file, 'w') as seq_classification_training:
```

```
i = 0
for each in train_json_data.values():
    messages = each['messages']

    # 处理每个对话中的消息
    for message in messages:
        content = message['content']

        # 理解用户意图，对于对话结束语按照关键词来识别
        if ('谢谢' in content or '感谢' in content or '收到' in content) and len(content) < 20:
            intention = 'user_conf'
        elif '不用客气' in content or '不客气' in content:
            intention = 'sys_conf'
        else:
            intention = iu.nb_predict(message['content'], vocab, mnb)

        # 按照关键词和之前获得的意图，生成每个序列结点的标签
        labels = []
        if intention != 'user_conf' and intention != 'sys_conf':
            sentences = re.split('[, |。 ]', content)
            for sentence in sentences:
                if len(sentence) < 3:
                    continue
                if '营业时间' in sentence:
                    labels.append(intention + '_business_time')
                elif '地址' in sentence:
                    labels.append(intention + '_address')
                elif '电话' in sentence:
                    labels.append(intention + '_telephone')
                elif '评分' in sentence:
                    labels.append(intention + '_rating')
                elif '价格' in sentence or '价位' in sentence or '门票' in sentence or '
                消费' in sentence:
                    labels.append(intention + '_price')
                elif '时长' in sentence:
                    labels.append(intention + '_time')
                elif '服务' in sentence:
                    labels.append(intention + '_service')
                elif '景点' in sentence:
                    labels.append(intention + '_poi')
```

```
                            elif '餐馆' in sentence:
                                labels.append(intention + '_rest')
                            elif '酒店' in sentence:
                                labels.append(intention + '_hotel')
                            else:
                                labels.append(intention)
                    else:
                        labels.append(intention)

                    seq_classification_training.write('%s\t%s\n' %
                                                (content, labels))
            i += 1
            if i % 100 == 0:
                print(i)
            seq_classification_training.write('\n')


# 根据整个对话的标准，生成各种序列，作为序列建模的训练样本
def generate_sequence(seq_classification_corpus_file, seq_classification_training_file):
    with open(seq_classification_corpus_file) as corpus, open(seq_classification_training_file,
'w') as training:
        lines = [line.strip() for line in corpus.readlines()]

        dialog = []
        for line in lines:
            if line == '':
                for i in range(1, len(dialog), 2):
                    for j in range(0, i + 1):
                        training.write(dialog[j] + '\t')
                    training.write('\n')
                dialog.clear()
            else:
                if line != '':
                    if len(line.split('\t')) == 2:
                        dialog.append(line.split('\t')[1])


# 主体
home = str(Path.home())
training_json_file = home + '/Coding/data/chn_datasets/crosswoz/train.json'
```

```
seq_classification_corpus_file = home +
'/Coding/data/chn_datasets/crosswoz/seq_classification_corpus.tsv'
extract_and_label_data(training_json_file, seq_classification_corpus_file)

seq_classification_training_file = home +
'/Coding/data/chn_datasets/crosswoz/seq_classification_training.tsv'
generate_sequence(seq_classification_corpus_file, seq_classification_training_file)
```

经过上述代码的处理，可以获得的结果如下：

你好，我打算出去玩 1 小时，有没有票价 50～100 元的景点推荐一下？　　['poi', 'poi_poi']
嗯嗯，挺多的呢！珍宝馆、尤伦斯当代艺术中心都挺不错的。　　['poi']
尤伦斯当代艺术中心听起来很不错，地址在哪？　　　['poi', 'poi_address']
地址是北京市朝阳区酒仙桥路 4 号 798 艺术区 4 号路。　　['poi_address']
嗯嗯。再给我推荐一个可以吃脆骨的店吧，最好餐馆的评分是 4.5 分以上。　　['rest',
'rest_rating']
好的，金玖食府、新石器烤肉(通州北苑店)的脆骨都很好吃。　　['rest']
新石器烤肉(通州北苑店)的人均消费是多少钱？　['rest_price']
新石器烤肉(通州北苑店)的人均消费是 74 元，还是物有所值的。　　['rest_price', 'rest']
那就这家吧！然后您看看有没有价格 700～800 元的酒店呢，最好酒店的评分在 4 分以上。
　　['hotel_price', 'hotel_rating']
有的，北京鹏润国际大酒店、北京国家会议中心大酒店都能满足您的需求。　　['hotel_hotel']
北京国家会议中心大酒店听起来挺高大上的，就去这个酒店试试。帮我查查这个酒店的地址和电
话。　['hotel_hotel', 'hotel_address']
北京国家会议中心大酒店的地址是北京朝阳区北辰西路 8 号院 1 号楼，电话是 010-84372008。
　　['hotel_address', 'hotel_telephone']
嗯嗯，好的，谢谢！　['user_conf']
不客气呢！　　　['sys_conf']

其中，['poi']、['poi_poi']、['poi_address']等就是特征抽取后生成的标签。例如['poi_address']
就表示有关景点的地址。前一个 poi 是意图识别后的结果，而 address 是关键词匹配（属
性抽取）的结果。这里的特征是基于 CrossWOZ 的应用来设计的，在实际运用中要根据
项目的具体内容重新设计。还有一点需要注意的是，这里的['user_conf']和['sys_conf']表示
用户和系统的确认。这在之前的意图识别中并没有涵盖，所以上述代码使用了关键词匹
配以补足这一点。

在实际运用中，我们需要专家人工确认这些标签的准确性，以确保训练数据的质量。
这里我们假设标签都已经被验证完毕。如此一来，整个对话就可以看作这样一个序列：
['poi', 'poi_poi']，['poi']，['poi', 'poi_address']，['poi_address']，…，['hotel_address',
'hotel_telephone']，['user_conf']，['sys_conf']。剩下的分类问题就是如何根据当前状态之前
的子序列，预测当前状态属于何种标签？图 9-4 展示了两个例子。
```
```

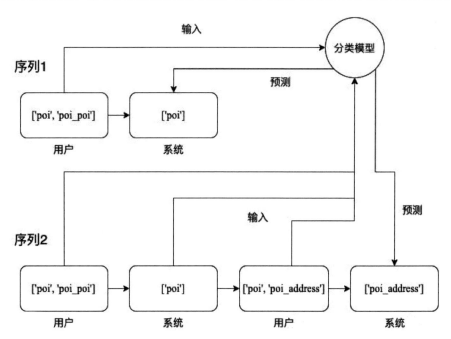

图 9-4　序列建模：根据历史状态预测当前状态的分类

图 9-4 中的序列 1 是最开始的两轮对话，即用户提问和系统回答，这就是一个最基本的序列。模型需要根据用户的['poi', 'poi_poi']的输入预测当前系统进入['poi']状态的概率。在序列 2 中，序列更长了，模型需要根据['poi', 'poi_poi']、['poi']、['poi', 'poi_address']预测['poi_address']的概率。每次对话中，我们可以生成多种序列。当然，生成序列的方法也有多种，这里考虑了当前状态之前的所有历史状态。实际运用中，我们可以根据马尔可夫假设进行简化，只考虑前 $n$ 个状态。基于上述假设，我们使用下述代码生成序列，并进行基于朴素贝叶斯模型的拟合。

```python
from pathlib import Path
from sklearn.feature_extraction.text import TfidfVectorizer
from sklearn.naive_bayes import MultinomialNB


class SEQUENCE_CLASSIFICATION(object):
    def __init__(self):
        self.home = str(Path.home())
        self.tfidf_vector = None
        self.mnb = None


    # 为序列进行分类建模
    def train(self, seq_classification_training_file):
```

```
        # 分布存放样本和标签
        samples = []
        labels = []

        # 构建序列样本
        with open(seq_classification_training_file) as seq_classification_training:
            for line in seq_classification_training.readlines():
                tokens = line.strip().split('\t')

                # 对于一个序列，建立多个基于子序列的样本
                sample = ''
                for i in range(0, len(tokens) - 1):
                    sample += '{}_{} '.format(tokens[i].replace(' ', '_'), i)

                # 将前(n-1)个 token 作为样本
                samples.append(sample.strip())

                # 将最后一个 token 作为分类的标签
                labels.append(tokens[len(tokens) - 1].replace(' ', '_'))

        # 进行 tf-idf 向量的构建
        self.tfidf_vector = TfidfVectorizer()
        tfidf = self.tfidf_vector.fit_transform(samples)

        # 构建最基本的朴素贝叶斯分类器
        self.mnb = MultinomialNB(alpha = 1.0, class_prior = None, fit_prior = True)
        # 通过 tf-idf 向量和分类标签进行模型的拟合
        self.mnb.fit(tfidf, labels)

    def predict(self, sequence):
        # 构建测试样本的 tf-idf 向量
        sequence_tfidfs = self.tfidf_vector.transform(sequence)

        # 根据训练好的模型预测输入序列的分类
        return self.mnb.predict(sequence_tfidfs[0])[0]


# 测试
home = str(Path.home())
```

```
sc = SEQUENCE_CLASSIFICATION()
seq_classification_training_file = home +
'/Coding/data/chn_datasets/crosswoz/seq_classification_training.tsv'
sc.train(seq_classification_training_file)
print(sc.predict(["['rest', 'rest_rating', 'rest']_0".replace(' ', '_')]))
```

至此，我们就介绍完对于任务型聊天系统需要设计的主要模块，包括用户意图的理解、任务相关属性的识别以及多轮对话流程的管理。此外，我们还通过中文对话数据集，对这几个模块进行了示范性的实战。

# 9.5　闲聊型聊天系统的情感分析

除了问答型和任务型聊天系统，还有一类主流的聊天系统是闲聊型聊天系统。闲聊就意味着开放式的聊天场景，比如好友之间的谈天，不会限制特定的主题和内容。闲聊式机器人主要用于娱乐场景。相比其他两类机器人，闲聊对话型机器人更具有挑战性，其开发难度也更大。这主要是因为它通常涉及开放式的领域，并且深层次地触及人类的情感。下面我们重点聊聊在构建这类系统时，需要特别注意的重要模块——情感分析。

情感分析处理的是人类的主观数据，即某人对某个事物的主观评价。例如对电影的看法、对商品的评论、对新闻的观点等。在 21 世纪初开始，计算机专家们开始考虑使用算法分析这类信息，随着聊天机器人的兴起，人们也开始逐步将这类技术运用到人机对话中，希望系统能够从情感的层次更好地理解用户的想法。这个领域的研究方向主要包括特征抽取（Feature Extraction）和情感分类（Sentiment Classification）。这里的特征抽取不同于机器学习中的特征工程，它是指理解某个观点是针对事物的哪些方面。对于一部电影来说，可以包括编剧、导演、服饰、配乐等。对于一部手机来说，可以包括手机的价格、性能、外观等。至于情感分类，简单地划分为正向情感和负向情感。正向情感是指观点持有者对某件事物表示肯定或赞赏，而负向情感是指观点持有者对某件事物表示否定或批评。进一步细分，我们还可以尝试理解不同的情绪，如开心、兴奋、怀疑、愤怒、沮丧等。如果系统能理解人类对于某问题抱有怎样的情感，那么无疑它就能提供更为贴心的聊天服务。

对于事物的特征和情感分析，我们都采用分类的方法。使用的数据集是

https://github.com/SophonPlus/ChineseNlpCorpus/blob/master/datasets/online_shopping_10_cats/intro.ipynb。

其中包括来自不同电商平台的超过 6 万条的评论，主题包括书籍、平板、手机、水果、洗发水、热水器、蒙牛、衣服、计算机、酒店，共 10 个。而正、负向评论各约 3 万

条。我们将主题认为是评论的某个方面或特征，可以使用下面的代码进行两个分类模型的拟合。

```python
from pathlib import Path
import jieba
from sklearn.feature_extraction.text import TfidfVectorizer
from sklearn.naive_bayes import MultinomialNB


class SENTIMENT(object):
    def __init__(self):
        self.tfidf_vector = None
        self.mnb = None

        # 读取事物特征和情感正负的分类样本
    def load_data(self, data_file_path):

        feature_samples = []
        feature_labels = []
        sentiment_samples = []
        sentiment_labels = []

        with open(data_file_path) as data:
            # 跳过 header line
            next(data)
            i = 0
            for each in data:
                tokens = each.strip().split(',')
                # 第一个字段是事物特征的标签
                feature_label = tokens[0]
                # 第二个字段是情感正负的标签
                sentiment_label = tokens[1]
                # 第三个字段同时用于事物特征和情感正负的分类
                content = ''
                for j in range(2, len(tokens)):
                    content += tokens[j] + ' '
                feature_labels.append(feature_label)
                sentiment_labels.append(sentiment_label)
                feature_samples.append(' '.join(jieba.cut(content, HMM = True)))
                sentiment_samples.append(' '.join(jieba.cut(content, HMM = True)))
```

```
                    i += 1
                    if i % 1000 == 0:
                        print(i, 'finished')


        return feature_samples, feature_labels, sentiment_samples, sentiment_labels


    # 进行分类建模
    def train(self, samples, labels):
        # 进行 tf-idf 向量的构建
        self.tfidf_vector = TfidfVectorizer()
        tfidf = self.tfidf_vector.fit_transform(samples)

        # 构建最基本的朴素贝叶斯分类器
        self.mnb = MultinomialNB(alpha = 1.0, class_prior = None, fit_prior = True)
        # 通过 tf-idf 向量和分类标签，进行模型的拟合
        self.mnb.fit(tfidf, labels)

    def predict(self, sentence):
        # 构建测试样本的 tf-idf 向量
        sentence_tfidfs = self.tfidf_vector.transform(sentence)

        # 根据训练好的模型预测输入的分类
        return self.mnb.predict(sentence_tfidfs[0])[0]


feature_sentiment = SENTIMENT()

feature_samples, feature_labels, sentiment_samples, sentiment_labels = \
    feature_sentiment.load_data(str(Path.home()) +
'/Coding/data/chn_datasets/online_shopping_10_cats.csv')

feature_sentiment.train(feature_samples, feature_labels)
print(feature_sentiment.predict(
    [' '.join(jieba.cut('酒店基本符合要求，早餐不错，挺丰富的。去灵隐寺非常方便。免费停
车。', HMM = True))]
))
```

```
feature_sentiment.train(sentiment_samples, sentiment_labels)
print(feature_sentiment.predict(
    [' '.join(jieba.cut('酒店条件太差了，早餐不值这个价钱，东西少。还不能免费停车。', HMM
= True))]
))
```

上述代码使用全部的样本数据进行建模，最终针对两个样例进行测试。如果想了解
这两个分类的准确率如何，可以抽取部分样本作为测试。下面的代码展示了训练样本和
测试样本的划分，计算特征分类的准确率和情感分类的准确率。

```
from pathlib import Path
import jieba
from sklearn.feature_extraction.text import TfidfVectorizer
from sklearn.naive_bayes import MultinomialNB


class SENTIMENT_VALIDATION(object):
    def __init__(self):
        self.tfidf_vector = None
        self.mnb = None


    # 读取事物特征和情感正负的分类样本
    def load_data(self, data_file_path):

        # 划分训练样本和测试样本
        feature_training_samples = []
        feature_training_labels = []
        feature_testing_samples = []
        feature_testing_labels = []

        sentiment_training_samples = []
        sentiment_training_labels = []
        sentiment_testing_samples = []
        sentiment_testing_labels = []

        with open(data_file_path) as data:
            # 跳过 header line
            next(data)
            i = 0
            for each in data:
```

```
                    tokens = each.strip().split(',')
                    # 第一个字段是事物特征的标签
                    feature_label = tokens[0]
                    # 第二个字段是情感正负的标签
                    sentiment_label = tokens[1]
                    # 第三个字段同时用于事物特征和情感正负的分类
                    content = ''
                    for j in range(2, len(tokens)):
                        content += tokens[j] + ' '

                    # 进行 10%的采样，保留作为测试样本
                    if i % 10 == 0:
                        feature_testing_labels.append(feature_label)
                        sentiment_testing_labels.append(sentiment_label)
                        feature_testing_samples.append(' '.join(jieba.cut(content, HMM =
True)))

                        sentiment_testing_samples.append(' '.join(jieba.cut(content, HMM =
True)))
                    else:
                        feature_training_labels.append(feature_label)
                        sentiment_training_labels.append(sentiment_label)
                        feature_training_samples.append(' '.join(jieba.cut(content, HMM =
True)))

                        sentiment_training_samples.append(' '.join(jieba.cut(content, HMM =
True)))

                    i += 1
                    if i % 1000 == 0:
                        print(i, 'finished')

        return feature_training_samples, feature_training_labels, feature_testing_samples,
feature_testing_labels,\
                sentiment_training_samples, sentiment_training_labels,
sentiment_testing_samples, sentiment_testing_labels


    # 进行分类建模
    def train(self, samples, labels):
        # 进行 tf-idf 向量的构建
        self.tfidf_vector = TfidfVectorizer()
```

```
            tfidf = self.tfidf_vector.fit_transform(samples)

            # 构建最基本的朴素贝叶斯分类器
            self.mnb = MultinomialNB(alpha = 1.0, class_prior = None, fit_prior = True)
            # 通过 tf-idf 向量和分类标签，进行模型的拟合
            self.mnb.fit(tfidf, labels)

    # 批量的预测
    def predict_in_batch(self, sentences):

            predicted_labels = []

            # 构建测试样本的 tf-idf 向量
            sentence_tfidfs = self.tfidf_vector.transform(sentences)

            # 根据训练好的模型预测输入序列的分类
            for sentence_tfidf in sentence_tfidfs:
                    predicted_labels.append(self.mnb.predict(sentence_tfidf)[0])

            return predicted_labels


    def evaluate(self, training_samples, training_labels, testing_samples, testing_labels):
            feature_sentiment.train(training_samples, training_labels)

            predicted_labels = feature_sentiment.predict_in_batch(testing_samples)
            correct = sum([1 if x == y else 0 for (x, y) in zip(testing_labels, predicted_labels)])

            return round(correct / len(testing_samples), 4)


    def evaluate_pos_neg(self, training_samples, training_labels, testing_samples,
testing_labels):
            feature_sentiment.train(training_samples, training_labels)

            pos_testing_samples = [x for (x, y) in zip(testing_samples, testing_labels) if y == '1']
            pos_testing_labels = [y for (x, y) in zip(testing_samples, testing_labels) if y == '1']

            neg_testing_samples = [x for (x, y) in zip(testing_samples, testing_labels) if y == '0']
            neg_testing_labels = [y for (x, y) in zip(testing_samples, testing_labels) if y == '0']
```

```
        pos_predicted_labels = feature_sentiment.predict_in_batch(pos_testing_samples)
        correct = sum([1 if x == y else 0 for (x, y) in zip(pos_testing_labels,
pos_predicted_labels)])
        print('正向的准确率', round(correct / len(pos_testing_samples), 4))

        neg_predicted_labels = feature_sentiment.predict_in_batch(neg_testing_samples)
        correct = sum([1 if x == y else 0 for (x, y) in zip(neg_testing_labels,
neg_predicted_labels)])
        print('负向的准确率', round(correct / len(neg_testing_samples), 4))


feature_sentiment = SENTIMENT_VALIDATION()

feature_training_samples, feature_training_labels, feature_testing_samples,
feature_testing_labels, \
sentiment_training_samples, sentiment_training_labels, sentiment_testing_samples,
sentiment_testing_labels = \
    feature_sentiment.load_data(str(Path.home()) +
'/Coding/data/chn_datasets/online_shopping_10_cats.csv')

print('特征/方面分类的准确率', feature_sentiment.evaluate(feature_training_samples,
feature_training_labels, feature_testing_samples, feature_testing_labels))
print('情感分类的准确率', feature_sentiment.evaluate(sentiment_training_samples,
sentiment_training_labels, sentiment_testing_samples, sentiment_testing_labels))
feature_sentiment.evaluate_pos_neg(sentiment_training_samples, sentiment_training_labels,
sentiment_testing_samples, sentiment_testing_labels)
```

运行上述代码，将获得如下准确率结果：

```
特征/方面分类的准确率  0.7829
情感分类的准确率  0.816
正向的准确率  0.8777
负向的准确率  0.7531
```

可以看出，特征分类的准确率较低，而负向情感分类的准确率较正向情感分类的准确率更低。我们可以考虑使用一些语法规则来提升准确率。对于评价类的数据来说，它的特殊性在于描述事物特征的文字侧重于名词关键词或词组，例如"屏幕""服务""价格"等。而描述人类情感的文字侧重于形容词和副词，例如"很好""差劲""漂亮"等。此外，"不""无法"等否定词也能起到更改情感正负的作用。下面我们来试试只提取特定词性的关键词和词组，是否能提升分类的准确率。前文我们介绍过如何使用 NLTK 进行英文标注。为了对中文进行标注，需要安装支持中文的 POS 标注包。这里，我们使用斯坦福大学的 CoreNLP 包进行展示。

首先，在以下网页下载并解压最新的 CoreNLP 核心组件：
https://stanfordnlp.github.io/CoreNLP/download.html。

笔者在撰写本书的时候其版本号是 4.0.0。解压之后会得到一个名为 stanford-corenlp-4.0.0 的目录。然后在同样的网页，下载一个支持中文的模型，笔者下载的版本是 4.0.0，文件名为 stanford-corenlp-4.0.0-models-chinese.jar。将这个 Jar 包放入 stanford-corenlp-4.0.0 目录中，并在该目录中执行如下命令：

```
java -Xmx8g -cp "*" edu.stanford.nlp.pipeline.StanfordCoreNLPServer \
-serverProperties StanfordCoreNLP-chinese.properties \
-preload tokenize,ssplit,pos,lemma,ner,parse \
-status_port 9001  -port 9001 -timeout 15000
```

这样就能在本地的 9001 端口启动中文语法分析的服务了。可以使用下面的代码进行语法分析：

```
from nltk.parse import CoreNLPParser

parser = CoreNLPParser('http://localhost:9001')
list(parser.parse(parser.tokenize('酒店设施不算非常好')))
```

也可以使用 draw() 函数显示树状结构，如图 9-5 所示。

```
for each in list(parser.parse(parser.tokenize('酒店设施不算非常好'))):
    each.draw()
```

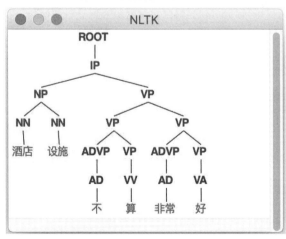

图 9-5　中文语法树示例

让我们尝试在特征分类中只使用名词词组（NN），而在情感分类中只使用形容词（AD）、副词（VA）和动词（VV）。下面的代码展示了如何使用 Stanford NLP 进行这些操作。注意，这里使用了 Stanford NLP 的中文分词功能，也可以使用 jieba 等其他分词包。

```python
from pathlib import Path
from sklearn.feature_extraction.text import TfidfVectorizer
from sklearn.naive_bayes import MultinomialNB
from nltk.parse import CoreNLPParser
import re


class SENTIMENT_VALIDATION_SYNTAXTREE(object):
    def __init__(self):
        self.tfidf_vector = None
        self.mnb = None
        self.parser = CoreNLPParser('http://localhost:9001')

    # 进行语法分析，抽取特定词性的词组
    def parse(self, content, pos_list):
        parsed_cont = ''
        try:
            syntax_tree = self.parser.parse(self.parser.tokenize(content))
            for each in syntax_tree:
                for each_pos in pos_list:
                    matches = re.finditer(r'\({} ([^\)]+)\)'.format(each_pos), str(each))
                    for m in matches:
                        parsed_cont += m.group(1) + ' '
        except Exception as ex:
            print(ex)

        return parsed_cont


    # 读取事物特征和情感正负的分类样本
    def load_data(self, data_file_path, pos_list):

        feature_training_samples = []
        feature_training_labels = []
        feature_testing_samples = []
        feature_testing_labels = []
```

```
sentiment_training_samples = []
sentiment_training_labels = []
sentiment_testing_samples = []
sentiment_testing_labels = []

with open(data_file_path) as data:
    # 跳过 header line
    next(data)
    i = 0
    for each in data:
        tokens = each.strip().split(',')
        # 第一个字段是事物特征的标签
        feature_label = tokens[0]
        # 第二个字段是情感正负的标签
        sentiment_label = tokens[1]
        # 第三个字段同时用于事物特征和情感正负的分类
        content = ''
        for j in range(2, len(tokens)):
            content += tokens[j] + ' '

        # 提取特定词性的词组
        parsed_content = self.parse(content, pos_list)

        if i % 10 == 0:
            feature_testing_labels.append(feature_label)
            sentiment_testing_labels.append(sentiment_label)
            feature_testing_samples.append(parsed_content)
            sentiment_testing_samples.append(parsed_content)
        else:
            feature_training_labels.append(feature_label)
            sentiment_training_labels.append(sentiment_label)
            feature_training_samples.append(parsed_content)
            sentiment_training_samples.append(parsed_content)

        i += 1
        if i % 1000 == 0:
            print(i, 'finished')

return feature_training_samples, feature_training_labels, feature_testing_samples,
```

```
feature_testing_labels,\
                sentiment_training_samples, sentiment_training_labels,
sentiment_testing_samples, sentiment_testing_labels


    # 进行分类建模
    def train(self, samples, labels):
        # 进行 tf-idf 向量的构建
        self.tfidf_vector = TfidfVectorizer()
        tfidf = self.tfidf_vector.fit_transform(samples)

        # 构建最基本的朴素贝叶斯分类器
        self.mnb = MultinomialNB(alpha = 1.0, class_prior = None, fit_prior = True)
        # 通过 tf-idf 向量和分类标签，进行模型的拟合
        self.mnb.fit(tfidf, labels)

    def predict_in_batch(self, sentences):

        predicted_labels = []

        # 构建测试样本的 tf-idf 向量
        sentence_tfidfs = self.tfidf_vector.transform(sentences)

        # 根据训练好的模型预测输入序列的分类
        for sentence_tfidf in sentence_tfidfs:
            predicted_labels.append(self.mnb.predict(sentence_tfidf)[0])

        return predicted_labels


    def evaluate(training_samples, training_labels, testing_samples, testing_labels):
        feature_sentiment.train(training_samples, training_labels)

        predicted_labels = feature_sentiment.predict_in_batch(testing_samples)
        correct = sum([1 if x == y else 0 for (x, y) in zip(testing_labels, predicted_labels)])

        return round(correct / len(testing_samples), 4)


    def evaluate_pos_neg(training_samples, training_labels, testing_samples, testing_labels):
```

```
        feature_sentiment.train(training_samples, training_labels)

        pos_testing_samples = [x for (x, y) in zip(testing_samples, testing_labels) if y == '1']
        pos_testing_labels = [y for (x, y) in zip(testing_samples, testing_labels) if y == '1']

        neg_testing_samples = [x for (x, y) in zip(testing_samples, testing_labels) if y == '0']
        neg_testing_labels = [y for (x, y) in zip(testing_samples, testing_labels) if y == '0']

        pos_predicted_labels = feature_sentiment.predict_in_batch(pos_testing_samples)
        correct = sum([1 if x == y else 0 for (x, y) in zip(pos_testing_labels,
pos_predicted_labels)])
        print('正向的准确率', round(correct / len(pos_testing_samples), 4))

        neg_predicted_labels = feature_sentiment.predict_in_batch(neg_testing_samples)
        correct = sum([1 if x == y else 0 for (x, y) in zip(neg_testing_labels,
neg_predicted_labels)])
        print('负向的准确率', round(correct / len(neg_testing_samples), 4))


feature_sentiment = SENTIMENT_VALIDATION_SYNTAXTREE()

feature_training_samples, feature_training_labels, feature_testing_samples,
feature_testing_labels, \
sentiment_training_samples, sentiment_training_labels, sentiment_testing_samples,
sentiment_testing_labels = \
    feature_sentiment.load_data(str(Path.home()) +
'/Coding/data/chn_datasets/online_shopping_10_cats.csv', ['NN'])
print('特征/方面分类的准确率', feature_sentiment.evaluate(feature_training_samples,
feature_training_labels, feature_testing_samples, feature_testing_labels))


feature_training_samples, feature_training_labels, feature_testing_samples,
feature_testing_labels, \
sentiment_training_samples, sentiment_training_labels, sentiment_testing_samples,
sentiment_testing_labels = \
    feature_sentiment.load_data(str(Path.home()) +
'/Coding/data/chn_datasets/online_shopping_10_cats.csv', ['VA', 'AD', 'VV'])
print('情感分类的准确率', feature_sentiment.evaluate(sentiment_training_samples,
sentiment_training_labels, sentiment_testing_samples, sentiment_testing_labels))
feature_sentiment.evaluate_pos_neg(sentiment_training_samples, sentiment_training_labels,
sentiment_testing_samples, sentiment_testing_labels)
```

在笔者的数据集上，测试后两种分类的准确率都略有提高。

特征/方面分类的准确率 0.8227
情感分类的准确率 0.9017
正向的准确率 0.9177
负向的准确率 0.8854

有了对用户情感非常准确的预判，就可以进行相应的回复了。